建筑装饰专业系列教材

# 建 筑 物 理

吴曙球　主编

天津科学技术出版社

# 内容提要

本书系"建筑装饰专业系列教材"之一。

本书分上、中、下三篇，共计 15 章。上篇——建筑声学，包括 6 章：（1）建筑声学基本知识；（2）室内声学原理；（3）吸声材料和吸声结构；（4）声学用房的室内音质设计；（5）噪声控制；（6）建筑隔声。中篇——建筑热工学，包括 6 章：（7）建筑热工学基本知识；（8）稳定传热；（9）建筑保温；（10）外围护结构的湿状况；（11）建筑防热；（12）建筑日照。下篇——建筑光学，包括 3 章：（13）建筑光学基本知识；（14）天然采光；（15）建筑照明。此外，还包括 2 个实验和 5 个附录。

本书具有体系完备、结构新颖、语言精练、内容翔实、图文并茂、深入浅出、系统性强、可操作性强、适用面广等特点。

本书系大中专院校建筑装饰专业教材，同时亦适用于室内装饰、室内设计、装饰装潢、物业管理、工业与民用建筑、建筑学等专业，以及技校、职业中学建筑装饰等专业。此外，还可作为建筑装饰企业和建筑企业岗位培训教材及有关人员的自学教材。

**图书在版编目（CIP）数据**

建筑物理/吴曙球主编 .—天津:天津科学技术出版社,2009
（建筑装饰专业系列教材）

ISBN 978-7-5308-2342-2

Ⅰ.建... Ⅱ.吴... Ⅲ.建筑学:物理—教材 Ⅳ.TU11

中国版本图书馆 CIP 数据核字(2000)第 78930 号

———————————————————

责任编辑:吉　静
责任印制:兰　毅

———————————————————

天津科学技术出版社出版
出版人:胡振泰
天津市西康路 35 号　邮编 300051　电话(022)23332393(发行部)　23332390(市场部)　27217980(邮购部)
网址:www.tjkjcbs.com.cn
新华书店经销
天津市津通印刷有限公司印刷

———————————————————

开本 787×1092　1/16　印张 15.75　字数 267 000
2009 年 7 月第 1 版第 8 次印刷
定价:24.00 元

# 建筑装饰专业系列教材编委会

# 序

当前，随着我国改革开放的进一步深入和社会主义市场经济的迅猛发展，全国各地城乡建设速度正在日益加快，建筑装饰业作为一个新兴行业正在大江南北、长城内外蓬勃发展。然而，近几年来我国的建筑装饰专业技术人才却又供不应求。这就需要加快对建筑装饰专业技术人才的教育和培养。正因为如此，全国各地很多高等院校、中专学校、技工学校乃至职业中学等，先后都已设置了建筑装饰专业或室内装饰、室内设计、装饰装潢、美术装潢等专业；建筑装饰企业岗位培训班，也在全国各地普遍开办。

然而，迄今为止，全国尚没有一套系统的建筑装饰专业系列教材。这无疑会给各院校建筑装饰专业的教学工作带来许多困难，同时也在很大程度上影响和制约了该专业教学质量的提高。

鉴于此，我们特组织东南大学、南京建筑工程学院、南京经济学院、中国矿业大学、福建建筑高等专科学校、河南城建高等专科学校、广州市建筑总公司职工大学等高等院校和河北省石家庄城建学校，以及上海、天津、重庆、山东、江苏、浙江、山西、辽宁、湖北、四川、甘肃、青海等省、市城市（乡）建设学校、建筑工程学校（技校）等单位的有关专家、学者，根据多年来的教学经验、实践经验和科研成果，共同编写了这一套建筑装饰专业系列教材。

本套建筑装饰专业系列教材，共计 12 种：(1)《美术》；(2)《构成》；(3)《建筑绘画》；(4)《建筑物理》；(5)《建筑设备》；(6)《民用建筑构造与设计》；(7)《建筑装饰材料》；(8)《建筑装饰构造》；(9)《建筑装饰设计》；(10)《建筑装饰施工技术》；(11)《建筑装饰工程定额与预算》；(12)《建筑装饰施工组织与管理》。其中，前 5 种为基础课，后 7 种为专业课。

本套建筑装饰专业系列教材，是根据中华人民共和国建设部人事教育劳动司颁布的《普通中等专业学校建筑装饰专业教学计划》、《普通中等专业学校建筑装饰专业教学大纲》，以及东南大学、南京建筑工程学院、南京经济学院、中国矿业大学、福建建筑高等专科学校、河南城建高等专科学校、广州市建筑职工大学等高等院校的建筑装饰专业或相关专业的教学计划和教学大纲，历时3年编写而成的。

本套建筑装饰专业系列教材在编写过程中，坚持理论与实践相结合、国外与国内相结合、目前与将来相结合、各书的内容与观点相统一、高等院校和中等职业技术学校两个层次相兼顾的原则，融建筑装饰新材料、新技术、新工艺、新规范、新成果于一体，因而具有体系完备、结构新颖、语言精练、内容翔实、图文并茂、深入浅出、系统性强、可操作性强、适用面广等特点。

本套建筑装饰专业系列教材，共有彩色插图300幅、黑白插图4000余幅。

本套建筑装饰专业系列教材，可作为高等院校、中等职业技术学校建筑装饰专业通用教材，同时亦适用于室内装饰、室内设计、装饰装潢、广告装潢、美术装潢等专业。此外，还可作为建筑装饰企业岗位培训教材和有关人员的自学用书。

组织编写本套建筑装饰专业系列教材，是一项十分复杂的系统工程。为了编好本套建筑装饰专业系列教材，我们先后于南京、石家庄和枣庄等地多次召开了规模不一的编委会，认真讨论，反复磋商，广泛听取各方面的意见。

本套建筑装饰专业系列教材，由陆现柱同志总纂定稿；黑白插图，由沈印国同志负责绘制。

本套建筑装饰专业系列教材在编写过程中，承蒙编委会成员所在院校、各书作者所在院校，以及山东省枣庄市长城文化出版实业公司、天津科学技术出版社等单位的大力支持；参考了大量的国内外有关专家、学者的著作，吸收和借鉴了许多最新科研成果，限于篇幅，恕未一一标注；各书作者以及一些有关人员付出了大量的辛勤劳动。在此，我们一并深表衷心的感谢！

尽管我们做出了很多努力，但是由于水平所限，本套建筑装饰专业系列教材可能还会有一些错误或不足之处，敬请有关专家、学者和广大读者给予批评指正，以便再版时修订完善。

建筑装饰专业系列教材编委会

1997 年 4 月

# 前　言

本书作为"建筑装饰专业系列教材"之一，是为了满足《建筑物理》课程的教学需要而编写的。本书分上、中、下三篇，共计 15 章。上篇——建筑声学，包括 6 章：（1）建筑声学基本知识；（2）室内声学原理；（3）吸声材料和吸声结构；（4）声学用房的室内音质设计；（5）噪声控制；（6）建筑隔声。中篇——建筑热工学，包括 6 章：（7）建筑热工学基本知识；（8）稳定传热；（9）建筑保温；（10）外围护结构的湿状况；（11）建筑防热；（12）建筑日照。下篇——建筑光学，包括 3 章：（13）建筑光学基本知识；（14）天然采光；（15）建筑照明。此外，还包括 2 个实验和 5 个附录。

本书着重介绍了建筑声学、建筑热工学和建筑光学中的基本概念、基本原理和操作方法，使学生掌握建筑物理的基本知识，具备相应的实际操作技能。

参加本书编写的人员有：吴曙球、陆现柱、沈印国、张显军。本书由吴曙球担任主编，陆现柱担任副主编。

本书在编写过程中，参考了有关专家、学者的著述，吸收了国内外建筑物理各方面的新材料、新技术、新成果，并且运用了一些新的国家规范。在此，我们一并深表由衷的谢忱！

由于编者水平所限，加之时间仓促等原因，书中难免会有错漏之处，恳请广大读者多予批评、指正，以便再版时修订完善！

编　者

1997 年 2 月

# 目　录

## 上篇　建筑声学

# 中篇　建筑热工学

# 下篇  建筑光学

# 实验与测量

# 附　录

# 上　篇

# 建　筑　声　学

# 建筑声学概述

随着社会的发展和生活水平的提高，人们在工作、学习和生活中，对声环境的要求已经愈来愈高。

"机器隆隆"已不再是一种对工业化生产的赞美，而变成了对环境噪声污染的描述。

人们再也不会仅仅满足于在同一个剧场里观看各种不同性质的演出，而需要在分门别类的电影院、话剧院、舞剧院、音乐厅等场所观看或欣赏。

即使是住宅，人们对声音的要求也非同以往。即除了希望免除那些令人烦恼不安的交通噪声干扰外，还想在家中唱一唱卡拉OK，听一听家庭影院那种逼真震撼的立体声音响。

所有这一切，都说明现代社会对建筑声学的设计，已经提出了愈来愈高的要求。

因此，从事建筑设计、室内设计、建筑装饰设计、室内装饰设计或装饰装潢设计工作的专业人员，必须掌握建筑声学的基本知识，科学解决建筑声学中的各种问题，以便满足人们对声环境的各种不同需要。

一般说来，建筑声学分室内音质设计和噪声控制两大部分，但是无论哪一部分，都会涉及到许多学科，诸如建筑工程学、物理学、电声学、环境保护学等。因此，从事建筑设计、室内设计、建筑装饰设计、室内装饰设计或装饰装潢设计工作的专业人员，在解决建筑声学中的各种问题时，应当与有关专业人员密切配合，力求设计方案科学、合理、经济、有效。

本篇着重介绍建筑声学的基本知识和设计方法，而对复杂的声学理论和公式推导从略。

# 第一章

# 建筑声学基本知识

## 第一节　声音与声波的基本概念

### 一、声音、声源和声波

任何物体发生振动时，都会迫使其周围的介质随之振动，而介质中产生的疏密相间的弹性波（声波）作用到听觉器官上，便使人感觉到声音。振动的物体，称为"声源"；振动在介质中的传播，称为"声波"；传播声波的物质，称为"传声介质"，简称"介质"。传声介质有固体、液体和气体之分，相应地声音也就分为固体声、液体声和气体声。建筑声学中所研究的声音，主要是气体声（空气声）和固体声。

需要说明的是，声音在空气中传播时，空气质点只是在其左右两侧来回运动，传播的只是振动的能量，空气质点本身并不传到远处去。现以振动的扬声器膜向外辐射声音为例来说明这一问题。扬声器膜向前振动，引起邻近空气质点的压缩，这种密集的质点层依次传向较远的质点。当扬声器膜向后振动时，扬声器前面的空气稀疏，扬声器膜另一侧的空气层压缩，邻近质点的疏密状态又依次传向较远的质点。膜片的继续振动，会使这种密集与稀疏依次扰动空气质点，这就是所谓的"行波"。图1—1表示在某一时刻空气的这种疏密状态。在通风管道中，声波仍然是由声源向远处传播，而与空气的流动方向无关。

图1—1中还表示出与声源不同距离处的压力变化，中间的一条水平线代表空气处于正常的大气压力；起伏曲线代表因声波经过时压力的增加和减少，亦即增加或减少的大气压。对于中等响度的声音，这种压力的变化仅约为正常大气压力的百万分之一。

### 二、波阵面、波长和声速

有声波存在的空间，称为"声场"。声波从声源发出，在同一介质中会按一定的方向传播。在某一时刻，声波到达空间的各点的包迹面，称为"波阵面"。波阵面为平面的，称为"平面波"；波阵面为球面的，称为"球面波"。由一点声源辐射的声波是球面波，但是在离声源足够远的局部范围内，可以近似地把它看作平面波。

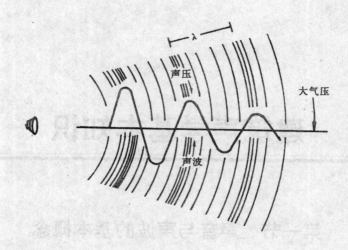

图1—1  扬声器膜辐射的声波

声波在传声介质中的传播速度，称为"声速"，用 $c$ 表示，单位是 m/s。声速不是质点的振动速度而是振动传播的速度。声速的大小与振源的特性无关，而与传声介质的弹性、密度以及温度等有关。

当温度为 0℃ 时，不同介质中声波的传播速度分别为：

| | | | |
|---|---|---|---|
| 松木 | 3320m/s | 软木 | 500m/s |
| 钢 | 5000m/s | 水 | 1450m/s |
| 玻璃 | 5200m/s | 橡皮 | 50m/s |
| 混凝土 | 3100m/s | | |

在标准大气压下，空气中的声速与温度的关系为：

$$c = c_0 + 0.607\theta \tag{1—1}$$

式中：$c$——空气中的声速，m/s；

　　　$c_0$——0℃ 时的空气中的声速，$c_0 = 331\text{m/s}$；

　　　$\theta$——空气温度，℃。

物体或空气质点每完成一次往复运动或疏密相间运动所经过的距离，称为"波长"，用 $\lambda$ 表示，单位是 m。

物体或空气质点每振动一次，即完成一次往复运动或疏密相间的运动，所需要的时间，称为"周期"，用 $T$ 表示，单位是 s。

物体或空气质点每秒振动的次数，称为"频率"，用 $f$ 表示，单位是 Hz。

声速 $c$、波长 $\lambda$ 和频率 $f$ 或周期 $T$ 有以下关系：

$$c = f\lambda \text{ 或 } c = \frac{\lambda}{T} \tag{1—2}$$

在一定的介质中声波的传播速度是确定的。因此，频率 $f$ 越高，波长 $\lambda$ 就越短。通常，室温下的空气声速约为 340m/s，频率为 100～4000Hz 的声音波长范围大致在 3.4～8.5m 之间。

人耳所能感觉到的声波的频率范围大约在 20～20000Hz 之间。低于 20Hz 的声波，称为"次声波"；高于 20000Hz 的声波，称为"超声波"。次声波和超声波都不能使人耳产生听觉，因此不属于建筑声学讨论的范围。

### 三、惠更斯原理

声波的传播路径，通常用"声线"表示。在各向同性的介质中（空气为各向同性介质），声线与波阵面相垂直。例如，平面波的声线是垂直于波阵面的平行线；球面波的声线是以声源为中心的径向射线。

声源的振动引起波动，波动的传播是由于介质中质点间的相互作用。在连续介质中，任何一点的振动，都将直接引起邻近质点的振动。声波在空气中的传播满足惠更斯原理。

根据惠更斯原理，在任一时刻，波阵面上的各点都可以看成一个发射子波的新波源。在下一时刻，这些子波的包迹面，就是实际波源在下一时刻的新的波阵面。

图 1—2 表示用惠更斯原理求新的波阵面的例子。已知点声源 $O$，声速为 $c$，在 $t$ 时刻的波阵面是以 $O$ 为圆心，以 $c \cdot t$ 为半径的球面 $S_1$。然后，再以 $S_1$ 上的各点为波源，以 $c \cdot \Delta t$ 为半径作出许多球面子波。这些子波的包迹面 $S_2$ 就是声源 $O$ 在（$t + \Delta t$）时刻的新的波阵面，如图 1—2（$a$）所示。若知平面波在某时刻的波阵面 $S_1$，利用惠更斯原理同样可以求出经 $\Delta t$ 的波阵面 $S_2$，如图 1—2（$b$）所示。

利用惠更斯原理可以解释声波的衍射、反射等现象。

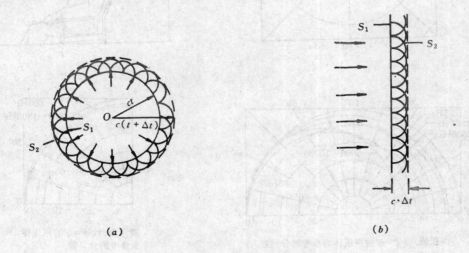

（$a$）　　　　　　　　　　　（$b$）

**图 1—2　根据惠更斯原理求波阵面**

（$a$）球面波　（$b$）平面波

# 第二节 声波的特性

## 一、声源的方向性

声源在自由空间中辐射声音时,声音强度分布的一个重要特性就是它的方向性,即在各个方向的辐射强度不同。当声源的尺度比波长小得多时,可看作为无方向性的点声源,在距声源中心等远处的声音强度相同;当声源的尺度与波长相差不多或更大时,它就不是点声源,而要看成由许多点声源所组成。叠加结果是在各方向的辐射不一样,因而就具有方向性。声源尺寸比波长大得越多,方向性就越强。实际上,人的头和扬声器与低频声的波长相比是小的,在这种情况下可以看作为点声源。但是,高频声就不能看作点声源,而具有较明显的方向性。

通常,声源的方向性用方向性图案来表示。图1—3为一扬声器在发出两种不同波长声音时,它的方向性图案示意。图中心形的图案表示在图案上各点的声音强度相同。其

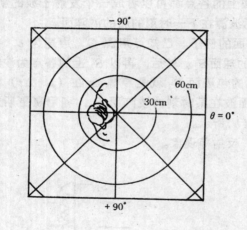
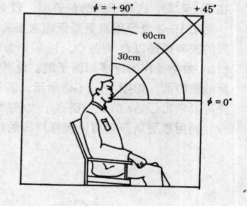
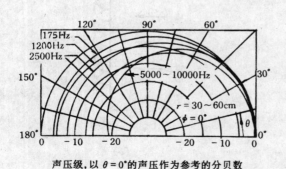

声压级,以 θ=0°的声压作为参考的分贝数

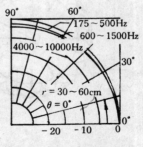

声压级,以 ϕ=0°的声压作为参考的分贝数

图1—3 声源的方向性图案

中，$\lambda_1 > \lambda_2$。这也就是说，在频率愈低或扬声器线度和波长相比愈小时，图案愈趋于一个圆，即方向性愈不明显；频率愈高或扬声器线度与波长相比愈大时，图案前方就愈尖，即声源的方向性愈强。

因此，一个方向性强的声源，意味着直达声的声能量集中在声源的辐射轴线周围。在距声源的距离相同时，从它的正面和侧面听，声音大小将有很大差别。这是作厅堂设计、扬声器布置时，必须注意的问题。

## 二、声波的频谱

单一频率的声音，称为"纯音"。通常听到的声音，都是许多个强度不同的纯音的组合，而且在声音发出的过程中还在不断地变化，这种声音称为"复合音"，简称"复音"。复音中频率最低的纯音奠定了该复音的基调，称为"基音"，其频率称为"基频"。其它的纯音，称为"分音"。频率为基频整数倍的分音，又称"谐音"。

声调的高低主要取决于声音频率的高低，频率越高，声调越高。同时，声调还与声压级和组成成分有关。音色主要是由复合音成分中各种分音的频率及强度决定的，分音越多，低次分音足够强，声音就越丰富动听。

在噪声控制中，要知道噪声的哪些频率或频带是比较突出的。只有首先降低或消除这些突出的频率成分，才能有效地降低噪声。

把声音按频率大小依次排列起来而得到的图，称为"频谱"。频谱反映了复音中不同频率组合的强度分布特性。频谱分为线状谱、连续谱和混合谱三种。

图1—4为小提琴的频谱，横坐标表示频率，纵坐标表示声压级。由于小提琴所发的声音中只含有基频和谐频，而且谐频又是基频的整数倍，所以小提琴的频谱是不连续的线状谱。

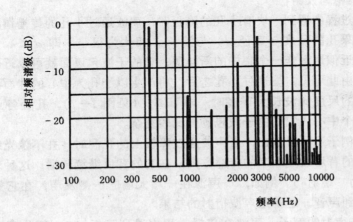

图1—4  基频为 440Hz 的小提琴频谱图

噪声通常是变化多端的，或者没有一定的周期，或者周期很长、具有连续频谱。在测量噪声时，通常不是一个一个频率地去测量，而是通过声级计的一组带通滤波器测得相应频带的声压级。图1—5为一鼓风机的噪声频谱图。

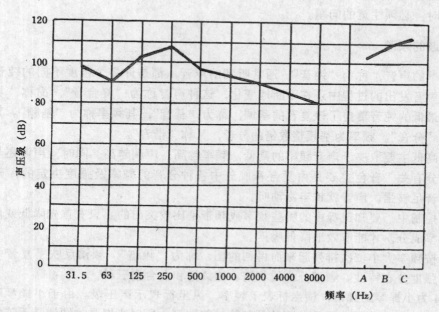

图1—5 某鼓风机的噪声频谱图

### 三、声波的衍射、反射、透射与吸收

#### （一）声波的衍射与反射

当声波在传播过程中遇到一块有小孔的障板时，声波通过小孔的传播情况可以根据惠更斯原理分析。如果孔的尺度（直径 $d$）与波长 $\lambda$ 相比为很小，即 $d \ll \lambda$（见图1—6），小孔处的质点可以近似地看作一个集中的新波源，它的子波包迹面就可以近似地看作以小孔为球心的球面。由此可见，波通过小孔之后，将产生以小孔为中心的球面波，而与原来的波形无关。当孔的尺度比波长大得多时，即 $d \gg \lambda$（见图1—7），孔处各点可看作新的波源，但不形成一个中心，它们的子波包迹面比较复杂。

从上面的两个例子还可以看出，当声波通过障板上的孔洞时，并不像光线那样直线传播，而能绕到障板的背后改变原来的传播方向，在它的背后继续传播。这种现象称为声波的"衍射"（又称为"绕射"）。例如，一声源在一堵大墙的一侧发声，在它另一侧的听者看不见声源却能听到声音，这就是声波衍射的结果。

图1—8是声波衍射的例子。声波在传播过程中遇到障板 $AB$，部分声波被反射，其余部分继续前进，在障板边缘处改变了前进方向。根据惠更斯原理可以看出，前进的平面波在障板边缘处所形成的新波阵面不再是平行的平面，在障板背后波阵面弯曲，改变了传播方向。当障板的尺度比波长大得多时，绕射的范围有限，板后将产生明显的声影区；反

· 8 ·

之，当频率很低、波长很长的声波遇到相对尺度较小的障板时，则几乎不受影响，如图1—9所示。

图1—6　小孔对波的影响

图1—7　大孔对前进波的影响

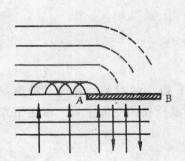

图1—8　声波的衍射

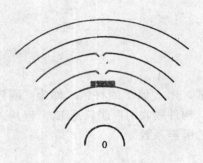

图1—9　小障板对声传播的影响

当声波在传播过程中遇到一块尺度比波长大得多的障板时，声波将被反射。若声源发出的是球面波，反射后仍是球面波；若声源发出的是平面波，反射后仍是平面波，即波阵面形状不变。图1—10是一平面波遇大障板被反射的示意图。从图中可以看出，声波的反射满足反射定律，即：（1）入射线、反射线和反射面的法线共面；（2）入射线和反射线分处法线两侧；（3）入射角等于反射角。

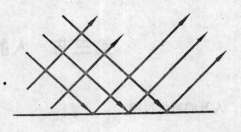

图1—10　声波的反射

（二）声波的透射与吸收

声波入射到建筑构件（如墙、板等）时，声能的一部分被反射，一部分透过构件，还有一部分由于构件的振动或声音在其中传播时因介质摩擦、热传导而被损耗，通常说它被材料所吸收，如图1—11所示。

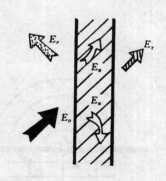

图1—11　声能的反射、透射与吸收

根据能量守恒定律，如果单位时间内入射到构件上的总声能为 $E_o$，反射的声能为 $E_r$，构件吸收的声能为 $E_\alpha$，透过构件的声能为 $E_\tau$，则有如下关系：

$$E_o = E_r + E_\alpha + E_\tau \qquad (1—3)$$

透射声能与入射声能之比，称为"透射系数"，用 $\tau$ 表示；反射声能与入射声能之比称为"反射系数"，用 $r$ 表示。即：

$$\tau = \frac{E_\tau}{E_o} \qquad (1—4)$$

$$r = \frac{E_r}{E_o} \qquad (1—5)$$

通常，把 $\tau$ 值小的材料，称为"隔声材料"；把 $r$ 值小的材料，称为"吸声材料"。实际上，构件吸收的声能只是 $E_\alpha$，但从入射波和反射波所在的空间来看，常用下式来定义材料的吸声系数 $\alpha$：

$$\alpha = 1 - r = 1 - \frac{E_r}{E_o} = \frac{E_\alpha + E_\tau}{E_o} \qquad (1—6)$$

在进行室内音质设计或噪声控制时，必须了解各种材料的隔声、吸声特性，以便合理地选用材料。

# 第三节　人的听觉特性

## 一、人耳的听觉过程

当声波到达人的外耳时，亦即外耳附近的空气压力作交替变化时，人耳的鼓膜则按入射声波的频率振动。这些由耳鼓采集到的微小振动，在中耳由三块像杠杆一样的小听骨把它们放大，然后再由耳窝中的液体传递到内耳的神经末梢，经分析整理成脉冲信号送至大脑，产生了不同音调和强度的声音感觉。这一过程，就是人耳的听觉过程。

人耳的听闻有上、下限。能够引起人耳有声音感觉的最低声压级，称为"听闻下限"，又称"可闻阈"。可闻阈的阈值随频率以及人的年龄不同而有很大的变化，对于正常青年人，1kHz纯音的可闻阈是0dB。人耳的听闻上限，称为"痛阈"，约为130dB。在这种声音环境下，人耳会发痒、不舒服或疼痛。若声音的强度大于痛阈，可能破坏人耳的鼓膜或对神经末梢和耳窝的毗连部分造成永久性的损伤。

人耳对声音的频率也有个听闻范围。对于儿童和听力良好的青年人来说，这个范围是20～20000Hz。随着年龄的增长，这一范围将缩小，特别是高频部分。

## 二、时差效应

声音对人的听觉器官的作用效果，并不是随着声音的消失而立即消除，而会暂留一短促时间。一般来说，如果到达人耳的两个声音的时间间隔（称为"时差"）小于50ms，那么人耳就分辨不出这是不同的声音，听起来似乎后面的声音是前一个声音的继续，感觉到的仅是音色和响度的变化。这种现象，称为"时差效应"，又称"哈斯（Hass）效应"。

在室内，顶棚、地面、墙壁都反射声音。当声源发出一个脉冲声时，人们首先听到是直达声，然后陆续听到经过界面一次、二次、三次……多次的反射声。同时，由于界面的多次吸收，反射声的强度也逐渐减弱，整个过程听起来是连续的并且是逐渐衰减的，这个过程称为"混响"。

一般认为，在直达声到达后约50ms之内到达的反射声，可以加强直达声；而在50ms之后到达的反射声，则不会加强直达声。如果有的延时较长的反射声的强度比较突出，还会形成"回声"。回声的出现不仅与时差有关，还与声音的强度有关。

图1—12为时差效应图，又称"哈斯（Hass）效应图"。图中横坐标为两个声音的时差，单位为ms；纵坐标为干扰度的百分数（即在全体被测者中感到有干扰的人数的百分比）；曲线代表不同强差时的干扰情况。从图中可以看出，时差越

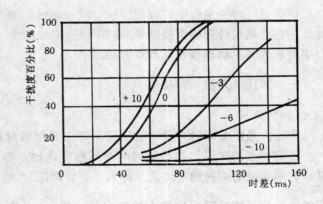

**图1—12　时差效应图**
图中表示的是每秒5.3个音节的
不同衰减讯号的相应级

小，强差越大，则干扰越小；反之，干扰越大。如果考虑到语言速度不同的影响，则会发现每秒的音节越多，干扰越大；节奏缓慢的声音，干扰越小。

## 三、双耳效应

一般来说，人们是利用双耳进行听闻的。根据两只耳朵听到声音的时间差、强度差和位相差，能够判断出声源的方向和远近，并确定声源的位置。双耳对于左右水平方向上的声音分辨能力，要比上下竖直方向上的大得多。双耳辨别声源方向的能力，称为"双耳效

应", 又称 "方位感"。

在进行室内音质设计时, 应考虑方位感的问题, 避免使听众明显地感到扬声器发出的声音与讲演者或表演者的直达声来自不同的方向。如果用单耳听声音, 则会失去方位感。用话筒在播音室内拾音, 就相当于用单耳听音。

### 四、掩蔽效应

人的听觉器官能够分辨同时存在的几个声音, 但是如果某一个声音增大, 其它声音就难以听清, 甚至听不到。在实际工程中, 往往需要考虑如何将一个声音降低到一定的声压级, 以使它在本底噪声中听不出来。例如, 由于某个声音的存在, 而往往使人耳对别的声音的感觉能力降低。这也就是说, 由于某一个声音的存在, 要听清另外的声音必须把这些声音提高, 把这些声音的可闻阈 (可闻下限) 提高, 这种现象称为 "掩蔽"。可闻阈所提高的分贝数, 称为 "掩蔽量"。

一般来说, 被掩蔽声和掩蔽声的频率相近时, 掩蔽量最大, 即频率相近的声音掩蔽较显著; 掩蔽声的声压级越大, 掩蔽量就越大, 对所有高频声的掩蔽量就越显著; 低频声容易完全掩蔽高频声, 高频声则难以完全掩蔽低频声。

# 第四节　声音的计量和表示

声波是一种能量传播, 仅用声速、频率和波长等物理量, 不能描述声波的全部特性。此外, 在音质设计和噪声控制等问题中, 还必须考虑人的听觉特性。因此, 本节将进一步介绍声音的其它物理量及其计算方法。

### 一、声压、声强、声功率

#### (一) 声压

声压, 是指某瞬时介质中的压强相对于无声波时压强的改变量, 用 $P$ 表示, 单位是 Pa。任何一点的声压, 都是随时间而不断变化的。每一瞬间的声压, 称为 "瞬时声压"; 某段时间内瞬时声压的平均值, 称为 "有效声压", 用它的均方根值来表示。对于正弦波, 有效声压等于瞬时声压的最大值除以 $\sqrt{2}$, 即 $p = \dfrac{p_m}{\sqrt{2}}$。通常所说的声压, 如果未加说明, 即为有效声压。

#### (二) 声强

声强, 是衡量声音强弱的物理量。声场中某一点的声强, 是指单位时间内垂直于声波传播方向的单位面积上通过的声能, 用 $I$ 表示, 单位是 $W/m^2$。用公式表示为:

$$I = \frac{W}{S} \tag{1—7}$$

式中: $I$——声强, $W/m^2$;

　　　$W$——声能, W;

　　　$S$——声能所通过的面积, $m^2$。

在无反射的自由声场中，点声源发出的球面波均匀地向四周辐射声能。因此，距声源中心为 $r$ 的球面上的声强为：

$$I = \frac{W}{4\pi r^2} \tag{1--8}$$

由此可见，对于球面波，声强与点声源的声能成正比，而与到声源的距离的平方成反比，如图 1—13（$a$）所示。

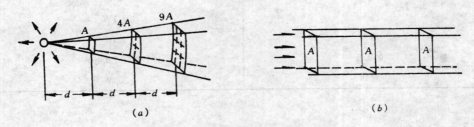

图 1—13  声能通过的面积与距离的关系
（$a$）球面波  （$b$）平面波

对于平面波，声线互相平行，同一束声能通过与声源距离不同的波阵面时，声能没有聚集或离散，所以声强不变，与距离无关，如图 1—13（$b$）所示。

以上都假设声音在无损耗、无衰减的介质中传播。实际上，声波在一般介质中传播时，声能总是有损耗的。

（三）声压和声强的关系

声压和声强有着密切的关系。在自由声场中，某处的声强与该处声压的平方成正比，而与介质密度和声速的乘积成反比。即：

$$I = \frac{P^2}{\rho_0 c} \tag{1--9}$$

式中：$P$——有效声压，Pa；

$\rho_0$——空气密度，$kg/m^3$；

$c$——空气中的声速，m/s。

（四）声功率

声功率，是指声源在单位时间内向外辐射的声能，用 $W$ 表示，单位是 W 或 $\mu$W。声源的声功率或指在全部可听频率范围所辐射的功率，或指在某个有限频率范围所辐射的声功率（通常称为"频带声功率"）。在计量时应注意所指的频率范围。

声功率不能与声源的其它功率相混淆。例如，扩声系统中所用的扩大器的电功率通常是数十瓦，但扬声器的效率一般只有其千分之几，它辐射的声功率只有百分之几瓦。电功率是电源的输入功率，而声功率是声源的输出功率。

在建筑声学中，声源辐射的声功率大都可以认为不因环境条件的不同而改变，把它看作是属于声源本身的一种特性。表 1—1 中列有几种声源的声功率。一般人讲话的声功率是很弱的，稍微提高嗓音时约 $50\mu W$；10 万人同时讲话，也只相当于一个 5W 电灯的电功率。演员歌唱的声功率约为 $100\sim300\mu W$。由于声功率的限制，在容积较大的房间内，往往需要用电声设备来扩声。对于有限的声功率如何合理地充分利用，这是室内声学的主要内容。

表 1—1　几种不同声源的声功率

| 声源种类 | 声功率 |
|---|---|
| 喷气飞机 | 10kW |
| 气锤 | 1W |
| 汽车 | 0.1W |
| 钢琴 | 2mW |
| 女高音 | $1000\sim7200\mu W$ |
| 对话 | $20\mu W$ |

## 二、级的概念和声学量的表示

如前所述，能引起人耳正常听觉的是频率在 $20\sim20000Hz$ 范围内的有足够声强的声波。对频率为 1000Hz 的声音，人耳刚能听见的下限声强为 $10^{-12}W/m^2$，相应的声压为 $2\times10^{-5}Pa$；使人产生疼痛感的上限声强为 $1W/m^2$，相应的声压为 20Pa。由此可见，声强的上下限可相差一万亿倍，声压的上下限相差也可达一百万倍。显然，用声强和声压来度量很不方便。此外，人耳对声音大小的感觉，并不与声强或声压值成正比，而是近似地与它们的对数值成正比。因此，采用按对数方式分等分级的办法作声音大小的常用单位，就是声强级或声压级。

如果以 10 倍（即相对比值为 10）为一"级"进行划分，可把声强级定义为声音的强度 $I$ 与基准声强 $I_0$ 之比的常用对数值，单位是贝尔（BL）。

声强级表示为：

$$L_I = \lg\frac{I}{I_0} \tag{1—10}$$

在工程上通常是用它的十分之一作单位，称为"分贝尔"，简称"分贝"（dB）。即：

$$L_I = 10\lg\frac{I}{I_0} \tag{1—11}$$

式中：$L_I$——声强级，dB；

$I$——声音的声强，$W/m^2$；

$I_0$——基准声强，其值为 $10^{-12}W/m^2$。

基准声强是人耳对 1000Hz 声音的可听下限，相应的声强级为 0dB。

同样，也可用分贝为单位来定义声压级。声压级就是声音的声压 $P$ 与基准声压 $P_0$ 之

比的常用对数乘以 20, 单位是 dB。即:

$$L_P = 20\lg \frac{P}{P_0} \qquad (1-12)$$

式中: $L_P$——声压级, dB;

$P$——声音的声压, Pa;

$P_0$——基准声压, $P_0 = 2 \times 10^{-5}$Pa。

上述两定义在一定条件下可使声强级与声压级数值相等。

表 1—2 中列举了几种声强值、声压值和它们所对应的声强级、声压级以及与其相应的声学环境。

表 1—2  声强、声压与对应的声强级、声压级以及相应的环境

| 声强 (W/m²) | 声压 (N/m²) | 声强级或声压级 (dB) | 相应的环境 |
|---|---|---|---|
| $10^2$ | 200 | 140 | 离喷气机口 3m 处 |
| 1 | 20 | 120 | 疼痛阈 |
| $10^{-1}$ | $2 \times \sqrt{10}$ | 110 | 风动铆钉机旁 |
| $10^{-2}$ | 2 | 100 | 织布机旁 |
| $10^{-4}$ | $2 \times 10^{-1}$ | 80 | |
| $10^{-6}$ | $2 \times 10^{-2}$ | 60 | 相距 1m 处交谈 |
| $10^{-8}$ | $2 \times 10^{-3}$ | 40 | 安静的室内 |
| $10^{-10}$ | $2 \times 10^{-4}$ | 20 | |
| $10^{-12}$ | $2 \times 10^{-5}$ | 0 | 人耳最低可闻阈 |

声功率以 "级" 表示, 便是声功率级。声功率级就是声音的声功率 $W$ 与基准声功率之比的常用对数乘以 10, 单位是 dB。即:

$$L_W = 10\lg \frac{W}{W_0} \qquad (1-13)$$

式中: $L_W$——声功率级, dB;

$W$——声音的声功率, W;

$W_0$——基准声功率, $W_0 = 10^{-12}$W。

应当指出, 声强级、声压级、声功率级和声强、声压、声功率是不同的概念。它们只有相对比值的意义, 无量纲, 其数值大小与所规定的基准值有关。由此可见, 声强级等概念的引入, 一方面可大大压缩相应物理量程的数量级, 提高简明程度; 另一方面, 也与人耳对声音大小的感觉紧密相联。

### 三、声压级的叠加

当几个不同声源同时作用时, 它们在某处形成的总声强是各个声强的代数和。即:

$$I = I_1 + I_2 + \cdots\cdots + I_n$$

而它们的总声压（有效声压），则为各个声压的均方根值。即：

$$P = \sqrt{P_1{}^2 + P_2{}^2 + \cdots\cdots + P_n{}^2} \qquad (1-14)$$

声强级、声压级叠加时，不能简单地进行算术相加，而要按对数运算规律进行。例如，$m$ 个声压相等的声音，每个声压级为 $20\lg\dfrac{P}{P_0}$，它的总声压级为：

$$L_P = 20\lg\frac{\sqrt{mP^2}}{P_0} = 20\lg\frac{P}{P_0} + 10\lg m \qquad (1-15)$$

从上式可以看出，两个数值相等的声压级叠加后，只比原来增加 3dB，而不是增大一倍。这个结论对于声强级和声功率级同样适用。

此外，还可以证明两个声压级分别为 $L_{P_1}$ 和 $L_{P_2}$（设 $L_{P_1} \geqslant L_{P_2}$），其总声压级 $L_P$ 为：

$$L_P = L_{P_1} + 10\lg(1 + 10^{-\frac{L_{P_1} - L_{P_2}}{10}}) \qquad (1-16)$$

声压级的叠加计算，也可以用表 1—3 进行。其方法是：由表中查出两声压级差（$L_{P_1} - L_{P_2}$）所对应的附加值，将它加在较高的那个声压级上，即得所求的总声压级。如果两个声压级差超过 10dB，由于附加值很小，通常忽略不计。

表 1—3　声压级的差值与增值的关系

| $L_{P_1} - L_{P_2}$ | 0 | 0.1 | 0.2 | 0.3 | 0.4 | 0.5 | 0.6 | 0.7 | 0.8 | 0.9 |
|---|---|---|---|---|---|---|---|---|---|---|
| 0 | 3.0 | 3.0 | 2.9 | 2.9 | 2.8 | 2.8 | 2.7 | 2.7 | 2.6 | 2.6 |
| 1 | 2.5 | 2.5 | 2.5 | 2.4 | 2.4 | 2.3 | 2.3 | 2.3 | 2.2 | 2.2 |
| 2 | 2.1 | 2.1 | 2.1 | 2.0 | 2.0 | 1.9 | 1.9 | 1.9 | 1.8 | 1.8 |
| 3 | 1.8 | 1.7 | 1.7 | 1.7 | 1.6 | 1.6 | 1.6 | 1.5 | 1.5 | 1.5 |
| 4 | 1.5 | 1.4 | 1.4 | 1.4 | 1.4 | 1.3 | 1.3 | 1.3 | 1.2 | 1.2 |
| 5 | 1.2 | 1.2 | 1.2 | 1.1 | 1.1 | 1.1 | 1.1 | 1.0 | 1.0 | 1.0 |
| 6 | 1.0 | 1.0 | 0.9 | 0.9 | 0.9 | 0.9 | 0.9 | 0.8 | 0.8 | 0.8 |
| 7 | 0.8 | 0.8 | 0.8 | 0.7 | 0.7 | 0.7 | 0.7 | 0.7 | 0.7 | 0.7 |
| 8 | 0.6 | 0.6 | 0.6 | 0.6 | 0.6 | 0.6 | 0.6 | 0.6 | 0.5 | 0.5 |
| 9 | 0.5 | 0.5 | 0.5 | 0.5 | 0.5 | 0.5 | 0.5 | 0.4 | 0.4 | 0.4 |
| 10 | 0.4 | - | - | - | - | - | - | - | - | - |
| 11 | 0.3 | - | - | - | - | - | - | - | - | - |
| 12 | 0.3 | - | - | - | - | - | - | - | - | - |
| 13 | 0.2 | - | - | - | - | - | - | - | - | - |
| 14 | 0.2 | - | - | - | - | - | - | - | - | - |
| 15 | 0.1 | - | - | - | - | - | - | - | - | - |

两个声强级或两个声功率级的叠加公式与式（1—17）完全相同。即：

$$L_I = L_{I_1} + 10\lg(1 + 10^{-\frac{L_{I_1} - L_{I_2}}{10}}) \quad （设\ L_{I_1} \geqslant L_{I_2}） \qquad (1—17)$$

$$L_W = L_{W_1} + 10\lg(1 + 10^{-\frac{L_{W_1} - L_{W_2}}{10}}) \quad （设\ L_{W_1} \geqslant L_{W_2}） \qquad (1—18)$$

## 四、响度级

声音的大小和差别，还可以用响度来表示。响度，是度量一个声音比另一个声音响多少的量，单位是宋（sone）。响度是人们反映声音大小的主观量，而声压和声强则是反映声音大小的客观量。一般来说，声压越大，声音就越响。但是，声压与声响不成正比例关系；声压加大一倍，声响也不一定加大一倍。

为了定量确定某一声音能使人听觉器官产生多响的感觉，最简单的办法就是把它和另一个标准声音进行比较，如果某一声音与已选定的 1000Hz 的纯音听起来同样响，那么，这个 1000Hz 纯音的声压级值，就定义为待测声音的"响度级"。响度级的单位是方（phon）。把一系列的纯音，都用标准音来作上述比较，可得到如图 1—14 所示的纯音等响曲线。这是根据对大量健康人的试验统计结果，由国际标准化组织（ISO）于 1959 年确定的。

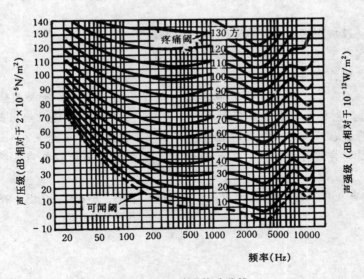

图 1—14　纯音等响曲线

图中同一条曲线的各点所表示的不同频率的纯音虽然具有不同的声压级，但是人们听起来却一样响，即同一条曲线上的各点具有相等的响度级。从等响曲线可知，人耳对 2000～5000Hz 的声音特别敏感，对频率越低的声音越不敏感。图中最下面一条曲线为可闻阈，表示刚能使人听到声音的界限；最上面一条曲线为疼痛阈，表示使人产生疼痛感觉的界限。所以，人耳能感受的声压级不能超过这两条曲线所包括的范围。

对于复合声，不能直接使用纯音等响曲线，其响度级需通过计算求得。

目前，在工程中常采用声级计进行某些简单的声压级测量。在声级计中，参考等响曲线设计了 A、B、C 三档的计权电子网络，C 网络是模拟人耳对 100phon 纯音的响应，在整个可听频率范围内它让所有频率的声音近乎一样通过，因此它可代表总声级；B 网络是模拟人耳对 70phon 纯音的响应，它使接收声音通过时，低频段有一定的衰减；A 网络是模拟人耳对 40phon 纯音的响应，它使接收声音通过时，低频段有较大的衰减，所以 A 网络符合人耳对低频声的灵敏度与高频声差的听觉特性。

用声级计的 A、B、C 不同网络测得的声级，分别记作 dB（A）、dB（B）和 dB（C）。在音频范围内进行测量时，多使用 A 网络。

# 复习思考题

1．什么是声源？什么是声波？

2．振动与声波有何区别和联系？

3．已知声波在空气中以 340m/s 的速度传播，那么对于频率为 170Hz 的声音来说，它的波长为多少？

4．声波的特性有哪些？

5．试举出实际生活中带有指向性的声源 3～5 个。

6．人的听觉特性有哪些？

7．从同一声源发出的声音一部分直接到达你的耳朵，另一部分经墙壁反射后才到达你的耳朵，那么反射的声音要比直接到的声音多走多少路程你才能分辨出是两个声音？

8．声强、声压、声功率这些物理量都用"级"来表示有什么意义？

9．声压级是怎样进行叠加的？4 个 60dB 的声压级进行叠加后总声压级为多少？是不是 240dB？

10．某房间有 4 个声源，它们的声压级分别为 75dB、87dB、90dB、98dB，试求该房间的总声压级。

# 第二章

# 室内声学原理

## 第一节　声波在室内的反射与几何声学

点声源在空间发出的是球面波，声波的传播路径用声线表示。当声线碰到室内任一界面时将被反射，反射角与入射角相等。利用几何声学的方法，可以得到声音在室内传播的直观图形，如图2—1所示。从图中可以看出，对于一个听者，接收到的不仅有直达声，而且有陆续到达的来自顶棚、地面以及墙面的反射声。它们有的经过一次反射，有的经过二次甚至多次反射。

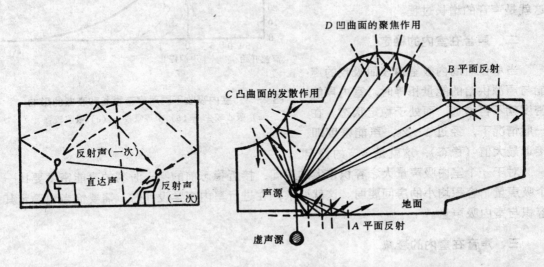

图2—1　室内声音传播示意图　　　　图2—2　室内声音反射的几种典型情况

图2—2表示在房间内可能出现的四种声音反射的典型例子。图中 A 与 B 均为平面反射，所不同的是 A 平面离声源近，入射角变化较大，反射声线发散较大；B 平面离声源远，各入射线近乎平行，反射声线的方向也接近一致。C 与 D 是两种反射效果截然不同

的曲面，$C$ 是凸曲面，使声线束扩散；$D$ 是凹曲面，反射声音集中于一个区域，形成声音的聚焦。对于一个曲面，只要确定了它的圆心和曲率半径，就可以利用几何作图方法进行声线分析。

在室内各接收点上，直达声和反射声的分布情况，对听音有很大影响。利用几何作图方法，可以将各个界面对声音的反射情况进行分析。但是，由于经过多次反射后，声音的反射情况已相当复杂，有的已接近无规则分布，所以通常只着重研究前一、二次反射声，并控制它们的分布情况，以改善室内音质。

# 第二节　声音在室内的增长、稳定和衰减

### 一、声音在室内的增长

当声源在室内开始辐射声能时，声波即同时在室内开始传播。当声波入射到某一界面时，部分声能被吸收，其余声能则被反射。在声波继续传播中，又第二次、第三次乃至多次地被吸收和反射。这样，在室内就形成了一定的声能密度。随着声源不断地供给能量，室内声能密度将会随着时间的增加而增加，这就是声音的增长过程。

### 二、声音在室内的稳定

当单位时间内被室内表面吸收的声能与声源供给的能量相等时，室内声能密度就不再增加，而处于稳定状态。在一般情况下，经过 $1\sim 2s$，声能密度即接近最大值（稳态），这就是声音的稳定。

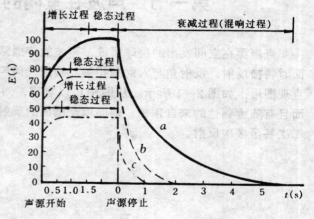

图 2—3　室内吸收不同对声音增长和衰减的影响
（a）吸收较少　（b）中等吸收　（c）吸收较强

对于一个室内吸声量大、容积也大的房间，接近稳态前的某一时刻的声能密度要比一个吸声量、容积均小的房间要弱。这就要求，在进行室内声学设计时，需要恰当地确定其容积与室内吸声量。

### 三、声音在室内的衰减

当声音达到稳态后，如果声源停止发声，室内接收点上的声音并不会马上消失，而有一个逐渐衰减的过程。直达声首先消失，反射声继续下去。每反射一次，声能被吸收一部分。因此，室内的声能密度将逐渐减弱，直至完全消失。这个衰减过程称为"混响过程"。

室内声音的增长、稳定和衰减过程，可用图 2—3 形象地表示出来。

图中实线表示室内表面反射很强时的情况，在声源发声后，很快即达到较高的声能密

度，并进入稳定状态；当声源停止发声后，声音将慢慢衰减。虚线和点虚线表示室内表面的吸声量增加到不同程度时的情况，室内吸声量愈大，室内声能达到稳态的数值就愈低，衰减过程（混响过程）也就愈短。混响过程对室内音质有重要影响。

# 第三节　混响时间计算公式

混响过程的长短，对人们的听觉有很大影响。人们对这一过程的定量化进行了研究，得出了适用于实际工程的混响时间计算公式。

## 一、混响时间的概念

当室内声场达到稳定，声源在室内停止发声后，残余的声能在室内往复反射，经表面吸声材料吸收，其室内平均声能密度下降为原有数值的百万分之一所需的时间，或者说声音衰减 60dB 所经历的时间，称为"混响时间"，用 $T_{60}$ 表示，单位是 s，如图 2—4 所示。

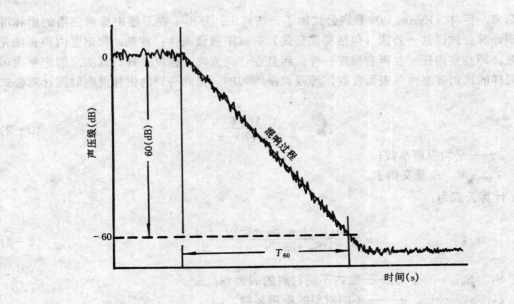

图 2—4　室内声音衰减用 dB 标度的混响时间定义

## 二、赛宾混响时间计算公式

19 世纪末到 20 世纪初，赛宾（W·C·Sabine）通过对厅内一声源（管风琴）停止发声后，声音衰减到刚刚听不到时的时间进行测定发现，这一时间与房间容积和室内吸声量有关，并定义此时间为"混响时间"。用公式表示为：

$$T_{60} = \frac{KV}{\alpha S} \tag{2—1}$$

式中：$T_{60}$——混响时间，s；

   $K$——常数，一般取 0.161；

   $V$——房间容积，$m^3$；

   $\bar{\alpha}$——室内表面平均吸声系数；

   $S$——室内总表面积，$m^2$。

 赛宾最初定义吸声系数为被材料吸收的声能与同样面积的打开的窗子所吸收的声能之比。若入射到材料表面的声能被全部吸收，吸声系数即为 1。后来，吸声单位即以"赛宾"表示，单位为 $m^2$。

 赛宾公式的意义虽然是很重要的，但在使用中如超出一定范围，其计算结果将与实际有较大出入。例如，当室内的平均吸声系数趋近于 1 时，即声能全部被吸收，实际混响时间应趋近于零。但按上式计算，混响时间为定值。研究表明，只有当室内平均吸声系数小于 0.2 时，计算结果才与实际情况比较接近。

### 三、伊林混响时间计算公式

 后来，伊林（Eyring）对赛宾公式做了一些修正，导出了在工程中普遍应用的伊林混响时间计算公式。这一公式（包括赛宾公式）有以下假设条件：首先，假定室内声音被充分扩散，即在室内任一点声音强度一样，而且在任何方向上强度一样；其次，假定室内声音按同样的比例被室内各表面吸收，即吸收是均匀的。据此得到的伊林混响时间计算公式为：

$$T_{60} = \frac{0.161V}{-S\ln(1-\bar{\alpha})} \tag{2—2}$$

式中：$\bar{\alpha}$——平均吸声系数；

   $T_{60}$、$V$、$S$ 意义同上。

   $\bar{\alpha}$ 计算公式为：

$$\bar{\alpha} = \frac{\alpha_1 S_1 + \alpha_2 S_2 + \cdots\cdots + \alpha_n S_n}{S_1 + S_2 + \cdots\cdots + S_n} \tag{2—3}$$

式中：$S_1$，$S_2$，$\cdots\cdots$，$S_n$——室内不同材料的表面积，$m^2$；

   $\alpha_1$，$\alpha_2$，$\cdots\cdots$，$\alpha_n$——不同材料的吸声系数。

 以上两式只考虑了室内界面的吸收作用。对于频率较高的声音（一般指 10kHz 以上），当房间较大时，在传播过程中还必须考虑空气对声音的吸收。空气的吸收主要受空气的相对湿度的影响，其次是受温度的影响。当考虑空气吸收时，计算公式则为：

$$T_{60} = \frac{0.163V}{-S\ln(1-\bar{\alpha}) + 4mV} \tag{2—4}$$

式中：$4m$——空气的吸收系数，见表 2—1；

   $\bar{\alpha}$ 与 $-\ln(1-\bar{\alpha})$ 的换算，见表 2—2。

表 2—1  空气吸收系数 $4m$ 值（室内温度 20℃）

| 频率（Hz） | 室内相对湿度 | | | |
|---|---|---|---|---|
| | 30% | 40% | 50% | 60% |
| 2000 | 0.012 | 0.010 | 0.010 | 0.009 |
| 4000 | 0.038 | 0.029 | 0.024 | 0.022 |
| 6300 | 0.084 | 0.062 | 0.050 | 0.043 |

表 2—2  $\bar{\alpha}$ 与 $-\ln(1-\bar{\alpha})$ 换算表

| $\bar{\alpha}$ | $-\ln(1-\bar{\alpha})$ | $\bar{\alpha}$ | $-\ln(1-\bar{\alpha})$ | $\bar{\alpha}$ | $-\ln(1-\bar{\alpha})$ | $\bar{\alpha}$ | $-\ln(1-\bar{\alpha})$ |
|---|---|---|---|---|---|---|---|
| 0.01 | 0.0100 | 0.12 | 0.1277 | 0.23 | 0.2611 | 0.34 | 0.4151 |
| 0.02 | 0.0202 | 0.13 | 0.1391 | 0.24 | 0.2741 | 0.35 | 0.4303 |
| 0.03 | 0.0304 | 0.14 | 0.1506 | 0.25 | 0.2874 | 0.36 | 0.4458 |
| 0.04 | 0.0408 | 0.15 | 0.1623 | 0.26 | 0.3008 | 0.37 | 0.4615 |
| 0.05 | 0.0513 | 0.16 | 0.1742 | 0.27 | 0.3144 | 0.38 | 0.4775 |
| 0.06 | 0.0618 | 0.17 | 0.1861 | 0.28 | 0.3281 | 0.39 | 0.4937 |
| 0.07 | 0.0725 | 0.18 | 0.1982 | 0.29 | 0.3421 | 0.40 | 0.5103 |
| 0.08 | 0.0833 | 0.19 | 0.2105 | 0.30 | 0.3565 | 0.45 | 0.5972 |
| 0.09 | 0.0942 | 0.20 | 0.2229 | 0.31 | 0.3706 | 0.50 | 0.6924 |
| 0.10 | 0.1052 | 0.21 | 0.2355 | 0.32 | 0.3852 | 0.55 | 0.7976 |
| 0.11 | 0.1164 | 0.22 | 0.2482 | 0.33 | 0.4000 | 0.60 | 0.9153 |

为了求得各个频率的混响时间，需要将材料对应各频率的吸声系数（附录一）代入公式，通常取 125Hz、250Hz、500Hz、1000Hz、2000Hz、4000Hz 六个频率的数值。应当指出的是，在观众厅内，观众和座椅的吸收，通常不同于一般材料那样将面积乘以吸声系数，而是用每一观众和座椅所具有的吸声量乘以总个数。

### 四、菲茨罗伊公式

若室内三对表面不同时，可用菲茨罗依公式计算混响时间，即：

$$T_{60} = \frac{X}{S}\left[\frac{0.16V}{-S\ln(1-\bar{\alpha}_x)}\right] + \frac{Y}{S}\left[\frac{0.16V}{-S\ln(1-\bar{\alpha}_y)}\right] + \frac{Z}{S}\left[\frac{0.16V}{-S\ln(1-\bar{\alpha}_z)}\right] \quad (2-5)$$

式中：$X$、$Y$、$Z$——三对内表面的面积，$m^2$；

$\bar{\alpha}_x$、$\bar{\alpha}_y$、$\bar{\alpha}_z$——三对表面的平均吸声系数。

式（2—5）适用于三对表面上吸声不均匀的场合。例如，其中一对表面的吸声远大于另外两对表面。

# 第四节　室内稳态声压级的计算

通过对室内声压级的计算，可以预料所设计的大厅内能否达到满意的声压级，以及声场分布是否均匀。如果采用电声系统，还可预计扬声器所需的功率。

当一点声源在室内发声时，假定声场充分扩散，则可利用以下的稳态声压级公式计算离开声源不同距离处的声压级。即：

$$L_p = 10\lg W + 10\lg\left(\frac{1}{4\pi r^2} + \frac{4}{R}\right) + 120 \qquad (2-6)$$

式中：$L_p$——声压级，dB；

$\quad W$——声源的声功率，W；

$\quad r$——离开声源的距离，m；

$\quad R$——房间常数，$m^2$，$R = \dfrac{S \cdot \bar\alpha}{1 - \bar\alpha}$。

上式假设空气温、湿度条件正常，而且忽略了空气对声音的吸收。

当考虑到声源方向性和所在位置的影响时，式（2—4）需加入声源指向性因数 $Q$ 而得到下列公式：

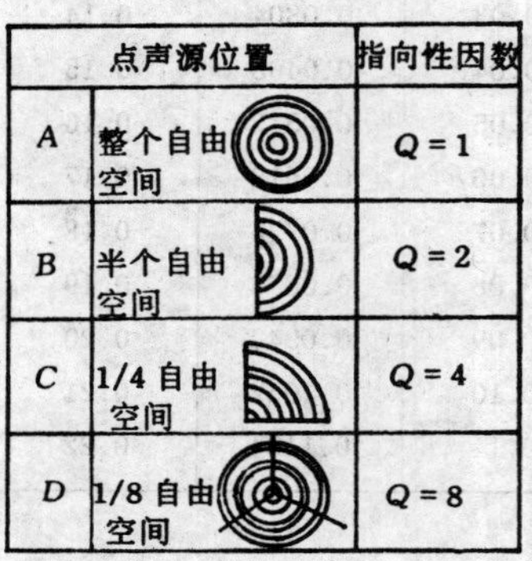

图 2—5　声源指向性因数

$$L_p = 10\lg W + 10\lg\left(\frac{Q}{4\pi r^2} + \frac{4}{R}\right) + 120 \qquad (2-7)$$

当一点声源在一矩形房间内不同位置时，其 $Q$ 值见图 2—5。从图中可以看出，声源在房间中间（或舞台中，如图中 $A$），$Q=1$；在一面墙的中心（如图中 $B$），$Q=2$；在两墙交角处（如图中 $C$），$Q=4$；在三面交角处（如图中 $D$），$Q=8$。

【例】某影剧院体积为 20000$m^3$，室内总表面积为 6257$m^2$，已知 500Hz 之平均吸声系数为 0.232，演员声功率为 340$\mu$W，在舞台上发声。试求距声源 39m 处（观众席最后一排座位）的声压级。

【解】

指向性因数 $Q = 1$，声源功率 $W = 340\mu W = 0.00034W$

房间常数 $R = \dfrac{S\bar\alpha}{1 - \bar\alpha} = 1890$（$m^2$），将其代入式（2—5）中，得：

$$L_p = 10\lg 0.00034 + 10\lg\left(\frac{1}{4\pi \times 39^2} + \frac{4}{1890}\right) + 120 = 58.8 \text{（dB）}$$

# 复习思考题

1. 声波在室内传播遇到不同形状表面后会出现哪些现象？
2. 何为室内的声能量达到了稳态？
3. 房间混响时间的长短与房间的大小以及内表面的材料有什么关系？
4. 在室内表面吸声很差的情况下，赛宾公式和伊林公式有什么差别？

# 第三章

# 吸声材料和吸声结构

## 第一节 概 述

吸声材料最早用于对听闻音乐和语言有较高要求的建筑物中，如音乐厅、剧院、播音室等。随着人们对居住和工作的声环境质量要求的提高，吸声材料在一般建筑中也得到了广泛的应用。吸声材料在不同建筑物中的作用，见表3—1。

表 3—1 吸声材料在不同建筑物中的作用

| 建筑物的种类 | 吸声材料的作用 | 建筑物的种类 | 吸声材料的作用 |
|---|---|---|---|
| 录音室、播音室、演播厅 | 控制反射声<br>控制噪声 | 大教室、体育馆 | 控制噪声<br>控制反射声 |
| 音乐厅、剧院、会堂、电影院 | 控制反射声<br>控制噪声 | 办公室、医院、旅馆、住宅<br>工厂、车站、候机大厅 | 控制噪声<br>控制噪声 |

在音质设计中，对房间的墙面、顶棚进行吸声处理或者悬挂强吸声体，可以减弱反射声，降低噪声；在产生气流噪声的进气或排气管道中设置消声器，能有效地降低气流噪声，减少噪声污染；利用吸声材料还可以调整声场分布、消除回声、控制反射声，以获得合适的混响时间。

为了有效地运用吸声材料，必须对吸声材料的吸声原理、性能、影响因素和应用范围有所了解。在选择材料时，还需要了解其强度、传热、吸湿、施工、外观等因素，并根据具体的使用环境，进行综合分析和比较。

吸声材料和吸声结构的种类很多，根据其材料结构的不同，可以分为下列几类：

```
                                         ┌ 纤维状吸声材料
                        ┌ 多孔吸声材料 ┤ 颗粒状吸声材料
                        │                └ 泡沫状吸声材料
                        │                ┌ 单个共振器
吸声材料（结构）┤ 共振吸声结构 ┤ 穿孔板共振吸声结构
                        │                │ 薄板共振吸声结构
                        │                └ 薄膜共振吸声结构
                        └ 特殊吸声结构
```

根据吸声原理的不同，吸声材料和吸声结构可分为表 3—2 所列的几种基本类型。

表 3—2 吸声材料（结构）按吸声机理分类

| 类　型 | 基本构造 | 材　料　举　例 |
|---|---|---|
| 多孔材料 | | 矿棉、玻璃棉及其毡、板制品、聚胺脂泡沫塑料、珍珠岩吸声块、木丝板 |
| 单个共振器 | | |
| 穿孔板 | | 穿孔胶合板、穿孔石棉水泥板、穿孔纤维板、穿孔石膏板、穿孔铁板或铝板 |
| 薄板共振吸声结构 | | 胶合板、石棉水泥板、石膏板等 |
| 柔顺材料 | | 闭孔泡沫塑料，如聚苯乙烯、聚氨基甲酸脂泡沫塑料等 |
| 特殊吸声结构 | | 由一种或两种以上吸声材料或吸声结构组成的吸声构件，如空间吸声体、吸声屏、吸声尖劈等 |

吸声材料和吸声结构的共同特点，就是将一部分声能转变为热能，从而使声波衰减。但是，实际上由声能转变为热能的物理过程，却随材料种类的不同而有所不同，因而不同种类的吸声材料和吸声结构，具有不同的吸声频率特性和使用范围。

# 第二节　多孔吸声材料

多孔材料是应用最广泛的吸声材料。这类材料有的呈松散状，如超细玻璃棉、玻璃棉、岩棉、矿棉等无机材料和椰子棕丝、棉麻下脚、毛、稻草等有机材料；有的加工成毡状或板状，如沥青玻璃毡、木丝板、软质纤维板、微孔吸声砖、吸声粉刷和某些泡沫塑料等。

## 一、吸声原理

多孔吸声材料具有许多微小间隙和连续气泡，因而具有一定的通气性。当声波入射到多孔材料表面时，主要是两种机理引起声波的衰减：首先是由于声波产生的振动引起小孔或间隙的空气运动，紧靠孔壁或纤维表面的空气运动速度较慢，由于摩擦和空气的粘滞阻力，一部分声能转变为热能，从而使声波衰减；其次，小孔中空气和孔壁与纤维之间的热交换引起的热损失，也使声能衰减。另外，高频声波可使空隙间空气质点的振动速度加快，空气与孔壁的热交换也加快。这就使得多孔材料具有良好的高频吸声性能。

## 二、影响因素

影响多孔材料吸声特性的因素，主要有以下几个：

（一）材料中空气的流阻

多孔材料的吸声特性受空气粘性的影响最大。空气流阻，是指空气流稳定地流过材料时，材料两面的静压差和流速之比。空气粘性越大，材料越厚、越密实，流阻就越大，说明透气性越差。若流阻过大，克服摩擦力、粘滞阻力从而使声能转化为热能的效率就很低，即吸声的效用很小。从吸声性能考虑，多孔材料存在最佳的空气流阻。

（二）孔隙率

孔隙率，是指材料中的空气体积和材料总体积之比。这里的空气是指处于连通的气泡状态并且是入射到材料中的声波所能引起运动的部分。多孔材料的孔隙率一般都在70%以上，多数达到90%。

（三）材料厚度

在理论上用流阻、孔隙率等来研究和确定材料的吸声特性，但从外观简单地预测流阻是困难的。同一种纤维材料，容重越大，其孔隙率越小，流阻就越大。因此，对同一种材料，实际上常以材料的厚度、容重等来控制其吸声特性。

同一种多孔材料，随着厚度的增加，中、低频范围的吸声系数会有所增加，并且吸声材料的有效频率范围也会扩大。图3—1表示厚度改变时吸声特性的改变。这种性质是实际使用多孔材料的重要条件。在设计上，通常按照中、低频范围所需要的吸声系数值选择材料厚度。

（四）材料容重

对于同一种多孔材料，当厚度一定而容重改变时，其吸声特性也会有所改变，如图3—2所示。随着材料容重的增加，吸声系数有所不同。一般来说，一种多孔材料的容重有其最佳值。但是，对于纤维材料，在容重相同的条件下，吸声系数还要受到纤维粗细和形状不同的影响。因此，图3—2的变化趋势只在一定的条件下出现。

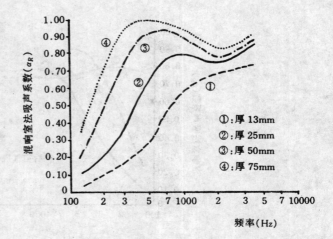

图3—1　多孔材料的吸声特性随厚度的变化
（与刚性壁密接）

（五）材料背后的空气层

对于厚度、容重一定的多孔材料，当其与坚实壁面之间留有空气层时，吸声特性会有所改变。由图3—3可以看出，由于在背后增加了空气层，在很宽的频率范围，使得同一种多孔材料的吸声系数增加。

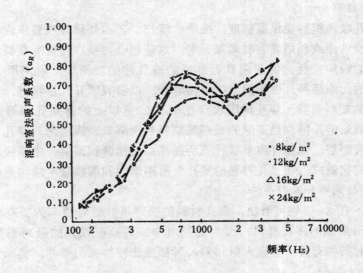

图3—2　同一种多孔材料吸声特性受容重的影响
（厚度为25mm，与刚性壁密接）

图3—1显示的增加材料厚度以增加低频吸声系数的方法，可以用在材料背后设置空气层的办法来代替，但须对节省材料和施工的繁简、经济性等多种因素进行比较，再确立

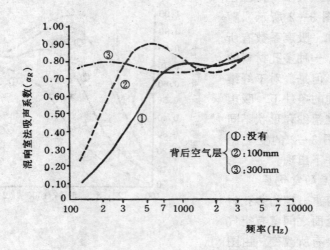

图 3—3　背后空气层对多孔材料吸声特性的影响

（多孔材料的厚度为 25mm）

设计方案。

（六）饰面的影响

大多数多孔吸声材料要根据强度、维护、清扫、艺术处理等项要求进行表面处理，如使表面硬化、涂油漆或利用其它材料罩面等，这些都会对吸声特性有重要影响。为了尽可能地保持原来的吸声特性，饰面应具有良好的透气性能。例如，可使用金属网、塑料窗纱、透气性好的纺织品等，而不用或少用粘着剂，以防表面开孔被堵塞，也可以使用厚度小于 0.05mm 的塑料薄膜、穿孔薄膜和穿孔率在 20% 以上的薄穿孔板等。这样做，吸声特性多少会受到影响，特别是高频的吸声系数将有所降低，膜越薄，穿孔率越大，影响越小。使用穿孔板面层，低频吸声系数将有所提高；使用薄膜面层，中频吸声系数将有所提高。因此，把它们做成内铺多孔材料的穿孔板吸声结构和薄膜吸声结构更恰当些。

（七）声波的频率和入射条件

由图 3—1～图 3—3 均可看出，多孔材料的吸声系数随着频率的提高而增大，常用的厚度大致为 5cm 成型的多孔材料，因为它们对中、高频有较大的吸声系数。但吸声系数也和声波的入射条件有关，垂直入射和斜入射都是比较特殊的条件，实际情况多为无规则入射。

（八）材料吸湿、吸水

多孔材料吸湿、吸水后，材料的间隙和小孔中的空气被水分所代替，使空隙率降低，因此会使其吸声性能改变。图 3—4 表示玻璃棉含水率对吸声性能的影响。一般趋势是随着含水率的增加，首先是降低了对高频声的吸声系数，继而逐步扩大其影响范围。

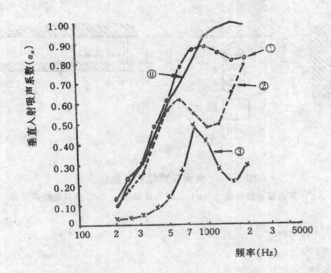

图 3—4　含水率对多孔材料吸声特性的影响

玻璃棉板，厚度为 50mm，容重为 24kg/m³

含水率：⓪0%、①5%、②20%、③50%；含水率，是指含水体积对材料总体积之比

## 第三节　空腔共振吸声结构

空腔共振吸声结构是另一种常用的吸声结构。根据吸声原理，各种穿孔板、狭缝板背后设置空气层形成的吸声结构，均属于空腔共振吸声结构。这类结构取材方便，如可用穿孔的石棉水泥板、石膏板、硬质纤维板、胶合板以及钢板、铝板等。使用这些板材和一定的结构做法，可以很容易地根据要求来设计所需的吸声特性，并在施工中达到设计要求。而且材料本身具有足够的强度，所以这种吸声结构在建筑中使用比较广泛。

最简单的空腔共振吸声结构是亥姆霍兹共振器。它是一个封闭空腔通过一个开口与外部空间相联系的结构，其吸声原理可以利用图 3—5 说明。图中（a）为共振器示意图。当孔的深度 $t$ 和孔径 $d$ 比声波波长小得多时，孔颈中空气柱的弹性变形很小，可以作为质量块处理，类似于一个活塞。空腔 $V$ 中的空气起着空气弹簧的作用。于是，就形成了类似于在弹簧下悬挂了一个重物的简单振动系统，如图中（b）所示。当外界入射波的频率 $f$ 等于系统的固有频率 $f_0$ 时，孔颈中的空气柱就由于共振而产生剧烈振动。在振动过程中，由于克服摩擦阻力而消耗声能。

共振器的共振频率 $f_0$ 可用下式计算：

$$f_0 = \frac{c}{2\pi}\sqrt{\frac{s}{V(t+\delta)}} \qquad (3—1)$$

式中：$f_0$——共振频率，Hz；

$c$——声速，一般取 34000cm/s；

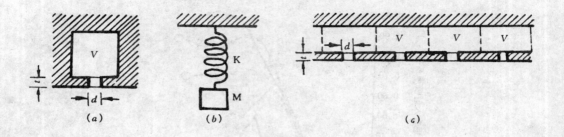

图3—5 共振吸声结构及类比系统

(a)亥姆霍兹共振器 (b)机械类比系统 (c)穿孔板吸声结构

  $s$——颈口面积，$cm^2$；

  $V$——空腔容积，$cm^3$；

  $t$——孔颈深度（即板的厚度），cm；

  $\delta$——开口末端修正量，cm，因为颈部空气柱两端附近的空气也参加振动，故需要
   修正。

  对于直径为 $d$ 的圆孔，$\delta=0.8d$。对于穿孔板吸声结构，可设该板后空气层划分成许多小空腔，每一个开孔与背后一个小空腔对应。因此，穿孔板结构即为许多并联的亥姆霍兹共振器。由式（3—1）可求得计算穿孔板吸声结构共振频率的公式：

$$f_0 = \frac{c}{2\pi}\sqrt{\frac{P}{L(t+\delta)}} \tag{3—2}$$

式中：$f_0$——共振频率，Hz；

  $c$——声速，cm/s；

  $L$——板后空气层厚度，cm；

  $t$——板的厚度，cm；

  $\delta$——孔口末端修正量，cm；

  $P$——穿孔率，即穿孔面积与总面积之比。

  圆孔按正方形排列时，$P=\frac{\pi}{4}(\frac{d}{B})^2$；圆孔按等边三角形排列时，$P=\frac{\pi}{2\sqrt{3}}(\frac{d}{B})^2$。其中，$d$ 为孔径，$B$ 为孔距。

  【例3—1】某穿孔板厚4mm，孔径8mm，孔距20mm，穿孔按正方形排列，穿孔板背后留有10cm的空气层。试求其共振频率。

  【解】

  穿孔率 $P=\frac{\pi}{4}(\frac{d}{B})^2=\frac{3.14}{4}\times(\frac{0.8}{2.0})^2=0.125$

  共振频率 $f_0=\frac{34000}{2\times3.14}\sqrt{\frac{0.125}{10\times(0.4+0.8\times0.8)}}\approx590$（Hz）

  根据式（3—2）可绘制出穿孔板吸声结构的列线图，如图3—6所示。图中左起第一、二、三条直线与第二、四、五条直线为两组列线。任一斜线与同组列线的三个交点所示的数值，均有对应关系。第二条直线同属两组，起中间过渡作用。当穿孔板的规格（板厚

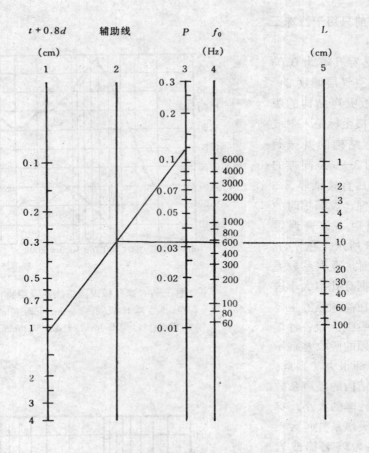

**图 3—6  穿孔板吸声结构的列线图**

*t*——板厚  *d*——孔径  *P*——穿孔率  *L*——板后空气层厚度

（在例 3—1 中，$t + 0.8d = 0.4 + 0.8 \times 0.8 = 1.04$cm，$P = 0.125$，$L = 10$cm。可求得 $f_0 = 590$Hz）

$t$、孔径 $d$、穿孔率 $P$ 等）、板后空气层厚度 $L$ 和共振频率 $f_0$ 中的任何两者确定时，即可求出第三者。利用列线图可较快地比较方案或检查设计。在设计时，往往先根据主要吸收频率确定共振频率 $f_0$，而其它参数可有多种选择，即使空气层厚度已确定，仍可设计或选择各式各样既实用又美观的穿孔板规格。但是，应当指出，式（3—2）适用的条件是孔距在孔径的 2 倍以上（即穿孔率一定时，孔径不能太大而孔数不能太少），穿孔率和空腔厚度都不应过大。当穿孔率大于 0.15、空腔厚度大于 20cm 时，应按后述的式（3—3）计算。

不难看出，最大的吸声系数在共振频率附近，离共振频率越远，吸声系数越小。实验还发现，孔颈处空气运动阻力越小，其吸声频率范围就越狭窄，共振频率的吸声系数也越大。在实际工程中，许多场合都要求在较宽的频率范围有较高的吸声系数，为此可用开微孔（孔径小于 1mm）或在穿孔板后铺多孔材料的办法来增加颈径处空气运动的阻力。这样做，会使共振频率向低频偏移。通常，偏移量不超出一个倍频程范围，整个吸声频率范围的吸声系数会显著提高，如图 3—7 所示。当采用金属微穿孔板时，通常不再铺多孔吸声材料，它比其它未铺多孔材料的穿孔板结构具有较好的吸声特性，但由于这种穿孔板加工较困难，目前只用于特殊工程中。

图 3—8 是穿孔率为 0.03～0.20、背后空气层厚度 3～30cm 的穿孔板吸声结构的吸声特性。图中横坐标是入射波频率 $f$ 与吸声结构的共振频率 $f_0$ 之比。图 3—9 是同样的吸声结构在板后直接铺厚 2.5～5.0cm 的岩棉、玻璃棉时的吸声特性，吸声系数普遍增大。如图 3—9 所示，在 $f/f_0$ >1 的频率范围，吸声系数差别较大，可根据穿孔率大小进行估算。因为在高频范围主要靠多孔材料的吸收，而各种多孔吸声材料高频的吸收差别不大，吸声系数都很大。因此，在高频范围，结构的吸声系数主要取决于穿孔率的大小，穿孔率越大，则吸声系数越大。

底层材料为玻璃棉或岩棉，厚 25～50mm，直接铺在穿孔板后。

当穿孔板需要喷涂油漆时，保持多孔材料的透气性很重要。待在板上喷涂油漆之后，再安装多孔材料。这样的施工顺序，可以避免堵塞多孔材料的孔隙。当穿孔孔径很小时，喷涂油漆会明显改变穿孔率，设计时应予特别注意。

当穿孔板用作室内吊顶且背后空气层厚度超过 20cm

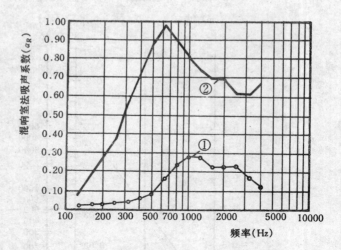

图 3—7 穿孔板吸声结构的吸声特性

穿孔板：厚 4mm，孔径 5mm，孔距 12mm
底层材料：①没有；②岩棉，厚 25mm

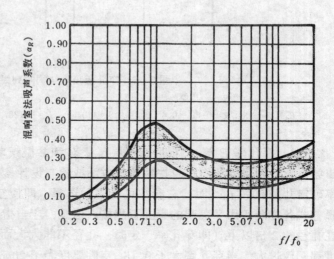

图 3—8 穿孔板结构的吸声特性（一），没有底层材料

时，为了较精确地计算共振频率，应采用下列公式：

$$f_0 = \frac{c}{2\pi} \sqrt{\frac{P}{L(t + \delta) + PL^2/3}} \tag{3—3}$$

式中各参数与式（3—2）相同。式（3—3）比式（3—2）多 $PL^2/3$ 项，因此它比式

(3—2）更精确。当然，用于小空腔的计算也会更精确。

此外，由于空腔深度大，在低频范围将出现共振吸收。若在板后铺放多孔材料，还将使高频具有良好的吸声特性。中频范围呈过渡状态，吸收稍差些。从图 3—10 实例看出，这种吸声结构具有较宽的吸声特性。

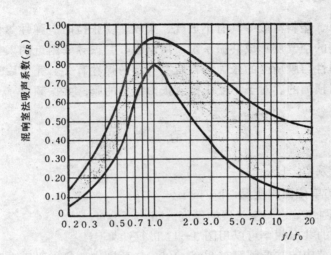

图 3—9　穿孔板结构的吸声特性（二），有底层材料

底层材料：玻璃棉或岩棉，厚 25～50mm，直接铺在穿孔板后

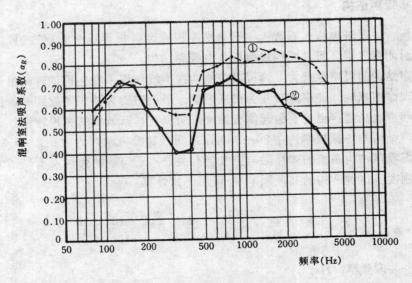

图 3—10　大空腔的穿孔板结构的吸声特性

底层材料为玻璃棉板，厚 25mm，穿孔板厚 5mm，空气层厚度 500mm

①孔径 7.5mm，孔距 15mm；②孔径 5mm，孔距 15mm

# 第四节  薄膜、薄板吸声结构

## 一、薄膜吸声结构

皮革、人造革、塑料薄膜等具有不透气、柔软、受张拉时有弹性等特性。这些膜薄材料可与其背后封闭的空气层形成共振系统，用以吸收共振频率附近的入射声能。

共振系统的弹性与膜所受的张力和背后空气层的弹性有关。完工后，膜实际所受的张力在施工前是难以预测的。对于不受张拉或张力很小的膜，共振频率 $f_0$ 可按下式计算：

$$f_0 = \frac{1}{2\pi}\sqrt{\frac{\rho c^2}{M_0 L}} \approx \frac{600}{\sqrt{M_0 L}} \tag{3—4}$$

式中：$f_0$——共振频率，Hz；

$M_0$——膜的单位面积质量，kg/$m^2$；

$L$——膜与刚性壁之间空气层的厚度，cm。

薄膜吸声结构的共振频率可以用图 3—11 进行计算。

通常薄膜吸声结构的共振频率在 200~1000Hz 范围内，最大吸声系数约为 0.3~0.4，一般可把它作为中频范围的吸声材料。

当薄膜作为多孔材料的面层时，结构的吸声特性与膜和多孔材料的种类以及安装方法有关。一般说来，整个频率范围的吸声系数普遍比没有多孔材料时有所提高。

## 二、薄板吸声结构

把胶合板、硬质纤维板、石膏板、石棉水泥板或金属板等板材的周边固定在框架上，连同板后的封闭空气层，可共同构成薄板共振吸声结构。

薄板吸声结构的吸声原理为：薄板吸声结构在声波作用下发生振动时，由于板内部和木龙骨间出现摩擦损耗，使声能转变为机械振动，最后转变为热能而起到吸声作用。

因为低频声比高频声更容易激起薄板振动，所以它具有低频的吸声特性。工程中常用薄板共振吸声结构的共振频率约在 80~300Hz 之间，其吸声系数约为 0.2~0.5。

薄板共振吸声结构系统的弹性除与空气层有关外，还与膜的弹性及所受张力有关，而薄板则具有刚度。这种结构的共振频率 $f_0$ 可用下式计算：

$$f_0 = \frac{1}{2\pi}\sqrt{\frac{\rho c^2}{M_0 L} + \frac{K}{M_0}} = \frac{1}{2\pi}\sqrt{\frac{1.4 \times 10^7}{M_0 L} + \frac{K}{M_0}} \tag{3—5}$$

式中：$f_0$——共振频率，Hz；

$M_0$——板的单位面积质量，kg/$m^2$；

$L$——板与刚性壁之间空气层厚度，cm；

$K$——结构的刚度因素，kg/（$m^2 \cdot s^2$）。

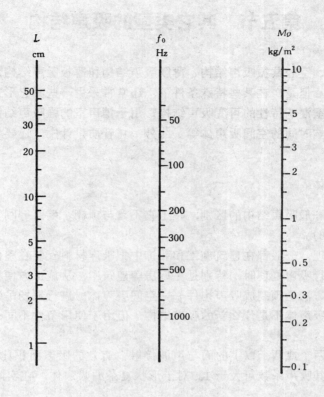

图 3—11  薄膜吸声结构的共振频率计算图

$K$ 与板的弹性、骨架构造、安装情况等方面有关。对于同一种材料，板越薄，支撑它的龙骨间距越大，$K$ 值就越小。不同的材料，即使构造、尺寸相同，$K$ 值也往往不同。例如，板厚都是 6mm，龙骨间距都是 450mm，安装方法也一样，一种石膏板的 $K$ 值约为 $1 \times 10^6$kg/ (m$^2 \cdot$s$^2$)，而另一种石棉水泥板的 $K$ 值约为 $2.5 \times 10^6$kg/ (m$^2 \cdot$s$^2$)。一般板材的 $K$ 值大约为 $1 \times 10^6 \sim 3 \times 10^6$kg/ (m$^2 \cdot$s$^2$)。

从式 (3—5) 可知，当板的刚度因素 $K$ 非常小或者 $K$ 和空气层厚度 $L$ 都比较小时，根号内第二项相对第一项来说可以忽略，结果与式 (3—4) 相同；在 $L$ 值较小（几厘米）时，它对共振频率影响较大，适当改变 $L$ 值，可在一定程度上调整主要的吸声范围。但是，当 $L$ 值较大，超过 100cm 时，根号内第一项将比第二项小得多，吸声频率范围就几乎与空气层无关。

# 第五节 其它类型的吸声结构

多孔吸声材料、空腔共振吸声结构、薄膜吸声结构和薄板吸声结构，是吸声结构中的几种最主要的类型。但是，在某些特殊条件下，还常常采用一些其它形式的吸声结构。例如，用以调整播音室混响特性的可变吸声结构；用于消声室的强吸声结构——尖劈；用以降低噪声或调整混响时间的空间吸声体等。此外，在音质设计中，还要考虑某些材料与结构的吸声特性。

## 一、空间吸声体

空间吸声体与一般吸声结构的区别，在于它不是与顶棚、墙面等刚性壁组合成吸声结构，而是自成系统的。

室内的吸声处理，一般都在建筑施工和装饰中把吸声材料安装在室内各界面上。但对已在使用的房间进行吸声处理时，特别是在厂房等建筑中，从施工方便和缩短工期等方面考虑，比较简便的方法是预制成吸声构件——空间吸声体，进行现场吊装。

从本质上讲，吸声体不是什么新的吸声结构，但由于使用条件不同，吸声特性也有所不同。

空间吸声体有两个或两个以上的面与声波接触，有效的吸声面积比投影面积大得多。按投影面积计算，其吸声系数可大于 1。对于形状复杂的吸声体，在实际计算中常用吸声量表示吸声特性。

空间吸声体的规格通常是根据使用场合的具体条件、艺术处理、吸声特性等要求设计的，常见的有矩形、正方形等多边形的平板状和正方体、锥体以及其它多面体的吸声体。把吸声体悬挂在声能流密度大的位置（例如靠近声源处、反射有聚焦的地方），可以获得较好的吸声效果。

## 二、强吸声结构

消声室一般用于各种声学实验和测量。室内声场要求尽可能地接近自由声场，因此要求所有界面的吸声系数都接近于 1。

吸声尖劈是消声室中最常用的强吸声结构，如图 3—12 所示。其构造是用 $\phi3.2\sim$ $\phi3.5$ 钢筋制成所需形状和尺寸的框子，在框架上粘缝布类罩面材料，内填棉状多孔材料。近年来多把棉状材料制成厚毡，裁成尖劈，装入框架内。尖劈的吸声系数需在 0.99 以上。在中高频范围内，此要求很容易达到，

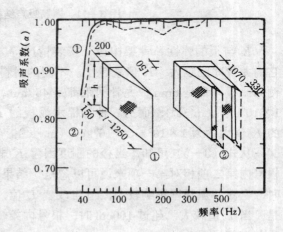

**图 3—12 吸声尖劈的吸声特性**
材料：玻璃棉；容重：100kg/m³

低频则较困难。达到此要求的最低频率称为"截止频率"$f_c$，并以此表示尖劈的特性。

尖劈的截止频率 $f_c$ 与多孔材料的品种和尖劈的形状、尺寸有关。图 3—12 中①尖劈基部宽为 200mm，长为 150mm，尖部长度 $l$ 为 1250mm。尖劈的截止频率 $f_c$ 约为 $0.2c/l$，其中 $c$ 为声速。增加尖部长度 $l$ 可降低 $f_c$。尖劈特性与基部高度 $h$ 的大小无关。在工程实际操作中，常把两个或三个尖劈组合成一个，并把尖端截去尖劈全长的 $10\% \sim 20\%$，如图 3—12 中②所示。实测表明，这对吸声特性影响不大，但却增大了消声室的有效空间。

除了吸声尖劈之外，在强吸声结构中，还有在界面平铺多孔材料的。只要多孔材料厚度较大，也可做到对宽频带声音的强吸收。这时，若把外表面到材料内部的容重从小逐渐增大，则可以获得与吸声尖劈大致相同的吸声性能。这种结构比较简单，吸声层厚度也比尖劈长度略小些。

### 三、帘幕

帆布类纺织品因流阻很大、透气性差而具有膜状材料的吸声特性，其它纺织品大都具有多孔材料的吸声性能，只是由于一般织物较薄，吸声效果比厚的多孔材料差。若幕布、窗帘等离墙面、窗玻璃有一定距离，就好像在多孔材料背后设置了空气层，尽管没有完全封闭，对中高频甚至低频仍具有一定的吸声作用。设帘幕离刚性壁的距离为 $L$，具有吸声峰值的频率是 $f = (2n-1) \cdot c/4L$，$n$ 为正整数。由图 3—13 所示的测定结果也可看出，第一个吸声峰值频率比较明显地随空气层厚度 $L$ 变化。该频率大致在 $c/4L$ 赫兹附近。

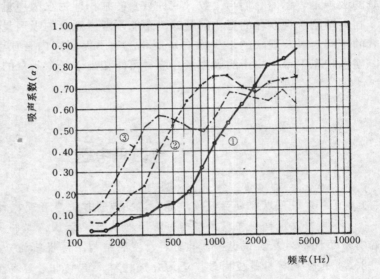

**图 3—13　帘幕的吸声特性**

帘幕：面密度 $0.26\text{kg/m}^2$

空气层厚度 $L$：①30mm；②100mm；③250mm

### 四、洞口

向室外自由声场敞开的洞口，从室内的角度来看，它是完全吸声的，对所有频率的吸声系数均为 1。当室内平均吸声系数较小时，由于洞口吸声系数很大，它对室内声学问题有较大影响。例如，长、宽、高分别为 6m、5m、4m 的房间，若平均吸声系数为 0.1，表面积为 148m²，总吸声量为 14.8m²，但如果把总面积为 6m² 的两个窗户和一扇门打开，

其吸声量为 $6m^2$。孔洞面积虽然只占总表面面积的 4%，但其吸声量却占 25% 以上，平均混响时间缩短 25% 以上。对于某些原来吸收较差，混响时间较长的频率，影响更为显著。

若洞口不是朝向自由声场时，其吸声系数就小于 1。例如，当甲房间的门朝向隔壁乙房间或内走廊开时，乙房间或走廊就会有部分声波被反射回甲房间，这时门洞对甲房间来说，其吸声系数将小于 1。在剧院中，舞台台口也与此类似。台口之后的天幕、侧幕、布景等均起吸声作用，根据实测，台口的吸声系数约为 0.3～0.5。特别小的孔洞，它的尺度比声波波长小得多，其吸声系数小于 1，这里不详细讨论。

## 五、人和家具

人和室内家具也能够吸收声音，因此人和家具实际上也是吸声体。例如室内的桌、椅、柜和被服等都具有一定的吸声能力。它们有的是多孔材料，有的是薄板吸声结构。人的穿着不同，吸声能力也有所差别。

一般的吸声材料和结构可按其吸声系数和有效面积之乘积求得吸声量（吸声单位），单位是 $m^2$。但是，很难计算人和家具等吸声的有效面积，所以吸声特性用每个人或每件家具的吸声量表示，它们与个数（或件数）的乘积即为总吸声量。

在处理剧院观众厅的音质问题时，不能不考虑观众的吸声量。这种吸声随着不同季节穿着的不同，以及观众的多少而有所变化。为了保证室内音质受听众多少的影响不至太大，空场状态下单个椅子的吸声量，应尽可能相当于一个听众的吸声量。

# 复习思考题

1. 吸声材料可以把声音吸掉，那么这些被吸掉的声音变成什么了？

2. 不同的吸声材料和吸声结构有着不同的吸声范围，是指不同的材料对吸不同频率声音有着不同的效果。试说明多孔材料、空腔结构，薄板结构分别适应于哪些频率范围？

3. 多孔吸声材料是应用最广泛的吸声材料，但它也最容易受到环境、安装、施工的影响，请指出在使用多孔吸声材料时应注意的问题。

# 第四章

# 声学用房的室内音质设计

对于影剧院、会堂、会议室、播音室、演播室或演播大厅等声学用房，除了具有较好的视觉功能和艺术的要求外，还必须具有良好的音质。这也就是说，声学用房的好坏，主要是取决于室内音质的优劣。而室内音质的优劣，则体现了建筑师对声音特性的理解、控制与房间体型、尺寸、构造、材料等建筑因素相结合的程度。因此，一个厅堂的音质设计和建筑设计，从开始就是同时存在的，并且贯穿于整个设计与施工过程的始终。最后，还要通过科学的测试、各种听众的主观评价，再进行若干调整、修改，才能有较为满意的设计效果。

## 第一节  音质评价标准

在评价一个厅堂的音质时，首先要针对其声源特性和使用功能。这是因为，人们的听闻要求对于语言和音乐来说是不尽相同的。

### 一、语言用房评价标准

人们对语言的听闻要求有两个：一是要听得见；二是要听得清。所谓听得见，就是要求声音要有一定的响度。对于一般听众来说，通常感到合适的响度级为70phon左右。听得懂则和语言的清晰程度有关，清晰程度通常用"音节清晰度"来表示。

音节清晰度是这样得出的：人发出若干毫无意义的单音节（汉字中一字一音），由室内听者收听并记录，然后统计听者正确听到的音节占所发音节数的百分比，这百分比即代表室内的音节清晰度。即：

$$音节清晰度 = \frac{听众正确听到的音节数目}{测定用的全部音节数目} \times 100\% \tag{4—1}$$

由于人们在讲话时的连贯性，所以听者不必听清每一个音节即可明白讲话者的意思。一般来说，在音节清晰度达到80%时，语言的可懂度即可达到100%。

在一个声学设计很好的厅堂内，应满足下述标准：若听众与讲演者间距离为 $S$，则 $S$

· 41 ·

$=15\mathrm{m}$ 时,听闻不费力;$S=15\sim20\mathrm{m}$ 时,有良好的可懂度;$S=20\sim25\mathrm{m}$ 时,听闻较满意。

## 二、音乐用房评价标准

人们在欣赏音乐和在听讲话时,听闻要求是不同的。对音乐的欣赏过程是一个十分复杂的声音感受过程。由于音乐的特点,导致人们在欣赏音乐时对声音美有多种要求,因此对音乐有许多评价词汇,如亲切、温暖、浑厚、华丽、明亮以及空间感、纹理结构等等。而这诸多的评价,又都涉及到音乐演出的环境,即音乐厅的声学设计。音乐用房的音质评价标准有下列三个:

(1)具有足够的响度和极低的噪声。在一个管弦乐队演奏时,演奏音量的变化通常会在 $30\sim90\mathrm{dB}$ 之间,即有 $60\mathrm{dB}$ 的动态范围。这就要求音乐厅的声学设计,能够使听众不失真地听到这样大的音量变化。对于其中微弱的谐音和非常短暂的音符,则要求音乐厅的背景噪声极低才能够听得到。

(2)具有良好的清晰度和丰满度。清晰度,是指听众能够清楚地区别出每种声源的音色、每个音符以及节奏较快的旋律。丰满度,是指音乐充满聆听空间的程度,即声源在室内发声与在露天发声相比在音质上提高的程度。

(3)无声缺陷。声缺陷,是指由于房间设计不当而引起的声波长距离的反射、"聚焦"、重复连续反射等声学现象。这些声缺陷的存在,将会严重破坏室内的听音质量。因此,无论音乐用房还是语言用房,都应彻底避免声缺陷。

# 第二节　声学用房的容积及体型

## 一、容积的确定

室内音质设计首先应根据建筑功能和声学要求,来确定房间的容积。房间容积的大小,不仅影响到音质效果,同时也影响到建筑造价和其它功能,因此应当综合地加以考虑。从声学角度来确定房间容积,一般应根据保证有足够的响度与合适的混响时间这两方面来考虑。

### (一)保证足够的响度

人发出的自然声声功率较弱。如果房间容积太大,随着与声源的距离增加,直达声将会有较大的衰减,而前次反射声的补强作用有限。因此,对于不用扩声设备的讲演厅这类建筑,为保证有足够的响度,一般要求其容积不大于 $2000\sim3000\mathrm{m}^3$(约容纳 700 人)。当采用扩声设备时,容积可以不受限制。

对于唱歌及乐器演奏,由于声功率较大,因此可允许音乐演出用房间有较大的容积。例如,一个经过音质设计,使直达声和前次反射声得到充分利用的房间,可允许容积达到 $20000\mathrm{m}^3$。对于一些音质设计良好,在不用扩声设备时尚能保证使用要求的房间的最大允许容积,见表4—1。

由于受到扩声设备质量的限制,常常会出现声音失真,这一点在音乐用房中尤应注意。目前,这类建筑经常是按不用电声来考虑的,因此在音质设计上必须慎重处理。

表 4—1　在不用扩声设备时最大允许房间容积

| 声源种类 | 最大允许容积（m³） |
|---|---|
| 讲演 | 2000~3000 |
| 有训练的讲话者或戏剧对白 | 6000 |
| 乐器独奏或独唱 | 10000 |
| 大型交响乐队 | 20000 |

（二）保证合适的混响时间

为了达到一定的混响时间，房间容积 $V$ 与室内总吸声量 $S\bar{a}$ 之间要有适当比例。在总吸声量中，听众的吸声量很大，一般在剧院观众厅中可占总吸声量的 $\frac{1}{2} \sim \frac{2}{3}$。因此，控制了房间容积 $V$ 和观众人数 $n$ 之间的比例，也就在相当程度上控制了混响时间。在实际工程中，常用每座容积 $V/n$ 这一指标，单位为 m³/座。如果每座容积选择适当，就可在不用或少用额外吸声处理的情况下，得到适当的混响时间；如果每座容积选择过小，混响时间将偏短，待到工程施工结束再想加长已不可能，因而会造成室内音质的先天性缺陷。根据经验，为了达到适当的混响时间，对各类房间可采用表 4—2 中的建议值。

表 4—2　各类房间每座容积建议值

| 房间性质 | 每座容积（m³） |
|---|---|
| 音乐用 | 6~8 |
| 语言用 | 3.5~4.5 |
| 综合用 | 4.5~5.5 |

## 二、体型的确定

房间的体型设计对室内音质有很大影响，它涉及到直达声和前次反射声的控制、利用问题，而且又具体体现在房间的平剖面选择，室内顶棚、墙面等和各界面的形式、尺寸、构造，以及房间主要尺度的比例等。在设计中，常常会遇到与建筑使用和艺术处理上的矛盾。因此，为了搞好体型设计，尤其是要求比较复杂的剧院观众厅一类建筑，应掌握一些保证音质的基本原则，结合使用要求，灵活地加以处理。一般在体型设计中，应当遵循充分利用直达声、争取和控制好前次反射声、消除有可能出现的声学缺陷三个原则。

（一）充分利用直达声

为了充分利用直达声，应注意以下两个方面的问题：

（1）减少直达声的传播距离，并考虑声源方向性的影响。为了充分利用直达声，应在平面设计中使听众席尽量靠近声源。如图 4—1 中两个面积相同的平面，其中（a）较为有利。但从声源方向性考虑，则（b）比（a）要更为有利。这是因为，人和大部分乐器发声均有明显的指向性（尤其是高频声）。平面过于扁宽，使得偏离正对声源方向的前部两侧的观众席缺少高频声。一般来讲，观众席应以不超出声源正前方 140°的夹角范围为宜，并且由声源至最后一排座席的距离应尽量缩短。

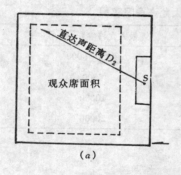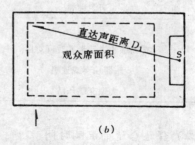

**图 4—1　房间平面比例对直达声分布的影响**

（*a*）正方形房间　　（*b*）长方形房间

（2）避免直达声被遮挡或被观众掠射吸收。如观众厅地面没有升起或升起很少时，直达声将被遮挡或掠过听众的头顶到达后部，声能将被大量吸收。而这时造成的声能损失，要比直达声单纯随距离的自然衰减大得多，如图 4—2 所示。因此，观众座席应沿纵剖面有地面升起，前后排座错排位布置。一般每排座位升高应不小于 8cm，这与视线要求也是一致的。

（二）争取和控制前次反射声

前次反射声主要是指直达声后 50ms 内到达的反射声，若以声音传播的距离计，约相当于 17m 内的行程（声速为 340m/s）。这些反射主要是由靠近声源的界面形成，并且被反射的次数较少。为了很好地利用前次反射声，主要是注意一次反射面及其附近表面的设计，使其具有合理的形状、倾斜度和足够的尺寸。

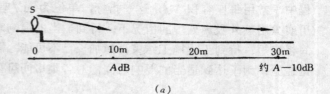

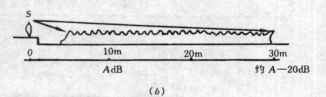

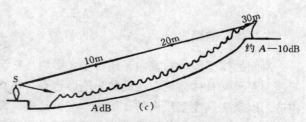

**图 4—2　由观众造成的掠射吸收**

（*a*）无观众时，地面无升起，直达声按反平方定律衰减

（*b*）有观众时，地面无升起，声能被大量掠射吸收

（*c*）同（*b*），但地面有足够升起，声能损耗同（*a*）

在实践中，一些没有从声学要求考虑体形的房间，往往是顶棚和侧墙的一次反射面未得到合理的应用，造成不良的音质效果。这方面的典型例子如图 4—3 所示。图中（*a*）顶棚过高和侧墙相距太宽，使一次反射声路程过长，与直达声的时差超过 50ms，结果造成观众席中、前部区域缺少前次反射声，甚至出现回声。图中（*b*）前部顶棚及侧墙的倾角过大，使许多一次反射声射向观众厅后部，而前中部则缺少前次反射声。上述二种情况均使得前中部观众席的音质既不清晰也不丰满，与该区域的最佳视线条件在使用上很不协调，这在设计上是要避免的。

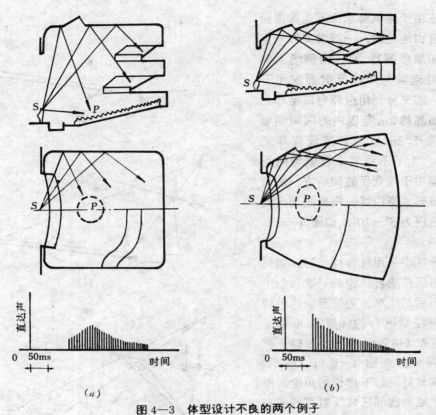

图 4—3　体型设计不良的两个例子

（a）顶棚过高，侧墙相距太宽　　（b）前部顶棚和侧墙倾角过大

在一般剧场的后部（特别是楼上后部），其音质效果往往比一楼中前部好。这是因为，不论何种体形，其顶棚和侧墙可将大量声音反射至该区域，而到达该区的直达声路程较长。因此，很多反射声的时差小于50ms，成为很丰富的前次反射声。

在体形设计中，控制和增加前次反射声的措施，主要有以下三个：

（1）调节反射面的斜倾角。利用几何作图法进行体形设计，可使反射声（主要是一次反射声）均匀分布于整个观众席上。图4—4为一观众厅纵剖面设计实例。图中（a）为设计的原始条件，一般将声源 S 设在演员主要表演区处，约距大幕线3m，离舞台面1.5m。把听众席区域 AB 和在台口处顶棚起始点 P 按建筑设计要求确定下来，就可以求出从台口开始的一次反射面的倾斜角度，以使反射声分布于整个 AB 区域。

作图步骤见图（b）。首先，自 S 和 A 分别引直线经过 P，求 SP 和 AP 延长线夹角的等分线。此分角线向右的延长部分就是所求的顶棚倾斜面。进一步则可利用虚声源法确定该反射面的所需长度，即在 AP 的延长线上量 SP 的等长，得到虚声源 S'，连接 S'B 与已求出之分角线交于 Q。PQ 即为所需长度。

为使观众厅后部座席有更多的一次反射声（如图中 CB 区域），可由 Q 继续用同法作图，连 CQ 线并延长，求出 CQ 延长线与 SQ 夹角的分角线，进一步找到虚声源 S''，连 S''B 与分角线交于 R，则 QR 即为可使声音反射到 CB 区域的反射面。

利用上述方法，同样可以求出墙面的倾角以及将其它各界面做合理分工。但观众厅的侧墙，往往由于建筑要求而不能像顶棚那样比较自由地处理，一般常需有一定的张角（如扇形等），而且两侧墙上的耳光口的处理常与声音反射面发生矛盾。因此，需充分利用由舞台口至耳光口前离台面高约 2m 范围内的两块侧墙面（一般常于 2m 以上高度设置耳光灯）。此外，为了不致使来自侧墙的反射声过分集中于观众厅的侧后方，从而使中间区域形成空白区，根据经验，侧墙的倾斜角应为 8°～10°，如图 4—5 所示。

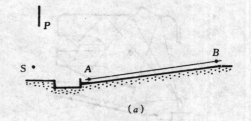

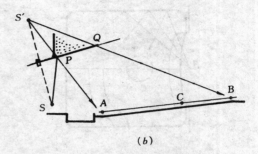

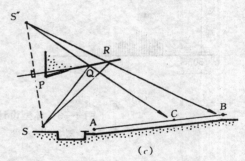

图 4—4　用几何作图法求理想反射顶棚

在观众厅中采用挑台楼座时，如挑出过深，将阻挡来自顶棚的一次反射声射入挑台下后部座席。为了避免这种情况，一般应控制挑台的深度 $b$ 不超过开口处高度 $h$（由观众头顶至台口下坡高度）的两倍，如图 4—6（$a$）所示。此外，可调整好挑台下顶棚的角度，使之成为一个能向后部区域反射声音的表面，如图 4—6（$b$）所示。

（2）减小一次反射面至声源的距离。降低顶棚高度和减小两侧墙间的距离，可缩短反射声的延迟时间。但在大型会堂与剧场中，为了容纳更多观众，房间容积很大，顶棚与侧墙往往离声源较远。为了解决这一矛盾，可考虑在舞台上方接近台口部位，利用舞台吊杆悬吊机动的声音反射板，也可以在紧接舞台外的顶棚部位设置局部的反射板。

在一些专供音乐演出的音乐厅和大型音乐演播室中，往往设置由顶部、两侧以及后部反射面组成的喇叭形的声音反射罩，调整好反射面的角度，不仅可使声音均匀地反射给观众，而且部分反射面可以使大型交响乐队的各个演奏者之间能够互相听

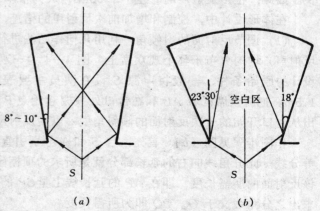

图 4—5　侧墙倾斜角度对声音反射的影响

（$a$）倾斜角合适　（$b$）倾斜角过大，造成较大的空白区

闻，这样有利于整个乐队形成和谐一致的演奏效果。

·(3) 增加扩散反射。房间内表面如果做凹凸不平的处理，由于其扩散作用，可将声波均匀地分布于室内，使得某些区域增加一些前次反射声。此外，由于声场扩散均匀，也可使声能比较均匀地增长和衰减，从而使音乐和语言的固有音质有所提高。在欧洲一些古老的剧场或音乐厅中，往往有许多壁柱、雕刻、多层包厢、

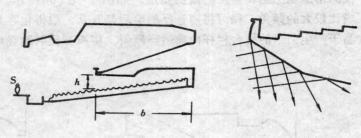

图4—6 观众厅挑台的处理

$h$. 挑台口高度 $b$. 挑台深度（$b \not> 2h$）

凹凸的藻井顶棚以及大的花式吊灯等建筑做装饰处理。据后来研究，这些处理对声音扩散起到良好作用。

为了使声音充分扩散，扩散体的尺寸应与入射声波的波长相当。频率愈低，要求扩散体尺寸也愈大。根据经验，它们的关系可参照图4—7，用式（4—1）估算。

$$\left(\frac{2\pi f}{c}\right) \cdot a \geqslant 4 \qquad \frac{b}{a} \geqslant 0.15 \qquad (4—1)$$

式中：$a$——扩散体宽度，m；

　　　$b$——扩散体凸出的高度，m；

　　　$c$——声速，m/s；

　　　$f$——声音的频率。

例如，对于频率 $f = 100$Hz 的声音，当声速 $c = 340$m/s 时，根据式（4—1），可得到有效扩散体尺寸为 $a \geqslant 2.2$m，$b \geqslant 0.33$m。为了使尺寸不致过大，对演出建筑如剧场，频率下限可定为 200Hz。

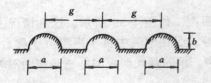
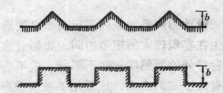

图4—7 有效的扩散体尺寸和声波波长应有一定关系

（三）消除室内声学缺陷

在房间体型设计中，要注意防止回声、颤动回声、声聚焦等声缺陷出现，在剧场观众厅内，最容易产生回声的部位，如图4—8（a）所示。消除回声的办法，可在有可能产生回声的那部分界面上布置吸声材料，使来自这些表面的反射声减弱到混响声以下；更为积

极的措施是适当调整反射面的角度，如图4—8（b）所示。将后墙与顶棚交接处的表面作成比较大的倾角，则可将声音反射给后部观众，取得化害为利的效果。同样原理，也可将易于产生回声的挑台栏杆向前适当倾斜，将声音反射给观众厅中部的观众。

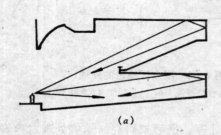 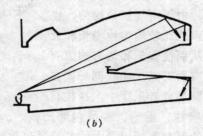

（a） （b）

图4—8 观众厅内容易产生回声的部位与处理办法

（a）顶棚与后墙交接处易产生回声 （b）将后部顶棚及墙适当倾斜

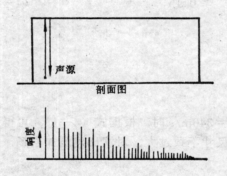 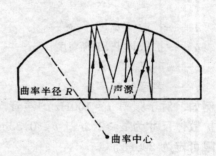

图4—9 在平行表面间形成颤动回声 图4—10 弧面曲率半径与建筑尺寸接近形成声音聚焦

颤动回声是在室内平行表面之间形成的一连串回声，如图4—9所示。这种情况主要发生在容积较大的矩形房间，如播音室、会议室内等。而在剧院中由于声源位于舞台上，近台口处的两侧墙一般不平行，故不会形成颤动回声。消除颤动回声的办法是使两对表面间有大于5°的夹角，或采用扩散或吸声处理。

声聚焦是圆弧表面形成的集中反射现象。用几何作图分析可知，如弧形表面形成的声反射的焦点落在室内听众席上，则使得声能过分集中于该区域，而其它区域则缺少反射声，致使室内声场很不均匀。避免声聚焦的办法是控制曲面的弧度。例如，在一采用壳顶的大厅中，应避免如图4—10的弧面曲率半径与房间高度相接近。此外，也可在弧面上布置扩散体或吸声材料。

# 第三节 混响设计

## 一、最佳混响时间的选择

房间的使用要求不同，最佳混响时间也不同。例如，主要用于语言的房间，混响时间应短些；主要用于音乐的房间，混响时间应适当长些。通常以 500Hz 为准来规定不同房间的"最佳混响时间"。

最佳混响时间是根据对大量已建房间进行主观评价，结合客观测定结果，经过统计归纳而确定的。它不是一个确定值，而是一个数值范围。图 4—11 和表 4—3 为目前普遍采用的按照大厅容积和使用类型而推荐的最佳混响时间（500Hz）。在图 4—11 中，纵坐标为最佳混响时间，横坐标为房间容积，房间用途如图中 a、b、c、d 所示。

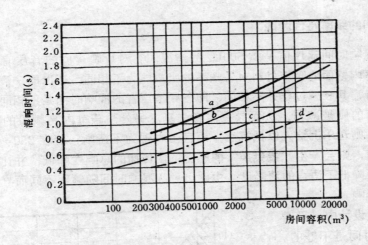

**图 4—11　各种用途房间的最佳混响时间**
a. 音乐厅　b. 歌剧院、音乐播音室　c. 讲演厅、大教室　d. 电影院

**表 4—3　混响时间推荐值（500Hz）**

| 厅　堂　用　途 | 混响时间（s） | 厅　堂　用　途 | 混响时间（s） |
|---|---|---|---|
| 电影院 | 1.0～1.2 | 电影同期录音摄影棚 | 0.8～0.9 |
| 立体声宽银幕电影院 | 0.8～1.2 | 电视演播 | 0.8～1.0 |
| 演讲、戏剧 | 1.0～1.4 | 语言录音（播音） | 0.3～0.4 |
| 歌剧及音乐厅 | 1.5～1.8 | 音乐录音（多声道） | 0.6 |
| 多功能厅堂 | 1.3～1.5 | 音乐录音（自然混响） | 1.4～1.6 |
| 电话会议 | 0.3～0.4 | 多功能体育馆 | 小于 1.8 |

### 二、混响时间与房间容积

由混响时间的计算公式可知，影响混响时间的主要因素是房间的容积 $V$ 和总吸声量 $S\bar{a}$。在总吸声量中，观众所占的比重很大，在一般剧场中可占总吸声量的 $1/2 \sim 2/3$。因此，控制了房间容积和观众人数之间的比例，也就在一定程度上控制了混响时间。在实际工程中，常用每座容积这一指标，单位为 $m^3/$座。这项指标若选择恰当，就可以在尽可能少用吸声处理的前提下得到合适的混响时间，从而降低建筑造价。如果每座容积选择过大，则必须增加大量的额外吸声处理，才能保证最佳混响时间；反之，如选择过小，则混响时间偏短，一旦竣工将无法更改，从而造成室内音质的先天性缺陷。

根据经验，为达到适当的混响时间，各类房间可采用表 4—4 中的建议值。

表 4—4　各类厅堂每座容积建议值

| 厅堂性质 | 音　乐 | 语　　言 | 多功能 | 电影院 |
|---|---|---|---|---|
| 每座容积（m³） | 6～8 | 3.5～4.5 | 4.5～5.5 | 2.8～4.3 |

### 三、混响时间的频率特性曲线

一般给出的混响时间建议值是指 500Hz 的情况，它对反映房间的音质有一定的代表性。但是，由于室内壁面的吸声材料对各频率的吸声能力不相同，所以同一声源发出的同强度的各频率声音，其衰减过程并不相同，即各频率声音的混响时间是不相同的。有的频率声音被加强，有的则被减弱，从而导致声音失真。另外，若室内高频段的混响时间过短，低频声太长，则音乐上给人以低沉感，语言上表现为不清晰；若在 250～500Hz 区间混响时间出现峰值，则会产生"轰轰声"的感觉，使传播的总响度降低，并让人感到房间的回声增加，因而降低了语言的清晰度。由此可见，混响时间随频率不同而异的性质，对音质有着明显的影响。

在实际的音质设计中，只确定 500Hz 的混响时间是不够的。由于界面的吸声作用随频率不同而不同，因此各个频率的混响时间也不相同。一般房间以 125Hz、250Hz、500Hz、1000Hz、2000Hz、4000Hz 六个频率的混响时间来表示房间的"频率特性"。经验表明，不同频率的混响时间

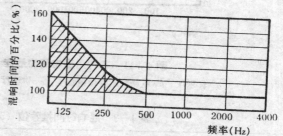

图 4—12　音乐用房间混响时间频率
特性曲线（相对比例）

应有适当比例。对于主要做音乐演出用的大厅，其相对比例如图 4—12（图中以 500Hz 为 100%）所示。这类房间，为了增加声音丰满、浑厚的效果，应使低频（125Hz、250Hz）为中频（500Hz、1000Hz）的 1.2～1.3 倍，最多不应超过 1.5 倍，而高频（2000～4000Hz）应与中频相同。但是，在实际工程中，由于观众与空气对高频声有较强的吸收，

很难达到此要求，通常高频略低于中频。对主要用于语言的房间，尤其是播音室，为提高语言清晰度，低频混响时间应不高于中频，一般认为，混响时间频率特性曲线以保持平直为好。

### 四、混响时间的设计步骤

(1) 根据使用要求选择最佳混响时间与频率特性曲线。

(2) 根据混响时间最佳值，利用混响时间计算公式推算出各频率所需的总吸声量，在总吸声量中扣除固定的吸声量（如观众厅中的人、家具、孔洞等），确定需要增加的吸声量。

(3) 根据所需增加的吸声量，选择适当的吸声材料和面积，并确定其布置方案。为了有效地发挥作用，应尽可能将吸声材料布置在侧墙上部提供多次反射声的部位，以及容易产生回声的后墙上。而对于顶棚，由于这是室内唯一反射声音给观众而不受任何遮挡的界面，故可不做吸声处理。

(4) 调整与修改。混响设计的一般工作程序，如图 4—13 所示。

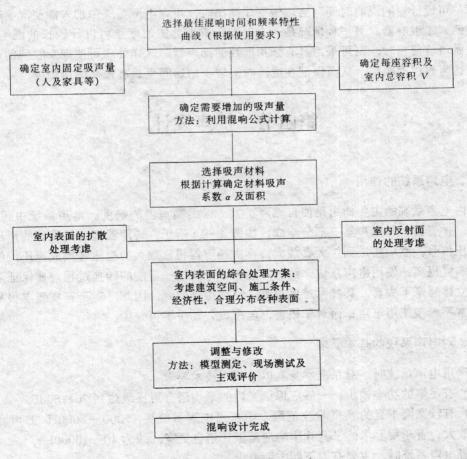

图 4—13　混响时间设计程序

### 五、多功能厅堂的混响时间

为了提高房间的利用率，国内外有不少观众厅设计成既可用来音乐演出，又可供语言使用（如开会、放映电影）。这就提出一个如何解决好在混响设计上满足不同要求的问题。目前，国内外常用的处理方法有如下几种：

（1）选用适中的混响时间。这是一种兼顾两种不同要求的处理办法。例如，按照图4—11，对于一个容积为10000m³的观众厅，按音乐使用要求，混响时间应为1.7s，按电影院要求应为1.0s，如按综合利用考虑则可设计混响时间为1.3～1.4s。这样，就照顾到两种要求，一般认为可以保证一定的使用效果。

（2）采取混响时间可变的建筑声学处理。这种处理措施可以使部分墙面或顶棚安装可旋转、推拉的构件，使吸声材料外露或遮挡，以调整混响时间。也可以在室内安装活动隔断，以改变房间容积，调整混响时间。但这些措施构造复杂，费用较高，因此，一般只适于在规模不大的演播室内采用。

（3）采用电声技术措施。随着电声技术的发展，在有电声系统的观众厅内可使混响时间按某一种要求设计，对另一种要求则用电声措施来达到。例如，一个以语言使用为主的观众厅，可设计短的混响时间，当改做音乐演出时，可在电声系统中加入能使混响时间适当延长的人工混响器。另一种情况是一个以音乐演出为主的厅堂可设计较长的混响时间，而在改做语言使用时，则可采用具有强指向性的扬声器。这样处理可使观众收到的来自声柱的直达声超过混响声，从而保证在混响时间较长的房间里具有较高的清晰度。

# 第四节　扩声设计

### 一、电声系统的作用

室内电声系统的主要作用是使自然声扩大，以提高室内的响度。电声系统由传声器、扩大器（扩音器）和扬声器三部分组成，如图4—14所示。传声器把自然声音的声压级变成交电压信号，然后输送到扩大器放大，再由扬声器将已放大的电压转换成声压，使原来的声音响度提高，使用电声系统，经过声能——电能——声能的转换过程。要保证声音的音色和立体感毫不失真，其技术难度很高，往往很难做到。因此，对于音质要求很高的演出，常常不希望使用电声；而对于语言，电声设备几乎不可缺少。

### 二、对电声系统的基本要求

在选用电声系统时，对系统本身有以下两项技术要求：

（1）有足够的功率输出。一般应保证室内的平均语言声压级达到70～80dB。

（2）有较宽而平直的频率响应范围。语言用电声系统要求300～8000Hz的声音都能均匀地放大；音乐用要求的平直频率响应范围比语言更宽，约为40～10000Hz。

布置电声系统时，主要有以下两方面要求：

（1）保证室内声场均匀。室内各点的声压级差不宜大于6～8dB。这主要取决于扬声

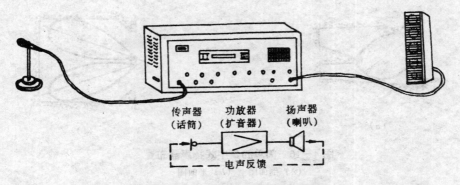

图4—14 电声扩声系统组成示意图

器的布置。

　　（2）不出现反馈现象。反馈现象是传声器接收
的声音放大后由扬声器发出，而这一声音又被传声
器接收，再经放大后由扬声器发出……如此循环，
如图4—15所示，直至扬声器发出刺耳的啸叫声，
使电声系统不能稳定工作为止。反馈的现象主要是
由于传声器和扬声器的相对位置不恰当，以及它们
的指向性不强而造成的。

　　**三、扬声器的布置**

　　对于建筑设计和装饰设计人员来说，对电声系
统布置的了解比对其本身性能的了解更为重要，尤
其是扬声器的布置，它直接影响室内音质，而且与
建筑设计有密切关系。扬声器的布置形式可分为集
中式和分散式两种。

图4—15　电声系统反馈现象的形成

　　（一）**集中式布置**

　　集中式布置，是将扬声器集中在室内一端，发出声音供给全场。集中式布置可选用一
般扬声器或声柱。

　　（1）一般扬声器的集中布置。图4—16为一般扬声器集中布置。这是最常见、最简便
的方法。一般扬声器的发声指向性不强，声能会随着距离的增加而衰减得很快，声场前后
将有不均匀现象；同时，有很大一部分声能射到各个界面不断被反射而形成混响声，只有
一小部分作为直达声直接辐射给观众，结果由于这两部分的比例不合适而使得清晰度不
高。这种布置方法只适用于容积较小、混响时间不长的房间。

　　（2）声柱及其布置。声柱是一种较好地适用于集中布置的扬声器系统，如图4—17所
示。它是由多个纸盒扬声器排列成一直线所组成的扬声器群。声柱在水平面上的辐射特性
和一个普通扬声器一样，指向性不强；而在垂直面上，因纵向各扬声器到达某点的相位差
所引起的干涉作用，辐射范围变窄，成为一束，因此它比单个扬声器具有明显的指向性。
声柱集中式布置有下列三个特点：

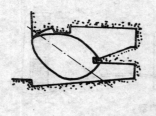 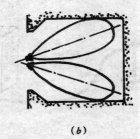

图4—16 简单的集中式扬声器布置

(a) 剖面图　(b) 平面图

①声柱具有指向性强的特点。当声柱与墙的夹角为 8°～12°，声柱的主轴指向观众席纵向长度的 2/3～3/4 处（见图4—18）时，靠近声源的区域因偏离主轴，声能不太强，而远离声源的地方接近主轴的指向，故声能并不很弱，从而使声场比较均匀。

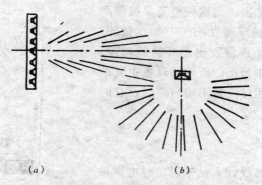

图4—17 声柱的声发指向性

(a) 在垂直方向上，发声有强指向性
(b) 在平面上，声柱与单个扬声器一样指向性不强

图4—18 声柱在观众厅中的应用

②声柱的强指向性，使大部分声能直接辐射给观众，少部分声能才形成较强的混响声。由于直达声强于混响声，所以即使在室内混响时间较长的情况下，仍可得到较高的清晰度。这也就是说，声柱可以解决在多功能房间里，音乐和语言要求不同混响时间的矛盾。

③当声柱位置高于传声器时，由于声柱轴偏下的范围内辐射声能弱，因此不易发生反馈现象。

### (二) 分散式布置

分散式布置是将多个扬声器分布在室内各个部分，每个扬声器向一个小的区域辐射声能。例如，厅堂顶棚较低时，可选用小口径、小功率纸盒扬声器，均匀布置在平顶上；若厅堂平顶较高时，应选用小声柱或单只扬声器布置在两侧墙上，由于扬声器距观众较近，直达声较混响声强，故能获得较高的清晰度；在房间很高、很宽的情况下，为使每个观众都能得到较强的直达声，应将小扬声器分散安装在每个座椅的椅背上，每只扬声器仅对后排的两个观众辐射声能，自然可以取得满意的效果。但这种做法造价较高，设备安装较复杂，只宜在室内容积很大、要求较高的情况下采用。

在剧院、音乐厅等演出用建筑中，当采用电声系统时，还应解决好观众对声源的方位感问题。即对于观众，视觉上的声源(演员)方位和听觉上的声源(扬声器)方位应一致。

当一个观众在厅内用双耳听音时，如声源在该观众的一侧发声，则声音由声源传到他的左、右耳的时间有差别（即时差），声音的强度也有差别（尤其是高频声）。因此，他能辨别声源在水平方向上的方位。相反，对于声源在垂直方向上的移动，由于时差、强差变化不大，因而听觉上较难辨别出方位。

基于上述理由，在剧院、音乐厅中采用集中式扬声器系统时，应将主扬声器布置在台口的上框处，不宜布置在台口两边的侧框上，以获得一致的视听方位效果。

# 第五节　各类建筑的声学设计

## 一、播音室

(1) 语言播音室通常仅供一、两个人使用，考虑到房间声学特性对播、录节目的影响，有 $16\sim25m^2$ 的面积、$50\sim60m^3$ 的容积已能够满足使用要求。通用的中型文艺演播室的尺度，一般依节目种类、演员人数及乐器特点而有所不同。例如播录民族乐器、地方戏一类的节目，供十余人表演，房间的面积可以考虑为 $120m^2$，容积为 $700m^3$。

(2) 语言播音室的最佳混响时间，可以考虑选择 $0.30\sim0.40s$，在高频部分的混响可略微放长。文艺演播室的最佳混响时间，在很大程度上取决于播、录节目的种类。对于独唱、独奏节目，混响时间为 $0.6s$。对于 $120m^2$ 左右的通用文艺录音室为 $0.9s$；在 $500Hz$ 频率以下的声音，可放长至 $1.2s$。

(3) 扩散是播音室音质的另一个指标，通常希望播音室内各处的声音状况一样。为此，需要特别注意房间的尺度比例。对于矩形播音室，房间的高:宽:长推荐采用 $1:1.25:1.6$ 或 $2:3:5$，或是 2 的立方根比例，避免采用简单的整数比。

(4) 室内各界面的吸声材料采用"补丁式"的分布，在界面上考虑设置不规则形状的扩散体，有助于改善室内声音的分布状况。

(5) 由于传声器拾音对声音的取舍、选择能力的限制，在同样背景噪声的条件下拾音，比人们双耳听闻时的干扰要大，对播音室内的允许噪声级有更高的要求，因此需要认真进行围护结构隔声和空调系统消声的设计。

## 二、电影院

(1) 电影院的放声效果应满足前述对语言和音乐这两方面的听音要求。单声道影片的放声，要使听众听到的声音不仅在时间上与银幕中出现的画面同步，而且要求声音来自银幕。因此，从银幕后面扬声器发出的直达声，与任何反射面的第一次反射声到达观众席区域的任何部分的时差，都不应超过 40ms，相当于直达声和反射声的声程差为 13.6m。立体声影片的放声，应使听众能随画面中心横过银幕的移动，准确地判断视在声源，并且有声音的空间感。

(2) 电影院的平面形状在很大程度上受视线的影响，避免采用水平地面的矩形平面。扇形平面和地面有一定的升起坡度，均有利于改善观众的视、听条件。

(3) 容众超过 1000 人的大厅，可以考虑设置眺台，但其下部开口的高度和深度比宜取 1:2 左右。这样，既可以缩小最远座席与银幕的距离，又可以减少过分靠近银幕的不舒服的席位数。扬声器的指向性，使电影院比剧院有较大的长度。

(4) 为使观众见到的画面与听到的声音协调，较小的电影院观众厅的长度通常为 18～25m；大型电影院的观众厅为 25～30m，甚至达到 35m。矩形观众厅的宽度，为其长度的 0.6～0.8 倍，才能获得良好的音质条件。

(5) 在电影院内听到的声音是扬声器重放的电影录音。电影的不同场景，在声学环境上有时差别很大。例如，在峡谷中的呼喊或在荒漠中的追捕。为了使观众有较强的真实感，能够清晰地听到影片中某一特定场景的录音效果，电影院的混响时间应该较短，建议如图 4—19 所示。立体声影院的混响时间可短一些，每

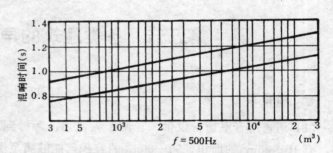

图 4—19 电影院观众厅混响时间与大厅容积的关系

个座席所占大厅容积的数值为 3.5～5.5m³，在兼顾卫生要求的同时，宜选用接近低限的数值。

(6) 虽然大厅后部座席区的声级可以很高，但若使用过大功率的扬声器，会使前排席位的听众不舒服。在这种情况下，可以考虑在大厅的界面上装置若干反射板，以便逐渐加强后部席位的声音。

(7) 在观众厅体形设计中，需要检查有无来自所有凹角可能出现的回声。侧墙应为扩散面，并依混响计算的要求装置一定的吸声材料。后墙的处理必须是扩散的和吸收的。在银幕背后空间的所有界面，必须做表面为暗色的强吸声处理。

(8) 地面升起的坡度比剧院小。提供的视线，应以所有的观众看到银幕的底边为准。扬声器的位置宜在银幕高度的 2/3 处。

## 三、练乐室

(1) 作为音乐教学、排练和练习的房间，应能使演奏者欣赏自己和别人的演奏，并判

断练习的效果，以便更好地发挥演奏技巧。

（2）房间的墙面要避免相互平行。在容易产生回声的相对墙面，应有一面作吸声或扩散处理。

（3）房间内墙面应敷设大量吸声材料，以便吸收某些乐器发出的特大功率的声音，使混响时间比较短。

（4）若相邻的练乐室需同时使用，它们之间的围护结构需有良好的隔声性能，以减少相互干扰。由于这类房间净高一般不大，可不做吊顶。房间上面的楼板应作声学处理，以隔绝从楼上传来的噪声。

（5）对声学要求比较高的房间之间应保证有足够的隔声能力。空间分隔得合理，不仅使用方便，且可以经济地取得较好的隔声效果。例如，由一间辅助用房（乐器贮藏室等）把产生较高声级的房间分隔开。这样，声音要通过走道和声闸，以及具有一定隔声能力的墙壁、地板和门才能传入其它房间。还需防止经过通风管道传入邻室的声音。

## 四、法庭

（1）根据视线和听闻的要求，法庭的座席排列应该力求紧凑。有些法庭的听闻条件很差。究其原因，往往是房间的每座容积过大；加上硬的反射表面，以致混响过长。

（2）设计朝向听众席的反射天棚，以便充分加强直达声。在审判人员席上部，设置呈倾斜角度的反射板，以作备用。

（3）应认真设计墙与天棚之间的交角，以防止出现回声。所有的墙面，都应作成吸声的或散射的，以减少延时过长的反射声出现的可能。

（4）当出席人数很少时，室内的混响时间以不大于 1.0s 为宜。

## 五、演讲厅和阶梯教室

（1）经济地安排座席和走道。座席可围绕讲台布置，以缩短至最后排的距离。在保证听众观看投影屏幕有良好视线的前提下，根据可懂度等值线确定座席区的最佳比例范围。

（2）为了获得良好的音质，地面可采用不大于 20°的升起坡度，以便分层布置席位；地面坡度需兼顾听众有良好的视线。

（3）斜倾的反射板和水平的反射天棚可使演讲者至学生席位的声音得到加强，但这类反射面应尽可能装置得低些；同时，在演讲人背后的墙面以及紧靠演讲者周围的墙面，也应具有反射声音的作用。

（4）防止在后墙与天棚之间的夹角形成回声，后墙应作吸声处理。侧墙应当是不平行的，或考虑有利于声音的散射，也可以根据控制混响的需要作吸声处理。

（5）混响时间控制在 0.7s 左右。在长时间讲课的情况下，教师的语言声功率不超过50μW，减少教室容积是保证有足够响度的有效措施之一。容积为 425～570m³，或容纳150～200 人的演讲厅，如果按照上述要点进行声学设计，可以不装扩声系统。

（6）为了排除外界噪声的干扰，近代有些演讲厅不是按照天然采光和自然通风的要求设计，这就需要在设计天棚时，综合考虑空气调节和人工照明装置的需要。

### 六、体育馆

(1) 体育馆除供体育比赛外，也常兼作会场和供文艺演出，在声学设计时主要应考虑大厅内要有较高的语言可懂度。比赛大厅的容积一般均很大，反射声行程长，因此需控制适当的混响时间，避免产生回声。

(2) 比赛大厅一般具有电声系统，所以在体形设计中无需过多考虑加强反射声，但是在采用壳体一类屋顶结构时，希望尽量加大弧面的曲率半径，也可在顶棚上装置强吸声材料或空间吸声体、扩散体，以免声音聚焦。

(3) 比赛大厅的混响时间宜控制在 2.0s。较短的混响时间，能较好地满足多功能的使用要求。

(4) 采用适宜的每座容积，依据不同的规模，每座容积宜控制在 $6.0 \sim 9.0 m^3$ 的范围。

(5) 电声系统对于体育馆的听闻条件有重要作用。为了使观众得到足够的直达声，常采用指向性较强的声柱，并分区设置。

(6) 认真处理好空调系统的减噪、消声和减振问题。

### 七、露天剧场

(1) 因为反射板的使用范围有限，与室内的条件相比，在这种情况下，直达声就显得更为重要。

(2) 当演员背向听众时，在舞台后部围绕演出区设置的矮墙可以起到有效的反射作用；在舞台前部、紧靠台口的硬铺地（或水面），也有助于声音的反射。

(3) 选择用地时，应考虑尽量不受风向、风速的影响，可采用障壁或种植树木等措施遮挡外界噪声对剧场的影响。

### 八、改善现有厅堂的音质

在音质设计有问题的厅堂中，可能是混响时间过长，或因响度不合适，或因存在回声、长延时反射、声聚焦和死点，或是扩声系统有问题，或因有噪声干扰等方面而出现一系列问题。改善措施有以下几个：

(1) 为了缩短混响时间，可以考虑减少厅堂的容积或做吸声处理。事实上，减少厅堂容积的方法并不合算，因它会与现有的建筑结构、通风和照明发生矛盾。而吸声处理则是切实可行的办法。应当首先处理容易产生回声的后墙，然后再处理侧墙和天棚的周边部分。如果天棚很高，就会产生有害的长延时反射，这样整个天棚均需作声学处理。

(2) 为了提高室内声音的响度，要尽可能提高声源的位置，以便为听众提供足够的直达声。在声源附近和顶棚，要设置大的反射板，使直达声与反射声到达听众席的时差不超过 $30 \sim 35ms$，相应的路程差为 $10 \sim 12m$，以便产生短延时的反射声。

(3) 沿着产生音质缺陷的部位作声学处理，以消除回声、颤动回声等。

(4) 如有必要，重新设计和装置一套高质量的扩声系统，也将有助于减少因厅堂混响时间过长带来的影响。对于整个天棚都作了吸声处理的厅堂，可以提供足够的响度。此外，还能消除一些声学缺陷和减少内、外噪声的干扰。

# 第六节　建筑声学设计实例

## 实例一　某室内游泳跳水馆的声学设计及其构造和计算

南方某室内游泳跳水馆，建筑面积为 5000m²，内设一个 15m×21m、深 5.5m 的跳水池和一个 21m×25m、深 2.5m 的游泳池，看台观众座位为 1000 座，供国内及省、市的跳水（含跳台、高台、跳板）比赛、25m 短池游泳比赛以及平常训练使用。

该馆的建筑平面、立面和剖面，分别见图 4—20、图 4—21、图 4—22、图 4—23；主要吸声处理布置，也标注在这些图中。由图可知，观众厅的面积约 1600m²，体积约 20700m³，每座容积达 20.7m³，室内反射声波的路程长，平均自由程达 30m，声能衰减缓慢，极易产生回声。同时，由于建筑造型艺术的需要，该馆为前高后低的拱形空间曲面结构，极易在焦点附近产生声聚焦和颤动回声。

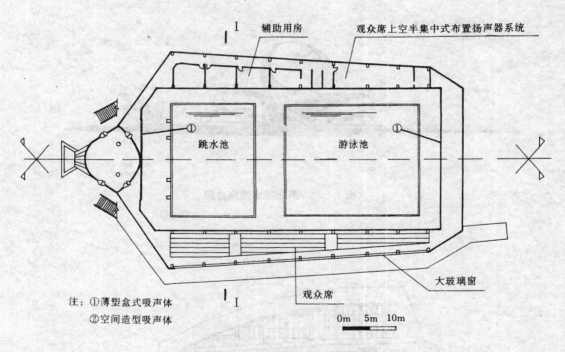

**图 4—20　游泳跳水馆底层平面**

在声学设计中，要考虑到该馆的使用情况。即：比赛时，依靠电声扩音系统的作用，满足语言清晰度的要求；平常训练时，则不用电声系统。

（一）声学设计的主要构思

加强观众厅室内的吸声量，尽量降低观众厅的混响时间。在比赛时使用电声扩声系

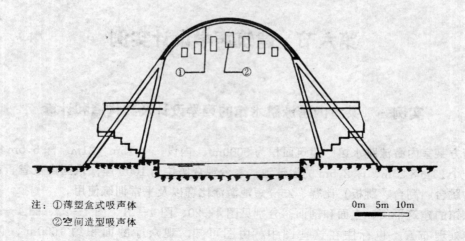

注：①薄塑盒式吸声体
    ②空间造型吸声体

0m  5m  10m

图4—21　游泳跳水馆Ⅰ—Ⅰ剖面

0m  5m  10m

图4—22　游泳跳水馆南立面

0m  5m  10m

图4—23　游泳跳水馆西立面

统，在电声系统中加入电子混响器，调整播放音乐时的声音丰满度。对于游泳馆观众厅这类每座容积很大的空间，混响时间的取值，需要综合考虑多种因素，要兼顾游泳馆特殊的室内环境，吸声材料的耐湿性、耐腐蚀性，以及造价的经济性。一般混响时间控制在1.5~2s之间。本馆混响时间定在2.0s以内。应当指出，对于一般的声学空间，其吸声面仅布置在四周墙面，而顶部不做吸声处理。但对于本项工程的特殊性，其吸声面不仅布置在前后山墙，也在拱形的屋面曲面板底，布置了吸声面。这是因为：

（1）游泳馆的观众厅中间为比赛的跳水池、游泳池，观众席座位在两边，呈高低分布，局部体积小。水面的吸声性很差，如果顶部不做吸声，则声音很容易在顶面与水面之间多次反射，造成回声。

（2）本馆的屋盖结构为空间曲面，并为暴露式结构处理，如不做顶部吸声，也容易产生声聚焦现象。

（3）电声系统的扬声器布置，采用半集中式，可以均匀观众座位区的声场、克服啸叫。

（4）观看游泳、跳水比赛主要看动作，不同于舞台演出或会议报告，动作与声音是发自同一媒体。

（5）为满足采光的需要，该馆的东、西长边沿墙，都设了大玻璃窗，而玻璃面的吸声性能很差很差，反射性却很强。

（二）吸声材料的选用

由于游泳馆内的空气湿度大，腐蚀性强（因空气中含氯离子），所以常用的多孔吸声材料的耐湿性较差，并且随着含水量的增加而吸声性能降低，因而不宜使用。微穿孔板共振吸声材料的耐湿性好，吸声频率范围宽，但需要铝质薄板材，才能耐氯汽腐蚀，由于价格偏高，也没有选用。经调研，决定使用新型的塑料材质的薄塑盒式吸声体。该产品为双腔盒体共振吸声体，每个小盒内有两个体积不同的封闭空腔，使得在共振频率附近相互错开，从而提高在共振频率附近的吸声系数。薄塑盒式吸声体的构造，如图4—24所示。

为了进一步提高吸声效果，在薄塑盒式吸声体覆贴面后设置了一个5cm厚的空腔空气吸声层，其吸声系数频率特性曲线，如图4—25所示。

（三）结合空间艺术造型设置空间吸声体

现代体育建筑，常常暴露其结构形式，在大尺度的富有韵律感的构件排列中，体现体育建筑的力量感，取得振奋人心的艺术效果。在拱形屋盖曲面的焦点附近，悬吊了通长的前高后低的数条空间吸声体，用于解决声聚焦问题，也可解决部分频率的吸声量不够的问题，同时在其内也可安排照明灯具。经过艺术处理，可取得宏大的气势，进一步渲染现代体育建筑的热烈气氛。

（四）观众厅混响时间计算

观众厅混响时间计算表，见表4—5。计算参数为：

观众厅总容积 $V = 20700\text{m}^3$；

空场总表面积 $S = 3522\text{m}^2$；

座位数：1000座；

满场总表面积 $S = 3886\text{m}^2$。

计算中略去玻璃窗和水面的吸声量。

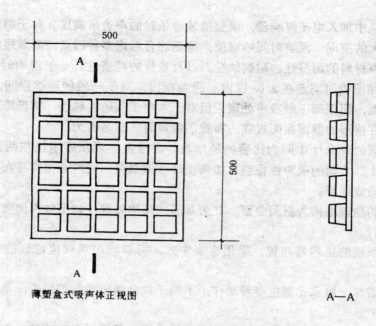

500

A

500

A

薄塑盒式吸声体正视图

A—A

图 4—24　薄塑盒式吸声体示意图

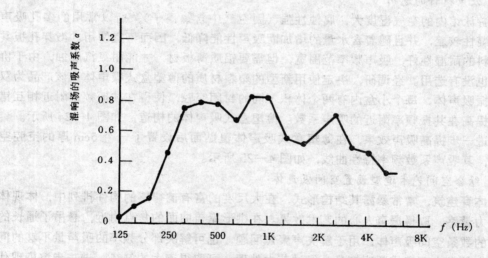

混响场的吸声系数 α

1.2

1.0

0.8

0.6

0.4

0.2

0

125　　250　　500　　1K　　2K　　4K　　8K　　$f$ (Hz)

图 4—25　留 5cm 空气层的双腔薄塑盒式吸声体吸声系数频率特性曲线

　　从表 4—5 可以看出，吸声面布置及选材，较好地满足了混响时间的控制要求，仅在低频段混响时间过长，工程实际声学设计中主要在 500Hz 处控制其混响时间。如果提高混响时间的标准，可在此使用空间吸声体，加强对低频段的吸声量，从而降低低频段的混响时间。

　　由以上的分析，还可以看出，观众席的座位面选材，对低频段的吸声量影响很大，所以座椅面选材应尽可能地选用低频吸声性好的覆面材料。

表 4—5　观众厅混响时间计算表（桉伊林公式计算）

| 项目 | 序号 | 吸声位置及选材 | 表面积 (m²) | 125(Hz) α | 125 Sα | 250 α | 250 Sα | 500 α | 500 Sα | 1000 α | 1000 Sα | 2000 α | 2000 Sα | 4000 α | 4000 Sα |
|---|---|---|---|---|---|---|---|---|---|---|---|---|---|---|---|
| 室内基本吸声量 | 1 | 前山墙薄塑盒式吸声体 | 663 | 0.04 | 26.52 | 0.46 | 305 | 0.79 | 523.77 | 0.84 | 556.92 | 0.6 | 397.8 | 0.48 | 318.24 |
|  | 2 | 后山墙薄塑盒式吸声体 | 327 | 0.04 | 13.08 | 0.46 | 150.42 | 0.79 | 258.33 | 0.84 | 274.68 | 0.6 | 196.2 | 0.48 | 156.96 |
|  | 3 | 屋盖拱形弧面 | 1830 | 0.04 | 73.2 | 0.46 | 841.8 | 0.79 | 1445.7 | 0.84 | 1537.2 | 0.6 | 1098 | 0.48 | 878.4 |
|  | 4 | 水池边水泥面走道 | 702 | 0.01 | 7.02 | 0.01 | 7.02 | 0.02 | 14.04 | 0.02 | 14.04 | 0.02 | 14.04 | 0.04 | 28.08 |
|  | 5 | 观众厅室内基本吸声量 |  |  | 119.82 |  | 1304.24 |  | 2241.84 |  | 2382.84 |  | 1706.04 |  | 1381.68 |
| 空场混响时间 | 6 | PVC座椅吸收(按座计算) | 1000 只 | 0.014 | 14 | 0.018 | 18 | 0.02 | 20 | 0.036 | 36 | 0.035 | 35 | 0.028 | 28 |
|  | 7 | ΣSα |  |  | 133.82 |  | 1322.24 |  | 2261.84 |  | 2418.84 |  | 1741.04 |  | 1409.68 |
|  | 8 | 4mV |  |  |  |  |  |  | — |  | — |  | 186.3 |  | 455.4 |
|  | 9 | 平均吸声系数 $\bar\alpha$ |  | 0.034 |  | 0.37 |  | 0.64 |  | 0.68 |  | 0.48 |  | 0.39 |  |
|  | 10 | $-\ln(1-\bar\alpha)$ |  | 0.0356 |  | 0.4626 |  | 1.027 |  | 1.1394 |  | 0.6539 |  | 0.4943 |  |
|  | 11 | $-S\ln(1-\bar\alpha)$ |  |  | 125.38 |  | 1629.28 |  | 3617.6 |  | 4013.00 |  | 2303.04 |  | 1740.92 |
|  | 12 | $T_{60}=\dfrac{0.161V}{[-S\ln(1-\bar\alpha)]+4mV}$ |  |  | 26.6 |  | 2.05 |  | 0.92 |  | 0.83 |  | 1.34 |  | 1.51 |
| 满场混响时间 | 13 | 观众坐在 PVC 椅上(按投影面积) | 364 | 0.57 | 207.08 | 0.61 | 222.0 | 0.75 | 273 | 0.86 | 313 | 0.91 | 331 | 0.86 | 313 |
|  | 14 | ΣSα |  |  | 327.3 |  | 1526.24 |  | 2514.84 |  | 2695.84 |  | 2037.04 |  | 1694.68 |
|  | 15 | 4mV |  |  |  |  |  |  | — |  | — |  | 186.3 |  | 455.4 |
|  | 16 | 平均吸声系数 $\bar\alpha$ |  | 0.084 |  | 0.393 |  | 0.65 |  | 0.69 |  | 0.52 |  | 0.44 |  |
|  | 17 | $-\ln(1-\bar\alpha)$ |  | 0.0888 |  | 0.5025 |  | 1.0498 |  | 1.1712 |  | 0.7430 |  | 0.5798 |  |
|  | 18 | $-S\ln(1-\bar\alpha)$ |  |  | 345.08 |  | 1952.72 |  | 4079.5 |  | 4551.28 |  | 2887.30 |  | 2253.10 |
|  | 19 | $T_{60}=\dfrac{0.161V}{[-S\ln(1-\bar\alpha)]+4mV}$ |  |  | 9.6 |  | 1.7 |  | 0.82 |  | 0.73 |  | 1.08 |  | 1.23 |

## 实例二　某多功能文体馆的声学设计

某多功能文体馆建于苏南某经济发达的乡镇地区，主要用来满足本乡镇的一般体育项目比赛、文艺演出及商贸会议等活动；声学设计需要满足多功能的要求，观众不仅要看好，还要听好。因此，观众厅的声学性质要求与实例一所介绍的游泳馆的声学要求不同，各有自己的特点。观众厅的混响时间，既要满足集会时的语言清晰度，又要兼顾文艺演出的音乐丰满度，还要保证观众席的听众区有一定的响度。它比游泳馆在声学处理方面有利的一面是，每座容积较小，空气湿度小，又无腐蚀性蒸汽，可选用的吸声材料范围较大，相对而言其声学设计的处理手法较为多样。

（一）声学设计的主要构思

（1）观众席区的响度均匀，声强控制在观众听闻线的声压级，一般为 65～70dB。这主要依靠电声扩音系统来实现，同时采用电子混响器来改善听音乐的声音丰满度，这是电声学的处理手法。

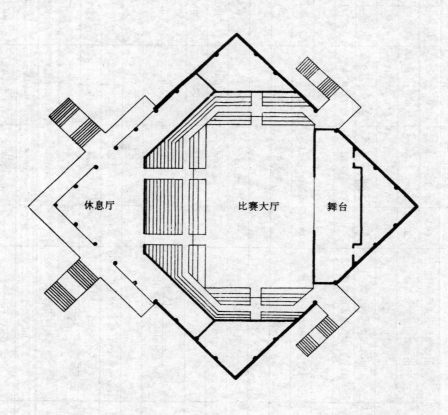

图 4—26　二层平面图

（2）语言清晰度的保证。这主要靠减少观众厅的回声，增加吸声量，控制观众厅的混响时间，这是建筑声学的处理手法。

该馆的建筑概况，二层平面、三层平面及剖面图，见图4—26、图4—27、图4—28。吸声材料的布置也在相应图上标出。

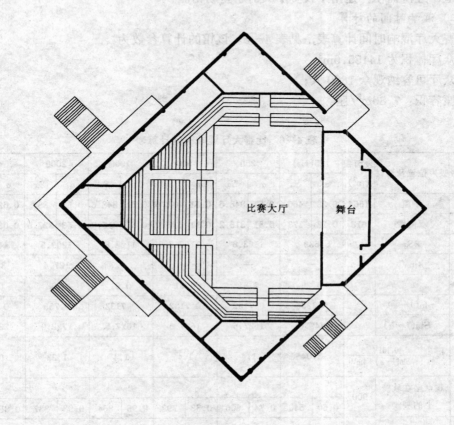

比赛大厅　　舞台

图4—27　三层平面图

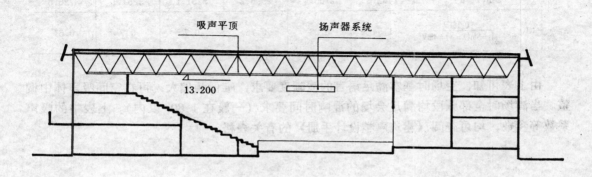

吸声平顶　　扬声器系统

13.200

图4—28　剖面图

由于比赛大厅体积大，比赛场地为光滑的硬木地板，是很强的声反射面，所以在其上空作吸声处理，结合屋盖的网架结构造型，利用悬挂式空间吸声体，提高吸声效果。另外，在观众厅的主要两边侧墙作吸声处理。吸声面的构造如下：面层为厚60mm，双面为厚4mm的穿孔纤维弧，穿孔率为10.6%，内表面贴玻璃丝布，内填超细玻璃棉6cm厚。这种构造，经济简便，适用于投资不大的小型场馆。

（二）混响时间的计算

比赛大厅混响时间计算表，见表4—6。该馆的计算参数为：

观众厅体积为14155.6m³；

观众厅可容纳观众1800人；

每座容积：7.86m³/座。

表4—6　比赛大厅混响时间计算表

| 项目 | 序号 | 吸声位置及选材 | 表面积 (m²) | 125(Hz) | | 250 | | 500 | | 1000 | | 2000 | | 4000 | |
|---|---|---|---|---|---|---|---|---|---|---|---|---|---|---|---|
| | | | | $\alpha$ | $S\alpha$ | $\alpha$ | $S\alpha$ | $\alpha$ | $S\alpha$ | $\alpha$ | $S\alpha$ | $\alpha$ | $S\alpha$ | $\alpha$ | $S\alpha$ |
| 空场混响时间 | 1 | 平顶 | 1664 | 0.28 | 466 | 0.51 | 848.6 | 0.51 | 848.6 | 0.51 | 848.6 | 0.53 | 882 | 0.62 | 1032 |
| | 2 | 双侧墙 | 618 | 0.28 | 173 | 0.51 | 315.2 | 0.51 | 315.2 | 0.51 | 315.2 | 0.53 | 327.5 | 0.62 | 383.2 |
| | 3 | $\Sigma S\alpha$ | | 639 | | 1163.8 | | 1163.8 | | 1163.8 | | 1209.5 | | 1415.2 | |
| | 4 | $4mV$ | | — | | — | | — | | — | | 127.4 | | 311.4 | |
| | 5 | $\bar{\alpha}$ | | 0.28 | | 0.51 | | 0.51 | | 0.51 | | 0.53 | | 0.62 | |
| | 6 | $-\ln(1-\bar{\alpha})$ | | 0.3285 | | 0.7132 | | 0.7132 | | 0.7132 | | 0.755 | | 0.9676 | |
| | 7 | $-S\ln(1-\bar{\alpha})$ | | 749.6 | | 1627.5 | | 1627.5 | | 1627.5 | | 1722.9 | | 2208.1 | |
| | 8 | $T_{60}=\dfrac{0.161V}{(-S\ln(1-\bar{\alpha})+4mV)}$ | | 3.04 | | 1.4 | | 1.4 | | 1.4 | | 1.23 | | 0.90 | |
| 满场混响时间 | 9 | 观众坐在软椅上的吸收 | 900 | 0.60 | 540 | 0.74 | 666 | 0.88 | 792 | 0.96 | 864 | 0.93 | 837 | 0.85 | 765 |
| | 10 | $\bar{\alpha}$ | | 0.37 | | 0.58 | | 0.61 | | 0.64 | | 0.64 | | 0.69 | |
| | 11 | $-\ln(1-\bar{\alpha})$ | | 0.4626 | | 0.8675 | | 0.9416 | | 1.0217 | | 1.0217 | | 1.1712 | |
| | 12 | $-S\ln(1-\bar{\alpha})$ | | 1482.8 | | 2760.4 | | 2996.2 | | 3251.1 | | 3251.1 | | 3726.8 | |
| | 13 | $T_{60}=\dfrac{0.161V}{(-S\ln(1-\bar{\alpha})+4mV)}$ | | 1.54 | | 0.83 | | 0.76 | | 0.7 | | 0.7 | | 0.61 | |

由上表可知，空场时基本满足语言的清晰度要求，唯低频偏大，可在空间吸声体中调整。当满场时全部频段均满足会场的混响时间要求（一般在1.80s以内）。上表中的吸声系数等参数，均可查阅《建筑声学设计手册》的有关表格。

# 复习思考题

1. 对一个房间音质进行评价的最终标准是什么？是仪器测得的若干数据，还是人们的听觉感觉？

2. 房间的容积和体形对其音质好坏有何影响？

3. 不同用途的厅堂为什么要有不同的最佳混响时间？

4. 声缺陷是怎样产生的？怎样才能避免？

5. 一个大电教室尺寸为 $21m^3 \times 13m^3 \times 4.5m^3$。对 500Hz 房间各部分平均吸收系数 $X_{墙}=0.14$、$X_{顶}=0.18$、$X_{地}=0.13$，试求此时的混响时间。

# 第五章

# 噪声控制

## 第一节 噪声的危害

1969 年春天的一个晚上，在美国纽约市布朗克斯区，一个夜班工人开枪打死了一个正在住宅周围玩耍的 13 岁小男孩。原因是这个小孩吵得他不能睡觉，以致一怒之下失去了控制能力，酿成了一场悲剧。当然，噪声使人失去理智的情况是少见的，但是它却广泛地影响着人们的各种活动。例如，妨碍交谈，影响睡眠和休息，干扰工作，使听力受到损害，甚至引起神经系统、心血管系统、消化系统等方面的疾病。实际上，噪声是影响面最广的一种环境污染。

噪声的危害主要表现在下面几个方面：

### 一、对听力的损害

噪声对听力的损害是人们认识得最早的一种危害。早在 1886 年，英国格拉斯哥的一名医生托马斯·巴尔曾就噪声对人的听力影响进行了著名的研究：通过对三组人（轮船锅炉制造工、铸模工、邮递员）的比较，发现接触噪声的锅炉制造工听力损伤最严重，而邮递员的听力最好。近 20 年来，关于噪声对听觉影响的研究有了很大进展。

大量的调查和研究证明，噪声会使人造成耳聋。根据国际标准化组织的定义，500Hz、1000Hz 和 2000Hz 三个频率的平均听力损失超过 25dB，称为"噪声性耳聋"。在这种情况下，正常交谈时，句子的可懂度下降 13%。而句子加单音节词的混合可懂度降低 38%，换句话说，听力发生障碍。

在不同噪声级下长期工作时，耳聋发病率的统计结果见表 5—1。从表中可以看出，噪声级在 80dB 以下，才能使人保证长期工作不致耳聋；在 90dB 条件下，只能保护 80% 的人不会耳聋；即使是 85dB，还会有 10% 的人可能发生噪声性耳聋。然而，一个人虽然没有发生噪声性耳聋，但是很可能已有了听力损伤，因为使人耳最容易受损伤的频率是 4000Hz 左右，然后是其相邻的频率（2000Hz、6000Hz、1000Hz、8000Hz……）。往往一个人在频率为 4000Hz 或 6000Hz 时的听力损失是 40~50dB，但察觉不出来，因为并不影响日常语言的听力，只是对欣赏音乐不利。如对长笛等的高频声就可能听不到了，而且对一些辅音，特别是含有高频率的"斯""吃"等音，往往容易混淆。

表 5—1　工作 40 年后噪声性耳聋发病率（%）

| 噪声级（dB） | 国际统计（ISO） | 美国统计 |
| --- | --- | --- |
| 80 | 0 | 0 |
| 85 | 10 | 8 |
| 90 | 21 | 18 |
| 95 | 29 | 28 |
| 100 | 41 | 40 |

## 二、对睡眠的干扰

睡眠对人是极为重要的，它能够调节人的新陈代谢，使人的大脑得到休息，从而恢复体力和消除疲劳。保证睡眠是人体健康的重要因素。但是，噪声会影响人的睡眠质量和数量。老年人和病人对噪声干扰比较敏感。当睡眠受到噪声干扰后，工作效率和健康都会受到影响。研究结果表明，连续噪声可以加快熟睡到轻睡的回转，使人多梦，熟睡的时间缩短；突然的噪声可使人惊醒。一般来说，40dB 的连续噪声可使 10% 的人受到影响，70dB 即可影响 50%；而突然的噪声在 40dB 时可使 10% 的人惊醒，到 60dB 时可使 70% 的人惊醒。

## 三、对生理的影响

许多证据说明，大量的心脏病的发展和恶化与噪声有着密切的联系。一些实验结果表明，噪声会引起人体紧张的反应，使肾上腺素增加，因而引起心率改变和血压升高。一些工业噪声调查的结果指出，劳动在高噪声条件下的钢铁工人和机械车间工人比较安静条件下的工人的循环系统的发病率要高。瑞典的研究发现，在高噪声下患高血压病的人多。有人拿兔子做实验，把兔子放在非常吵的工业噪声环境下 10 星期，结果发现血胆固醇比同样饮食条件下未暴露于噪声条件下的兔子要高得多。对小学生的调查还发现，暴露于飞机噪声下的儿童比安静环境下的儿童血压要高。目前不少人认为，20 世纪生产中的噪声是造成心脏病的一个重要原因。

噪声还能引起消化系统方面的疾病。早在 20 世纪 30 年代，就有人注意到长期暴露在噪声环境中的工人消化功能有明显的改变。研究指出，人们在某些吵闹的工业行业里，溃疡症的发病率比在安静环境的高 5 倍。通过人和动物的实验都表明，在不高于 80dB 的噪声作用下，肠蠕动要减少 37%，随之而来的是胀气和蠕动不舒服的感觉。当噪声停止时，蠕动由于过量的补偿，其节奏大大加快，幅度增大，结果会引起消化不良。长时间的消化不良往往造成溃疡症。

在神经系统方面，神衰症候群是最明显的，噪声能引起失眠、疲劳、头晕、头痛、记忆力衰退。

此外，强噪声会刺激内耳腔的前庭，使人眩晕、恶心、呕吐，和晕船一样。超过

140dB 的噪声甚至会引起眼球振动，视觉模糊，呼吸、脉博、血压都发生波动，全身血管收缩，使供血减少，甚至说话能力受到影响。

## 四、对心理的影响

噪声引起的心理影响主要是烦恼。与此相关，噪声会使人精力不易集中，影响工作效率和休息。引起烦恼首先是由于对交谈的干扰。假如一个人正站在放水的水龙头旁，其背景噪声大约是 74dB。当另一个人离开他 6m 远时，即使大声叫喊，通话也很困难。如果两人相距 1.5m，环境噪声要是超过 66dB，就很难保证正常交谈。

由于噪声容易使人疲劳，因此往往会影响精力的集中和工作效率。尤其是对一些不是重复性的劳动，影响比较明显。

另外，由于噪声的掩蔽效应，往往使人不易察觉一些危险信号，从而容易造成工伤事故。美国根据不同工种工人医疗和事故报告的研究发现，在比较吵闹的工厂区域出的事故要高得多。联邦铁路局对 22 个月里发生的引起 25 名铁路职工死亡的 19 起事故进行分析，认为主要原因是高噪声。

## 五、对儿童和胎儿的影响

噪声会影响少年儿童的智力发展。在噪声环境下，老师讲课听不清，结果造成儿童对讲授的内容不理解，长期下去，显然会影响到知识的掌握程度，使智力发展减慢。有人做过调查，吵闹环境下的儿童智力发育比安静环境中的低 20%。

此外，噪声对胎儿也会造成有害的影响，强噪声会直接刺激胎儿，引起胎儿心率的变化。研究指出，在怀孕后期，胎儿会对噪声作出身体运动的反应，如踢腿等动作。胎儿也会受到母体情绪的影响。当母体受到噪声影响而产生身体反应时，她的身体的变化也会传播给胎儿，特别是在怀孕早期，这种间接的反应会威胁到胎儿的发育。最重要的时期是怀孕 14～60 天期间，这期间正是胎儿的中枢神经系统和重要器官发育形成的时候。研究表明，噪声使母体产生紧张反应，会引起子宫血管收缩，以至影响供给胎儿发育所必须的养料和氧气，有人对机场附近居民的一个初步的研究发现，噪声与胎儿畸形（如豁嘴等）有关。此外，噪声还影响胎儿的体重。日本曾对 1000 多个初生婴儿进行研究，发现吵闹区域的婴儿体重轻的比例要高，这很可能是由于噪声的影响，使某种影响胎儿发育的荷尔蒙偏低。

## 六、对动物的影响

噪声对自然界的生物是有影响的。例如，强噪声会使鸟类羽毛脱落，不下蛋，甚至内出血，最终死亡。20 世纪 60 年代初期，美国空军的 F104 喷气飞机在俄克拉荷马市上空做超声速飞行试验，每天飞越 8 次，高度为 10000m，整整飞了 6 个月。结果，在飞机轰声的作用下，一个农场 10000 只鸡只剩下 4000 只，被轰声杀死了 6000 只。将轰声杀死的鸡脑拿去化验，发现暴露于轰声下鸡脑的神经细胞与未暴露的有本质差别。受暴露的鸡的脑细胞中的尼塞尔物质大大减小了。

### 七、对物质结构的影响

当飞机作超声速飞行时，会产生冲击波，一般称为"轰声"。人们会听到"呼"的响声，有如爆炸声。轰声虽然是一种脉冲声，但由于它的能量可观，因此具有一定的破坏力。英法合作的协和式飞机在试航过程中，航道下面的一些古老教堂等建筑物，由于轰声的影响受到了破坏，出现了裂缝。

150dB 以上的强噪声，还会使金属结构疲劳，结果遭到破坏。这是由于声致振动引起的。由于声疲劳的缘故，会造成飞机或导弹失事的严重事故。例如，一块 0.6mm 的不锈钢板，在 168dB 的无规噪声作用下，只要 15 分钟，就会断裂。

除了上述影响外，噪声还会引起社会矛盾，造成经济上的损失。例如，据世界健康组织估计，仅工业噪声，每年由于低效率、不上工、工伤事故和听力损失赔偿等，就使美国损失近 40 亿美元。

# 第二节　城市区域环境噪声标准

工业噪声不但对车间内工人的健康造成危害，也影响到厂内其他工作场所和厂区附近人们的正常工作和休息。例如，空气压缩机、鼓风机、柴油机、球磨机、冲床、木工机械等设备噪声，在车间以外的环境中也有 60～80dB，有的甚至达到 90dB。特别是发电厂的高压锅炉排气放空巨响，即使距离 100m 远，也可达 100dB 以上，使几公里范围内的人们都受到这种刺耳尖叫声的干扰。

由于历史的原因，我国不少城市由于规划不当，许多对噪声缺乏有效控制的工厂与住宅区混杂在一起，致使噪声污染较为严重，矛盾日益尖锐。为了保证环境的安静，使人们不至于受到噪声的干扰，我国有关部门和科研单位已经研究制订了城市区域环境噪声的容许标准。

在国外，各个国家的环境噪声标准并不完全一致，就是同一个国家也因各地区情况不一样而有较大的差别，而且标准的规定方式有的是按地区性质的，例如工业区、商业区、住宅区等分类制订标准，有的是根据房间的用途规定容许声级的，并对不同的时间，如白天和夜间、夏天和冬天，以及不同的噪声特性进行修正，以下就国际标准化组织（ISO）和我国的环境噪声标准作一简略介绍。

1971 年国际标准化组织（ISO）提出的环境噪声容许标准中规定：住宅区室外环境噪声的容许标准为 35～45dB，对于不同的时间，按表 5—2 进行修正；对于不同的地区，按表 5—3 进行修正。对于非住宅区的室内噪声容许标准，见表 5—4。

表 5—2　不同时间的声级修正

| 时　间 | 修正值分贝［dB（A）］ |
|---|---|
| 白天 | 0 |
| 晚上 | − 5 |
| 深夜 | − 10～− 15 |

表5—3 不同地区的声级修正

| 地 区 | 修正值分贝 [dB (A)] |
|---|---|
| 农村住宅，医疗地区 | 0 |
| 郊区住宅，小马路 | +5 |
| 市区住宅 | +10 |
| 附近有工厂，或沿主要大街 | +15 |
| 城市市中心 | +20 |
| 工业地区 | +25 |

表5—4 非住宅区的室内噪声容许标准

| 场 所 | 容许噪声级分贝 [dB (A)] |
|---|---|
| 办公室、会议室等 | 35 |
| 餐厅、带打字机的办公室、体育馆 | 45 |
| 大的打字机室 | 55 |
| 车间（根据不同用途） | 45～75 |

我国城市区域环境噪声标准已于 1981 年制订，见表5—5。

表5—5 城市各类区域环境噪声标准（GB3096—82）

单位：等效声级 Leq [dB (A)]

| 适用区域 | 昼 间 | 夜 间 |
|---|---|---|
| 特殊住宅区 | 45 | 35 |
| 居民、文教区 | 50 | 40 |
| 一类混合区 | 55 | 45 |
| 二类混合区、商业中心区 | 60 | 50 |
| 工业集中区 | 65 | 55 |
| 交通干线道路两侧 | 70 | 55 |

注：适用区域的划定：
"特殊住宅区"是指特别需要安静的住宅区；
"居民、文教区"是指纯居民区和文教、机关区；
"一类混合区"是指一般商业与居民混合区；
"二类混合区"是指工业、商业、少量交通与居民混合区；
"商业中心"是指商业集中的繁华地区；
"工业集中区"是指在一个城市或区域内规划明确确定的工业区。

# 第三节 环境噪声的控制

## 一、环境噪声控制的措施

由于噪声是从声源发出经空气传播至接收者的，因此解决噪声问题就必须依次从噪声源、传播途径和接收者这三方面分别采取措施。

（一）降低声源噪声

降低声源噪声是噪声控制最根本、最直接和最有效的措施。可以通过改进结构设计，改善设备，采用先进的工艺等措施来达到降低噪声的目的。

（二）控制噪声的传播途径

当无法在声源处控制噪声时，就需在噪声传播途径中采取措施。这些措施包括房屋设备的隔声和隔振，建筑物内的吸声和通风设备的消声等。它们各有其特点，但又互相联系，往往需要综合处理，才能达到预期的要求。

（三）接收者个人的防护措施

在一些特殊情况下，噪声特别强烈，采用上述各种措施后，仍不能达到标准要求，或工作过程中不可避免地要接触强噪声时，就需要采取个人防护措施。例如，使用耳塞、防护棉、佩戴耳罩、头盔等。此外，还包括规定操作人员在噪声环境中允许的工作时间，以保证其身体健康。

近年来，国外开放式大学、开放式办公厅等都发展很快，在这些大面积（可达几百平方米）空间里，可以有几十人甚至几百人学习和办公，不同班级或不同科室之间，用可移动的屏幕隔开。为避免互相干扰，可在房间内设置一个 50～60dB 的均匀噪声场，以掩蔽邻近传来的声音。工作人员都在这里办公，相互间的联系、通信等都很方便，大大提高了工作效率。

## 二、环境噪声控制的步骤

为了创造适宜的声环境，城市规划和建筑设计人员一般根据工程实际情况，按以下步骤确定控制噪声的方案：

（一）调查噪声现状，确定噪声声级

为此，需使用声学测量仪器，对所设计工程中的噪声源进行噪声测定，并了解噪声产生的原因与其周围环境的情况。

（二）确定噪声允许标准

参考有关噪声允许标准，根据使用要求与噪声现状，确定可能达到的标准与各频带所需降低之声压级。

（三）选择控制噪声的具体方案

根据噪声现状与允许标准的要求，同时考虑控制方案的合理性与经济性，通过必要的设计与计算（有时尚需进行实验）确定控制方案。实际情况可包括：总图布置、平面布置、构件隔声、吸声减噪与消声控制等方面。一般各种措施的大致效果如下：

总体布局及平、剖面合理可降低 10～40dB；吸声减噪处理可降低 ～10dB；构件隔声处理可降低 10～50dB；消声控制处理可降低 10～50dB。

## 三、气流噪声控制——消声器设计

（一）气流噪声的产生与消声器

气流噪声主要是由于气体在管道中形成湍流；或是在管道出口处的高速喷射以及气流使管道产生振动而形成的。有的气流噪声危害很大，如电站排气放空的噪声，其声级有时高达 130～140dB，而且是高频为主的啸叫声。

降低气流噪声主要依靠安装各种类型的消声器（见图5—1）或消声小室。消声器是一种可使气流通过而降低噪声的装置。

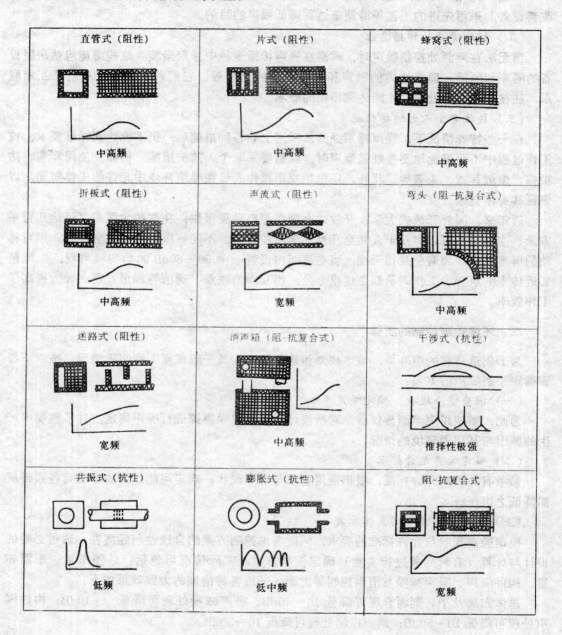

图5—1 各种类型的消声器

对于消声器的设计有三方面的基本要求：一是有较好的消声频率特性；二是空气阻力损失小；三是结构简单、施工方便、使用寿命长、体积小、造价低。这三个方面，根据具体情况可以有所侧重，但这三方面的要求是缺一不可的。

上述三个方面的要求又是互相影响、互相制约的。如缩小通道面积，即缩小声音传播的面积，既能提高消声器的消声量，又可缩小消声器的总体积。但是，通道过小，气流速度将会加大，气流阻力增加，并且能产生"再生噪声"，即气流激发管道壁面或构件产生振动而再次辐射出声音。当噪声控制要求较高时，应使气流速度低一些。如在一般管道中应为6～8m/s，出口处应为2m/s。在加工消声器时应注意其密封性，并要有足够的隔声能力。此外，消声器中使用的吸声材料的容重、厚度与护面层的加工亦应严格控制。所有这些，若处理不当均将严重影响消声效果。

(二) 阻性消声器设计

消声器有各种类型，但最常用的是阻性消声器。阻性消声器具有结构简单、对中高频消声效果良好等特点，因此在工程实际中被广泛采用。常用的有直管式和片式二种。

1. 直管式

在直管（方管或圆管）内壁装贴吸声材料，是一种最简单、最基本的一种阻性消声器，如图5—2、图5—3所示。

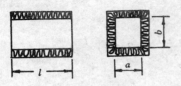

图5—2　方直管阻性消声器　　　　　图5—3　圆直管阻性消声器

这类消声器消声量按下式计算：

$$\Delta l = \varphi(\alpha) \frac{pl}{S} \tag{5—1}$$

式中：$\Delta l$——消声量，dB；

$\varphi(\alpha)$——消声系数，dB，它与阻性材料及吸声系数有关，查表5—6；

$p$——管道有效断面的周长（$2a + 2b$ 或 $\pi d$），m；

$l$——消声器的有效长度，m；

$S$——气流通道的横断面积，$m^2$。

表5—6　消声系数 $\varphi(\alpha)$ 与吸声系数 $\alpha_0$ 的关系

| $\alpha_0$ | 0.10 | 0.20 | 0.30 | 0.40 | 0.50 | 0.6～1.0 |
|---|---|---|---|---|---|---|
| $\varphi(\alpha)$ | 0.11 | 0.24 | 0.39 | 0.55 | 0.75 | 1.0～1.5 |

由式（5—1）可知，消声器消声量的大小与吸声材料的表面积和材料的吸声系数成正比，而与气流通道的有效面积成反比。

当管道截面尺寸较小，且小于声波的半波长时，式（5—1）能求出与实际相吻合的近似值。当管道尺寸较大时，高频声波（波长短）在管内传播过程中，根本不与管壁的吸声材料接触或很少接触，而以窄束的形式传播，因而对高频声的消声量大大降低。这个高频声的频率称为上限截止频率或上限失效频率，有：

$$f_c = 1.8 \frac{c}{D} \qquad (5—2)$$

式中：$c$——空气中的声速，m/s；

$\quad\quad D$——气流通道断面边长平均值，m；

$\quad\quad$方管：$D = (a + b)/2$；圆管：$D = d$。

2. 片式

为了增加直管式阻性消声器的消声量，应增大管道的内表面面积 $pl$，或缩小气流通道的面积 $S$，但 $S$ 是由使用性质确定的，是不能任意改变的。为了在比较宽的频带内得到足够的消声量，一般将整个通道分成若干小通道，做成蜂窝式或片式阻性消声器。

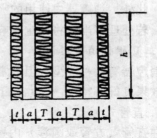

图 5—4　片式消声器断面

在设计蜂窝式或片式消声器（见图 5—4）时，每个通道尺寸应该相同，这时，每个通道的消声频率相同，计算消声量仍可用 (5—1) 式，但对片式消声器的计算公式可以简化，即

$$\Delta l = \varphi(\alpha) \frac{p \cdot l}{S} = \varphi(\alpha) \frac{n \cdot 2h \cdot l}{n \cdot h \cdot a} = 2\varphi(\alpha) \frac{l}{a} \qquad (5—3)$$

式中：$h$——气流通道高度，m；

$\quad\quad n$——气流通道个数；

$\quad\quad l$——消声器的有效长度，m；

$\quad\quad \varphi(\alpha)$——消声系数，dB；

$\quad\quad a$——通道宽度，m。

片式消声器的消声量与每个通道的宽度有关，宽度越小，消声量越大；而与通道的个数、高度无关。但通道个数与高度却影响消声器的空气动力学性能。为了保证足够的有效流通面积以控制流速，则需要有足够的通道高度与个数。

图 5—5 列出在通风系统中使用消声器与吸声处理的几个具体实例。

**四、城市噪声的控制**

为了搞好城市噪声控制，首先要对一个城市的噪声现状进行调查，如工业区噪声、住宅区噪声、商业区噪声等，为城市规划合理布局提供依据与检查的标准。其次，要研究与确定降低城市噪声的措施，如干道、工厂与住宅区的合理布局，干道行驶车辆的噪声控制，利用城市开阔空间与绿化带减噪，以及设置隔声屏障等。

（1）利用绿化带降低噪声。利用绿化带降低噪声，其效果大小取决于地区、树种、种植宽度以及季节变化等。树木高大、种植较密、枝叶茂密则效果较大。如枝叶较密的侧柏，当种植宽度为 300m 时，可具有 35～40dB 的减噪效果。从声学观点考虑，将叶茂的乔木与灌木组合起来效果最好。在种植方面，最好选择四季长青者，否则在落叶后将降低减噪效果。在利用绿化带减噪时，还应同时注意城市与街道的美化对绿化的要求。

（2）利用隔声屏障降低噪声。在城市建设中，可利用屏障、土丘或沿街建筑来降低交通噪声或其它噪声。这种用屏障隔声的方法，对高频声最有效，而降低噪声中的高频部

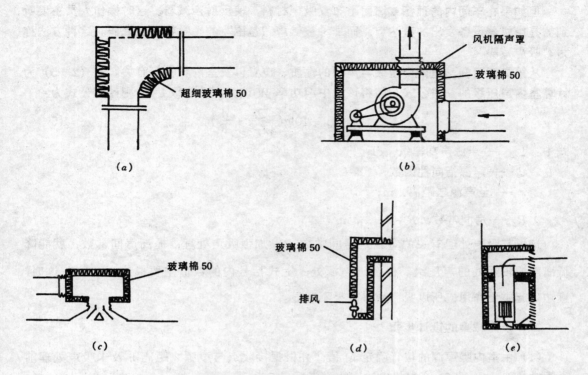

**图 5—5　几种类型的消声处理方案**

（a）消声弯头　（b）风机隔声罩　（c）出风口消声处理
（d）局部排风扇的处理　（e）局部空调机的处理

分，使人主观感觉最为明显。隔声屏的隔声原理在于它可以将波长短的高频声反射回去，并在屏障后形成"声影区"，在声影区内感到噪声明显下降。对于波长较长的低频声，则容易衍射过去，因而隔声效果较差。隔声屏对于高频声，一般可降低 15～25dB。

（3）建筑布局中的减噪措施。在建筑布局上应考虑噪声的控制问题。如将不怕噪声干扰的建筑（如商店等）、辅助性房间（如楼梯间、厨房、卫生间等）、走廊及无门窗的墙等朝向噪声源，布置在干道旁，这将对后排的建筑和房间起到很好的隔声屏作用。在街坊布局中，应尽量避免建筑之间的声反射。

# 第四节　建筑中的吸声减噪

## 一、吸声减噪原理

一般工厂车间的内表面多为清水砖墙或抹灰墙面以及水泥或水磨石地面等坚硬材料。这些材料具有很强的声反射能力。在这样的房间里，人们听到的不只是由设备发出的直达声，还听到大量的从各个界面反射来的混响声。由于混响声与直达声的共同作用，使得离开同一噪声源一定距离的接收点的声压级，在室内比室外要高出约 10～15dB。

但如果在车间内的顶棚或墙面上布置吸声材料，使反射声减弱，这时操作人员主要听到的是由机器设备发出的直达声，而那种被噪声"包围"的感觉将明显减弱。这种方法称为"吸声减噪"。

从第二章可知，室内声压级与声源的性质、位置以及室内吸收等有关。式（2—5）为计算室内声压级的一般公式。如将该式中声功率 $W$ 改为声功率级 $L_w$，则计算公式为：

$$L_p = L_w + 10\lg\left(\frac{Q}{4\pi r^2} + \frac{4}{R}\right) \qquad (5-4)$$

式中：$L_w$——声源声功率级，dB；

$\qquad Q$——声源指向性因数；

$\qquad r$——至声源之距离，m；

$\qquad R$——房间常数，$R = \dfrac{S \cdot \bar{\alpha}}{1 - \bar{\alpha}}$，$m^2$。

这里与吸声处理有关的量就是房间常数 $R$。加强吸声处理，提高房间常数，就能降低离声源较远处的声压级。但在近声源处，上式括号内的数值主要取决于 $\dfrac{Q}{4\pi r^2}$。这时，直达声起主要作用，所以吸声减噪效果不明显。

**二、吸声减噪的设计步骤**

（1）由室内噪声源的位置确定 $Q$ 值，并根据接收点与声源之距离 $r$ 及未吸声处理前房间常数 $R_1$，在图 5—6 中找出对应的纵坐标点。

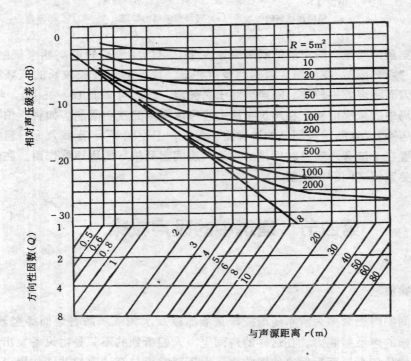

图 5—6　室内声压级计算图表

(2) 按照房间的用途确定允许噪声级，由它和噪声现状（声压级或声功率级）的差值确定需要的减噪量 $\Delta L_p$。此值即图中纵坐标上的相对声压级差，由它确定所需之房间常数 $R_2$。

(3) 计算 $R_2/S$，利用图5—7求出需要的平均吸声系数 $\bar{\alpha}_2$。

(4) 确定房内表面可能进行处理的部分，使房间经过处理后的平均吸声系数等于 $\bar{\alpha}_2$，由此来推算出处理部分的吸声系数。

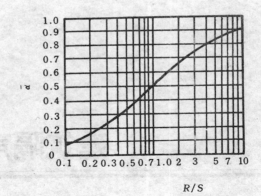

图5—7　房间平均吸声系数 $\bar{\alpha}$ 与房间常数 $R$ 的关系

# 复习思考题

1. 试述噪声污染对人的影响？
2. 在建筑中控制噪声影响有哪些办法？
3. 在普通住宅区白天和夜间分别允许的噪声标准是多少？

# 第六章

# 建筑隔声

隔声是降低噪声最重要的手段之一。特别在建筑的围护结构中，设计利用围护结构本身的隔声特性来隔掉围护结构外的噪声，会比在围护结构中采用吸声手段降低噪声要有效得多。因为一般的轻型墙体也具有30dB以上的隔声量，而不论对于何种吸声材料或吸声结构来说，30dB的降噪量都是极不容易达到的。然而，作为一种具有隔声性能的墙体来说，30dB的隔声量是远远不够的，有着良好隔声性能的墙体要具有接近50dB的隔声量。因此，开发重量轻、隔声量高的轻型墙是建材业的一个重要课题。

## 第一节  声波在房屋建筑中的传播

### 一、声波在房屋建筑中的传播途径

声波在房屋建筑中的传播途径有三种：

（1）经由空气直接传播。例如，室外的噪声可以由敞开的门窗传入室内。

（2）经由围护结构的振动传播。例如，人在隔墙的右侧可以听到左侧传来的谈话声。这种谈话声的传播是：左侧谈话声经空气传播到左侧墙壁的同时，引起了隔墙的整体振动，并将空气声声波辐射到隔墙的右侧。在这一过程中，谈话声的声波本身并没有穿过墙体材料，而是隔墙成为第二个声源，如图6—1所示。

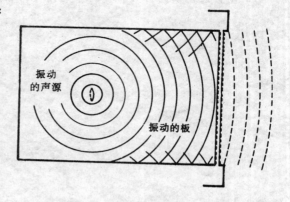

图6—1  经由围护结构振动的传声

（3）建筑物中，运转机械设备的撞击或振动的直接作用，使围护结构产生振动而产生声音，并通过整体的建筑结构传至很远的距离。

在上述第一、二种传播途径中，声音都是由空气传播的，一般称为"空气声"或"空气传声"。第三种途径是由围护结构受到直接的撞击而发声，称为"固体声"或"撞击声"。人们通常是很难分辨固体声和空气声的。固体声直接通过结构物传播，并从某些建筑部件如墙体、楼板等再辐射出来，最后仍作为空气声传至人耳。建筑物的内、外噪声源及传声途径，如图6—2所示。由于空气声和固体声的传播途径不同，因而控制空气噪声和隔绝固体噪声的方法亦不同。

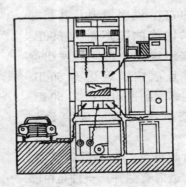

图6—2　空气声和固体声引起的侵扰噪声

## 二、影响声音在建筑材料中透射的主要因素

首先，墙板的振动不仅是由直达声波的压力造成的，室内的各种反射波也增加了由墙板振动透射的能量。因此，如果室内各个界面铺贴了吸声材料，则将使附加于墙板的声压级降低；如果改为向有吸声材料的室内辐射声音，也会因反射声的减弱而降低受声室内的声压级。墙板本身的透射特性并不因吸声材料而改变。

其次，作用于墙板的声波所引起的板振动大小与板的惯性即质量有关。一般来说，墙板的单位面积重量越大，声音的透射越小。这就是通常所说的"质量定律"。但在实际上，这个简单规律并不准确，因为墙板还会出现共振、吻合效应。

吻合现象是当声波斜入射于墙板时，使墙板引起受迫的振动。如果斜

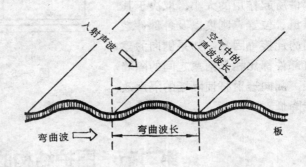

图6—3　墙板的吻合效应图解

入射的角度合适，声波沿墙面进行的速度正好等于墙板弯曲波的速度，墙板的弯曲波振动达到最大，这时墙板会向另一侧透射大量的声能。图6—3可以说明出现吻合现象的原理。吻合现象只发生在一定的频率范围。最低的吻合频率称为"临界频率"。它与入射波的频率、墙板的构造有关。

在工程中常用建筑部件的隔声量来表示声透射的多少。图6—4说明三种情况：图Ⓐ

代表在靠近建筑物外墙面处的道路交通噪声为75dB，而室内降低至平均50dB（在靠窗口处会比较高，而离窗较远处的声级较低），因此隔声量为25dB。图Ⓑ是100dB的飞机噪声在室内降至50dB，说明屋顶及其相邻的围护结构的隔声量为50dB。图Ⓒ表示在一个房间里发出噪声，并且混响声级达到80dB，如果在邻室的平均声级为50dB，则隔墙有关结构的隔声量为30dB。

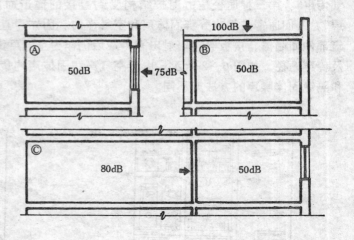

图6—4　建筑围护结构隔声量的图示

由此可见，在房屋建筑中，声音的透射有两种：一种是由噪声源和听闻地点之间的墙壁（或屋顶）直接透射；另一种是沿着围护结构的相连接部件的间接或"侧向"透射。

图6—5以箭头表示了上述三种情况的若干间接透射途径。事实上，房间的所有界面对室内合成的声级都起作用。各种建筑部件所起作用的大小，取决于其重量、位置、刚度以及各部件之间的连接等因素。如果侧向的建筑部件都比相邻两室之间的隔墙轻，侧向透射将使隔墙的隔声效能降低。

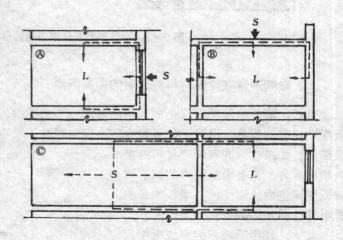

图6—5　建筑围护结构的间接传声途径

# 第二节　围护结构的隔声效能

### 一、单层匀质密实墙的隔声

当入射声波投射于单层匀质密实的墙板时，会激发墙板振动进行声的再辐射，这除与墙板的单位面积重量有关外，还与声音的频率有关。低的频率容易激发振动，高的频率难以激发振动。

对于有边界条件的有限大的这种墙板，常用计算隔声量的经验公式为：

$$R_0 = 20\lg m + 20\lg f - 48 \qquad (6—1)$$

式中： $R_0$——墙体隔声量，dB；

　　　　$m$——墙的单位面积重量，kg/m²；

　　　　$f$——入射声音的频率，Hz。

从式（6—1）中可以看出，对于某一频率，墙板的隔声量随单位面积重量的增加而增加。如果墙板的重量增加一倍，则各频率的隔声量分别提高 $20\lg 2 = 6.0$dB。而对于某一墙板而言，隔声量又随频率的增加而增加，这就是质量定律。

单层匀质密实墙的隔声量可参照图 6—6 确定。但是，无限制地增加墙板的重量，并不能无限制地提高隔声量，因为还受到侧向透射的影响。

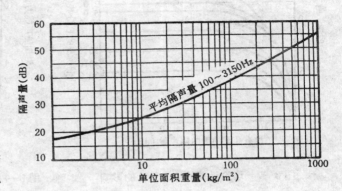

图 6—6　随单位面积重量而变的平均隔声量曲线

质量定律曲线在某种特殊条件下具有的局限性就是吻合效应的影响，这使得在某些频率范围内墙板的隔声效能比质量定律计算的要低得多。如果吻合现象的临界频率（或称吻合频率）处于音频范围，就影响隔声效果。表 6—1 为一些材料的容重和临界频率。通常可采用硬而厚的墙体降低临界频率，或用软而薄的墙板来提高临界频率，使之不出现在对人有影响的频率范围内。

表 6—1　几种常用建筑材料的容量和临界频率

| 材料种类 | 厚度（cm） | 容量（kg/m³） | 临界频率（Hz） |
|---|---|---|---|
| 砖砌体 | 25.0 | 2000 | 70～120 |
| 混凝土 | 10.0 | 2300 | 190 |
| 木板 | 1.0 | 750 | 1300 |
| 铝板 | 0.5 | 2700 | 2600 |
| 钢板 | 0.3 | 8300 | 4000 |
| 玻璃 | 0.5 | 2500 | 3000 |
| 有机玻璃 | 1.0 | 1150 | 3100 |

墙壁上的孔洞，例如电线、管道穿墙的孔洞、门缝以及墙壁与天棚交接处的缝隙等，会使墙壁的隔声性能明显下降。图 6—7 表示根据理论计算的墙体上的孔洞对其隔声量的影响。如果在隔声量为 40dB、面积为 10m² 的墙板上留出面积为 0.1m² 的孔洞（即占墙板面积的 1%），而不作特殊的声学处理，由图可知，墙板的隔声量就减少到 20dB。

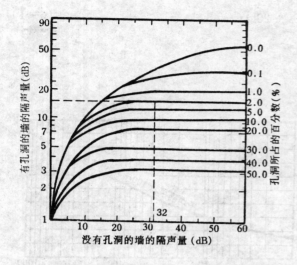

图 6—7　理论计算的墙上开孔的影响　　　　图 6—8　空气层厚度对双层墙平均隔声能力
　　　　　　　　　　　　　　　　　　　　　　　　　的影响

## 二、双层匀质密实墙的隔声

　　为了改善单层墙的隔声量，就要把墙板的重量或厚度增加。但在很多情况下，在功能、空间、结构和经济方面的效果都不理想。这时可以采用有空气间层（或在间层中填放吸声材料）的双层墙或多层墙。与单层墙相比，同样重量的双层墙有较大的隔声量，或者说达到同样的隔声量可以减轻结构的重量。

　　双层墙之所以能提高隔声量，主要原因是空气间层的应用。可以把空气间层看作是与两层墙板相连的"弹簧"。声波射到第一层墙板时，使其发生振动，此振动通过空气间层传至第二层墙板，再由第二层墙板向邻室辐射声能。由于空气间层的弹性变形具有减振作用，使传递给第二层墙体的振动大为减弱，从而提高了墙体总的隔声量。

　　双层墙的隔声能力不仅决定于它的重量和空气的厚度，而且也与围护结构的刚度、固有振动频率、周围的连接状况（刚性或弹性联结）、空气层中是否存在"声桥"以及声波入射的角度有关。

　　（一）空气层最佳厚度的选择

　　双层墙中的空气层不可太薄，因为空气层的弹性较大，能使第一层墙体的振动传给第二层而很少衰减，通常采用的空气层厚度至少为 5cm；空气层的厚度又不宜太厚，因为占去过多的建筑空间也不经济。为了得到空气层最大的附加隔声能力，其最佳厚度可以选为 8～12cm（对于中频声而言），如图 6—8 所示。

　　（二）双层墙的固有振动频率

　　双层墙的隔声量会因为发生共振而下降，用空气层作为弹性联结的双层墙的固有振动频率可用下面的公式计算：

$$f_0 = \frac{600}{\sqrt{L}} \times \sqrt{\frac{1}{m_1} + \frac{1}{m_2}} \tag{6—2}$$

式中：$f_0$——双层墙的固有振动频率，Hz；

$m_1$、$m_2$——每层墙的单位面积重量，$kg/m^2$；

$L$——空气层的厚度，cm。

为了避免发生波的吻合效应和相应的固有共振，防止隔声能力在一个频带内下降，就需要考虑采用厚度不同或重量不同的双层墙。并且，只有当入射波的频率范围基本上超过双层墙的固有振动频率时，这种隔墙才在声学上优于重量相同的匀质单层墙。如果入射波的频率与双层墙的固有振动频率相同，则出现共振，隔声能力即显著下降。因此，双层墙的固有振动频率应当尽可能地低些。双层的砖隔墙、混凝土墙，以及混凝土楼板的固有振动频率都很低（一般小于 25Hz），接近人的听阈，因此，可以不考虑其共振。但对于轻质的双层墙（如纤维板隔墙）或顶棚（重量小于 $30kg/m^2$），尤其当空气层厚度小于 3cm 时，固有振动频率可以高达 200Hz。在入射声波的作用下，它就会产生共振，其隔声能力明显下降以至于不及同样重的单层匀质隔墙。为了消除这种共振，可在空气层中悬挂或铺放玻璃棉毡之类的多孔材料。

（三）声桥的影响

如果双层墙之间有刚性连接，则一层墙板的振动能量会由刚性连接而传至另一层墙板，空气层将不再起到弹性层的作用，这种刚性连接称为"声桥"。在建筑施工中应注意避免让碎砖与灰浆落入夹层中造成声桥，以致破坏空气层应有的作用。

在墙体很重、很硬的情况下，双墙之间决不可有任何刚性连接（例如，在两片砖砌的墙体之间用砖块联结起来）。实践证明，在有弹性的轻质墙板（如纸面石膏板）之间若存在刚性的连接，并不导致隔声能力的严重下降，当然对于插入两墙板间的支撑点应严加限制。

### 三、多层墙和轻质墙的隔声

（一）多层墙的隔声

三层以上的多层围护结构的隔声能力，由于层数增多而比双层围护结构有所提高。提高多少，则主要根据重量增加的情况而定。因为每增加一层空气层，其附加的隔声能力将相对地减少。鉴于双层结构已能满足较高的隔声要求，只是在有特殊需要的工程中才考虑采用三层以上的隔声结构。

（二）轻质墙的隔声

根据当前建筑设计和建筑工业化的趋势，提倡采用轻质隔墙代替厚重的隔墙。但轻质隔墙的隔声能力一般说来比较低。目前，国内使用的主要是纸面石膏板、加气混凝土板等。这些板材的单位面积重量一般较小，从每平方米十几千克到几十千克（240cm 厚的砖墙的单位面积重量为 $500kg/m^2$）。按照质量定律，用这类轻质材料做成的内隔墙是很难满足隔声要求的。为了提高轻质墙的隔声效果，一般采用以下几种措施：

（1）将多层密实材料用多孔弹性材料（如玻璃棉、泡沫塑料）分隔，做成复合墙板，其隔声量比材料重量相同的单层墙提高很多。

（2）当多层密实材料的各层重量接近相等时，在质量定律控制的范围内，可以得到较理想的隔声量。为了避免吻合效应引起的结构隔声能力下降，应使各层材料的重量不等。最好是使各层材料的单位面积重量不同，其厚度相同。

（3）当将空气层的厚度增加到 7.5cm 以上时，对于大多数的频带，隔声量可以增加 8～10dB。

（4）以松软的材料填充轻质墙板之间的空气层，可使隔声量增加 2～8dB。表 6—2 列出的数据表明，每增加一层纸面石膏板，其隔声量可以提高 3～6dB；空气间层中填充吸声材料可以提高 3～8dB。此外，纸面石膏板的拼缝是否密实，对隔声量也有较大影响。

表 6—2　不同构造的纸面石膏板（厚 1.2cm）轻质墙隔声量的比较

| 墙板间的填充材料 | 板的层数 | 隔声量（dB） | |
|---|---|---|---|
| | | 钢龙骨 | 木龙骨 |
| 空气层 | 1 层 + 龙骨 + 1 层 | 36 | 37 |
| | 1 层 + 龙骨 + 2 层 | 42 | 40 |
| | 2 层 + 龙骨 + 2 层 | 48 | 43 |
| 玻璃棉 | 1 层 + 龙骨 + 1 层 | 44 | 39 |
| | 1 层 + 龙骨 + 2 层 | 50 | 43 |
| | 2 层 + 龙骨 + 2 层 | 53 | 46 |
| 矿棉板 | 1 层 + 龙骨 + 1 层 | 44 | 42 |
| | 1 层 + 龙骨 + 2 层 | 48 | 45 |
| | 2 层 + 龙骨 + 2 层 | 52 | 47 |

（5）由于存在着透气性，多孔性墙板（例如木丝板）的隔声能力比按质量定律算出的要小得多。

例如，用 2.5cm 厚的木丝板建造双层墙（不加抹灰），其间的空气厚度为 8cm，实测的隔声量只有11dB，与单层 2.5cm 厚的木丝板隔墙（不加抹灰）的隔声量（10dB）相差无几。对于与上述构造相同的双层隔墙，如果在两侧抹石灰砂浆，实测结果表明可使隔声量增加到 50dB 左右，超过了理论计算值。其原因可能是，整片抹灰层与表面粗糙的木丝板之间的牢固结合大大减小了隔墙的振幅。

**四、门窗的隔声**

（一）门的隔声

门是墙体中隔声较差的部分，因为它的重量比墙体轻。普通门周边的缝隙也是传声途径。门的面积比墙壁要小，所以它的低频共振常发生在声频频谱的关键范围。一般说来，普通未做隔声处理的可以开启的门，隔声量大致为 20dB；质量较差的木门，常因木材的收缩与变形而出现较大的缝隙，致使隔声量有可能低于 15dB。如果希望门的隔声量达到 40dB，就需要做专门设计。

提高门的隔声能力的关键在于门扇及其周边缝隙的处理。隔声门应为实心的重型构造，门扇周边应当密缝。轻质的空心木门的尺寸不稳定，而且会变形，致使门的周边很难密缝。橡胶、泡沫塑料条、手动或自动调节的门碰头和垫圈等均可用于门扇边缘的密缝处理。需要经常开启的门，门扇重量不宜过大，门缝也难于密封。为了达到较高的隔声量，可以设置"声闸"来提高其隔声效果，既设置双层门，又在双门之间的门斗内布置强吸声材料，可使总的隔声量达到两层门隔声量之和，如图 6—9 所示。

## （二）窗的隔声

窗是外墙和围护结构隔声最薄弱的环节。可开启的窗很难有较高的隔声量。隔声窗通常是指不开启的观察窗，它用于工厂隔绝高噪声的控制室，以及录音室、测听室等。

如果要求窗有良好的隔声性能，则应注意以下凡点：

（1）采用较厚的玻璃，用双层或三层玻璃比用一层特别厚的玻璃要好。为了避免隔声窗的吻合效应，双层玻璃的厚度应不相同，以免在吻合的临界频率处隔声能力显著降低。

（2）双层玻璃之间留有较大的间距。由图 6—10 可以看出不同间距对隔声性能的影响。应当指出，两层玻璃不应平行，以免引起共振和吻合效应，影响隔声效果。

（3）在两层玻璃之间沿周边填放吸声材料，把玻璃安放在弹性材料上（如软木、呢绒、海棉、橡胶条等）。

（4）保证玻璃与窗框、窗框与墙壁之间的密封，在构造上还需考虑保持玻璃的清洁（如双层玻璃上出现的霉斑）问题。

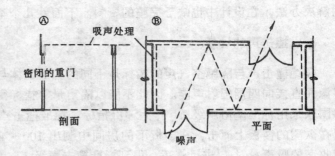

图 6—9　声闸示意图

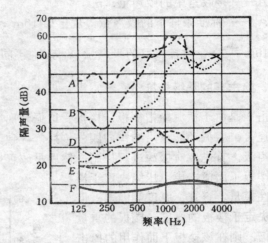

图 6—10　各种密封窗的隔声量

A—13mm 厚玻璃，200 厚空气层的双层窗

B—3mm 厚玻璃，200 厚空气层的双层窗

C—3mm 厚玻璃，100 厚空气层的双层窗

D—13mm 厚玻璃的单层窗　E—3mm 厚玻璃单层窗

F—窗户打开：A、B、C 的窗玻璃有吸声环垫

# 第三节　撞击声的隔绝

在建筑中隔绝撞击声是很重要的问题。与空气声相比，撞击声的影响范围更广，引起的撞击声级一般也较高。尤其是在近年来大量建造的轻型结构建筑中，这一问题更为严重。一户撞击地板，几十户会受到干扰。这主要是由于撞击声沿着固体传播时，声能衰减极少的缘故。

对撞击声的激发、传播和辐射等原理，虽已有研究，但对撞击声的控制尚无行之有效的解决办法，在设计中也缺乏完整的资料。下面就几个基本问题做些介绍。

## 一、撞击声的计量

隔绝撞击声与隔绝空气声的指标是不同的。当物体与楼板发生撞击时，将使楼板成为声源而直接向四周辐射声能。因此不能以隔声量等指标衡量隔绝撞击声的效果。目前，很多国家采用标准撞击声级 $L_N$ 作为评价指标。标准撞击声级 $L_N$ 是用合乎国际标准的打击器在欲测的楼板上撞击，在楼板下的房间中测出 $100\sim4000Hz$ 的撞击声级 $L$，然后根据接收室的吸声量对 $L$ 进行修正，得到标准撞击声级 $L_N$ 为：

$$L_N = L - 10\lg\frac{A_0}{A} \qquad (6—3)$$

式中：$L_N$——撞击声级，dB；

$A$——接收室中的吸声量，$m^2$；

$A_0$——标准条件下的吸声量，规定为 $10m^2$；

$10\lg\frac{A_0}{A}$——当接收室的吸声量 $A$ 与 $A_0$ 不同时的修正项。

## 二、撞击声的隔绝措施

撞击声是由于振源撞击楼板，楼板受迫振动而发出的声音。同时，由于楼板与四周墙体刚性连接，将振动能量沿结构向四外传播，导致其它结构也辐射声能。因此，要降低撞击声的声级，首先应对振源进行控制，然后是改善楼板隔绝撞击声的性能。

在楼板下面撞击声声压级决定于楼板的弹性模量、容重、厚度等因素，但又主要决定于楼板的厚度。楼板的重量增加一倍，则在该楼板下面作用的撞击声声压级大约可减少3.8dB。但如果楼板的厚度增加一倍，可使撞击声声压级降低10.5dB。

改善楼板隔绝撞击声性能的主要措施有：

（1）楼板面上铺软质面层（地毯、塑料橡胶布等），使撞击声能减弱，以减少楼板本身的振动。这种处理对降低高频声的效果最显著。

（2）在楼板结构层与面层之间铺弹性垫层，以减弱结构层的振动。弹性垫层可以是片状、条状或块状的，将其放在面层或复合楼板的龙骨下面。

（3）在楼板下增加弹性悬吊式顶棚，可以显著提高楼板隔绝空气噪声和

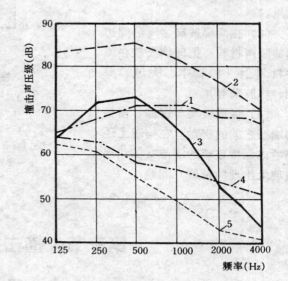

图6—11　几种典型楼板的隔声性能比较

1—150mm密实钢筋混凝土楼板　2—木楼板（木龙骨）

3—在空心混凝土板上的浮筑式木地板

4—空心砖与混凝土楼板上浮筑式地板及吊顶

5—浮筑式厚空心结构楼板

撞击噪声的隔声性能。

以上三种措施都有一定效果，但由于各自的作用不同，而且受到材料、施工和造价的限制，因此它们的现实性也不同。下面针对这三种改善措施分别加以讨论。

（1）弹性面层处理。这种处理面层的措施一般对降低高频声的效果最显著。但上述几种类型的材料价格都很高。

（2）弹性垫层处理。比普通楼板的隔声性能有显著的改善。但应注意这种楼板在面层和墙的交接处也要采用隔离措施，以免引起墙体振动。

（3）楼板做吊顶处理。吊顶的作用主要是隔绝空气声。吊顶的隔声能力可按质量定律估算，其单位面积质量大一些较好，如一般抹灰吊顶就比轻质纤维吊顶好。同时，吊顶的隔声作用还决定于它与楼板刚性连接的程度如何，如采用弹性连接，则可以提高隔声能力。

图6—11为几种典型楼板构造的隔声效果比较。图6—12是三种试验性楼板隔声效果比较。从图中可看出，面层处理的效果最显著，对工业化施工也有利，因此有发展前途。

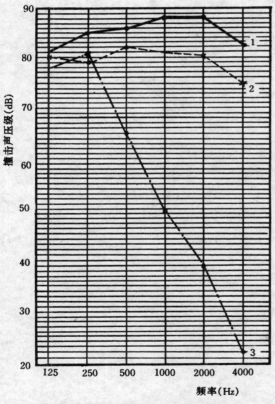

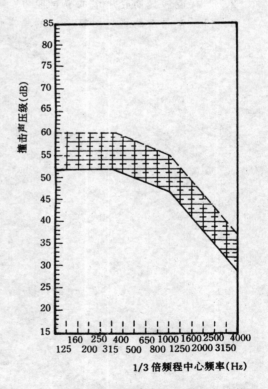

图6—12　三种试验性楼板的隔声效果比较

1—25mm 井字形混凝土板，$\bar{L}_N = 85\text{dB}$

2—同1，加10mm 塑料板吊顶，$\bar{L}_N = 79.4\text{dB}$

3—同1，加10mm 塑料板地面，$\bar{L}_N = 55.8\text{dB}$

图6—13　确定撞击声隔声指数 $I_i$ 的评价曲线

### 三、撞击声的隔声标准

评价撞击声隔绝通常以一条标准评价曲线为基准，然后将测得的楼板撞击声级的频谱曲线与其重叠，方法与空气声隔绝的评价方法相似，不同之处是向上超过参考曲线是不利的。评价条件仍然是最大差值不得超过 8dB，不利偏差的总和不得超过 32dB。由 500Hz 得出的声级数称为"撞击声隔声指数" $I_j$，这一单值即为楼板撞击声隔绝的评价数。图 6—13 曲线即为撞击声评价曲线。

# 复习思考题

1. 在建筑中声音通过哪几种途径进行传播？
2. 怎样能够提高轻质墙的隔声能力？
3. 门、窗隔声的好坏对整个墙的隔声性能有什么影响？

# 中 篇

# 建 筑 热 工 学

# 建筑热工学概述

我国各地区的气候条件差异很大，这个差异在很大程度上影响着各地区建筑物的形式、风格和特点。

尽管如此，任何地区的建筑物都要常年经受室内外各种气候因素的作用，属于室外的气候因素有太阳热辐射、空气温湿度以及风、雨、雪等，统称为"室外热作用"；而属于室内的有空气的温湿度、生产和生活散发的热量与水分等，统称为"室内热作用"。这些室内外的热作用是影响建筑物使用的重要因素，它直接影响着建筑物室内的水气候（即室内空气的冷与热、干燥与潮湿等），同时也在一定程度上影响着建筑物的耐久性。

本篇的任务就是介绍如何通过建筑和规划上的措施，来有效地防护或利用室内外热作用，经济、合理地解决好房屋的保温、防热、防潮、日照等问题；如何配备适当的设备进行人工调节（如采暖设备、空调设备等）；如何创造和完善装配房屋的建筑构件（如采用具有各种物理特性的新隔热材料、饰面材料和结构材料等），以创造良好的室内热环境并提高围护结构的耐久性。

# 第七章

# 建筑热工学基本知识

## 第一节　传热的基本方式

传热是一种常见的物理过程。凡是有温度差的地方，都会有热量转移现象发生，并且热量总是自发地由高温物体传向低温物体，或从同一物体温度高的部分传向温度低的部分。

热量的传递有三种基本方式，即导热、对流和辐射，如图 7—1 所示。

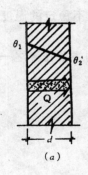  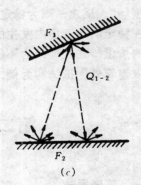

**图 7—1　传热的三种基本形式**

(a) 导热　　(b) 对流　　(c) 辐射

### 一、导热

导热，又称"传导"，是指温度不同的物体直接接触时，靠物质微观粒子（分子、原子、自由电子等）的热运动而引起的热能转移现象。它可以在固体、液体和气体中发生，但只有在密实的固体中才存在单纯的导热过程。

### 二、对流

对流，是指依靠流体的宏观相对位移把热量由一处传递到另一处的现象。这是流体所特有的一种传热方式。工程上经常遇到的是流体流过一个固体壁面时发生的热量交换过程，这一过程称为"对流换热"。单纯的对流换热过程是不存在的，在对流的同时总伴随着导热。

### 三、辐射

辐射，是指依靠物体表面向外发射热射线（能产生显著热效应的电磁波）来传递能量的现象。自然界中所有的温度高于绝对零度的物体，其表面都在不停地向四周发射辐射热，同时又不断地吸收其它物体投射来的辐射热。这种辐射与吸收过程的综合结果，就造成了以辐射形式进行的物体间的能量转移——辐射换热。辐射换热时，不仅存在着能量的转移，同时还伴随着能量的转化（热能——→辐射能---→热能），而且参与换热的两物体不需直接接触，这是有别于导热及对流换热之处。

实际的传热过程往往同时存在着两种或三种基本传热形式。例如，冬季由室内通过外墙传至室外的热量，就是先由室内空气以对流换热和物体表面间辐射换热的形式传给墙的内表面，然后由墙的内表面通过墙体本身以导热的形式传至墙的外表面，墙的外表面再以对流及辐射换热的形式传给室外环境。这整个过程就是由导热、对流及辐射换热组合而成的复杂过程。之所以把它划分为三种基本形式，是为了研究方便，因为它们各有其特殊的规律。

由于热量传递的动力是温度差，所以在研究传热时必须知道物体的温度分布。就某一物体或某一空间来说，在一般情况下，不仅各点温度因位置不同而不同，即使是某一固定点，也往往是随时间而变化的。这就是说，温度是空间和时间的函数。在某一瞬间，物体内部所有各点温度的总计叫"温度场"。物体中各点的温度随时间而变的温度场叫"不稳定温度场"；反之，则为稳定的温度场。

在稳定的温度场内发生的热量传递过程称为"稳定传热过程"；在不稳定的温度场内发生的热量传递过程则为不稳定传热过程。

以建筑外围护结构为例，研究所有这些热交换过程的规律是本章的主要任务之一。

# 第二节　围护结构的传热过程

### 一、平壁导热

平壁导热，是指通过围护结构材料层传热。

（一）经过单层平壁导热

假定有一厚度为 $d$ 的单层匀质平壁，宽与高的尺寸比厚度大得多，平壁内、外表面的温度分别为 $\theta_i$ 及 $\theta_e$，均不随时间而变化，而且假定 $\theta_i > \theta_e$，如图 7—2 所示。

这是一个稳定导热问题。实践证明，此时通过壁体的热流量与壁面之间的温度差、传热面积和传热时间成正比，与壁体的厚度成反比。即：

$$Q = \frac{\lambda}{d}(\theta_i - \theta_e)F\tau \tag{7—1}$$

式中：$Q$——总的导热量，单位是千焦耳（kJ），它是一个向量，从高温向低温方向为正，反之为负；

$\lambda$——决定材料性质的比例系数，称为"导热系数"，单位为 W/（m·K）

$\theta_i$——平壁内表面的温度，℃

$\theta_e$——平壁外表面的温度，℃

$d$——平壁的厚度，m；

$F$——垂直于热流方向的平壁的表面积，$m^2$；

$\tau$——导热时间，h。

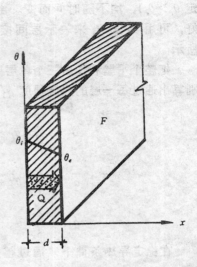

今后，更常用的是单位时间内通过单位面积的热流量，称为"热流强度"，用 $q$ 表示，单位是 $W/m^2$。即：

$$q = \frac{\lambda}{d}(\theta_i - \theta_e) \qquad (7—2)$$

图7—2 单层平壁的导热

式（7—2）也可改写成下式：

$$q = \frac{\theta_i - \theta_e}{\dfrac{d}{\lambda}} = \frac{\theta_i - \theta_e}{R} \qquad (7—3)$$

式中：$R = \dfrac{d}{\lambda}$，称为"热阻"，单位是 $m^2 \cdot K/W$。热阻是热流通过平壁时遇到的阻力。在同样的温差条件下，热阻越大，通过材料层的热量越少。要想增加热阻，可以加大平壁的厚度，或选用导热系数 $\lambda$ 值小的材料。

材料的导热系数 $\lambda$ 是说明稳定导热条件下材料导热特性的指标。它在数值上为：当材料层单位厚度内的温差为1℃时，在 1 小时内通过 $1m^2$ 表面积的热量。不同状态的物质导热系数相差很大，气体的导热系数最小，数值在 0.006~0.6W/（m·K）之间，因而静止不流动的空气具有很好的保温性能；液体的导热系数次之，约为 0.07~0.7W/（m·K）；金属的导热系数最大，约为 2.2~420W/（m·K）；非金属材料，如绝大多数建筑材料，其导热系数介于 0.3~3.5W/（m·K）之间。工程上常把 $\lambda$ 值小于 0.3 W/（m·K）的材料作为保温隔热材料，如矿棉、泡沫塑料、珍珠岩、蛭石等。常用建筑材料的 $\lambda$ 值，可参见本书附录四。

不同材料的导热系数相差很大，即使相同的材料，导热系数也可能不同。对导热系数影响最大的因素是容重和湿度。一般来说，材料的容重越大，导热系数越大；湿度越大，导热系数越大。

（二）经过多层平壁的导热

凡是由几层不同材料组成的平壁，都是"多层壁"。例如，双面粉刷的砖砌体。

设有三层材料组成的多层壁，各材料层之间紧密贴合，壁面很大，各层厚度为 $d_1$、$d_2$、$d_3$，导热系数依次为 $\lambda_1$、$\lambda_2$、$\lambda_3$，且均为常数。壁的内、外表面温度为 $\theta_i$ 及 $\theta_e$（假

定 $\theta_i > \theta_e$），均不随时间而变。由于层与层之间密合得很好，可用 $\theta_2$ 及 $\theta_3$ 来表示层间接触面的温度，如图 7—3 所示。

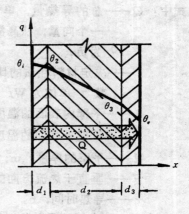

图 7—3　多层平壁导热

把整个平壁看作由三个单层壁组成，由式（7—2）分别算出通过每一层的热流强度 $q_1$、$q_2$ 及 $q_3$。即：

$$q_1 = \frac{\lambda_1}{d_1}(\theta_i - \theta_2) \qquad ①$$

$$q_2 = \frac{\lambda_2}{d_2}(\theta_2 - \theta_3) \qquad ②$$

$$q_3 = \frac{\lambda_3}{d_3}(\theta_3 - \theta_e) \qquad ③$$

在稳定导热条件下，通过整个平壁的热流强度 $q$ 与通过各层平壁的热流强度应相等。即：

$$q = q_1 = q_2 = q_3 \qquad\qquad ④$$

联立①、②、③、④式，可解得：

$$q = \frac{\theta_i - \theta_e}{\dfrac{d_1}{\lambda_1} + \dfrac{d_2}{\lambda_2} + \dfrac{d_3}{\lambda_3}} = \frac{\theta_i - \theta_e}{R_1 + R_2 + R_3} \qquad (7\text{—}4)$$

式中 $R_1$、$R_2$、$R_3$ 分别为第一、二、三层的热阻。

依此类推，$n$ 层多层壁的导热计算公式为：

$$q = \frac{\theta_1 - \theta_{n+1}}{\sum\limits_{j=1}^{n} R_j} \qquad (7\text{—}5)$$

式（7—5）中，分母的每一项 $R_j$ 代表第 $j$ 层热阻，$\theta_{n+1}$ 为第 $n$ 层外表面的温度。从这个方程式可以得出结论：多层壁的总热阻等于各层热阻的总和。

在工程上，有时需知各层接触面的温度 $\theta_2$、$\theta_3$、$\theta_4$、……、$\theta_j$、……。根据①及②可得：

$$\theta_2 = \theta_1 - q\frac{d_1}{\lambda_1}$$

$$\theta_3 = \theta_2 - q\frac{d_2}{\lambda_2} = \theta_1 - q\left(\frac{d_1}{\lambda_1} + \frac{d_2}{\lambda_2}\right)$$

依此类推，可得出多层壁内第 $j$ 层与 $j+1$ 层之间接触面的温度 $\theta_{j+1}$。即：

$$\theta_{j+1} = \theta_1 - q\left(\frac{d_1}{\lambda_1} + \frac{d_2}{\lambda_2} + \cdots\cdots + \frac{d_j}{\lambda_j}\right) \qquad (7\text{—}6)$$

由上列算式可以看出，每一层平壁内的温度分布是直线，但由于整个多层壁各层的导热系数不同，而使温度分布呈折线状。

## 二、对流换热

对流换热，是指流体与固体壁面之间的热量交换过程。由于对流换热与流体运动有关，所以是一种极其复杂的现象。由于摩擦力的作用，在紧贴固体壁面处有一平行于固体壁面流动的流体薄层，叫作"层流边界层"。它垂直壁面方向的热量传递形式主要是导热，温度分布呈倾斜直线状。而在远离壁面的流体核心部分，流体呈紊流状态，则因流体的剧烈运动而使温度分布比较均匀，呈一水平线。在层流边界层与流体核心部分间为过渡区，温度分布可近似看作抛物线，如图7—4所示。由此可知，对流换热的强弱主要取决于层流边界层内的热量交换情况，与流体运动发生的原因、流体运动的情况、流体与固体壁面温差等因素都有关系。

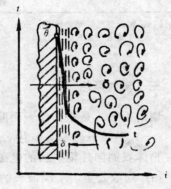

图7－4　对流换热

对流换热过程常用下式计算：

$$q_c = a_c(\theta - t) \qquad (7\text{—}7)$$

式中：$q_c$——对流换热强度，W/m$^2$；

$a_c$——对流换热系数，即当固体壁面与流体主体部分的温差为1℃时，单位时间通过单位面积的换热量，单位为 W/（m$^2\cdot$K）；

$\theta$——固体壁面温度，℃；

$t$——流体主体部分温度，℃。

计算对流换热强度，主要是如何确定对流换热系数 $a_c$。式（7—7）实际上把影响对流换热强度的一切复杂因素都归结于 $a_c$。在传热学中有许多计算 $a_c$ 公式，但都有特定的应用条件。建筑热工中常遇到的对流换热问题都是指固体壁面与空气间的换热，建议根据具体情况选用表7—1所列公式。

式（7—7）也可写成热阻的形式：

$$q_c = \frac{\theta - t}{\dfrac{1}{a_c}} = \frac{\theta - t}{R_c} \qquad (7\text{—}8)$$

式中：$R_c = \dfrac{1}{a_c}$ 为对流换热热阻，单位：m$^2\cdot$K/W。

表 7—1　对流换热系数的计算公式

| 空气运动发生原因 | 壁面位置 | 表面状况 | 热流方向 | 计算公式 |
|---|---|---|---|---|
| 自然对流 | 垂直壁 | | | $a_c = 2.0 \sqrt[4]{\theta - t}$ |
| | 水平壁 | | 由下而上 | $a_c = 2.5 \sqrt[4]{\theta - t}$ |
| | | | 由上而下 | $a_c = 1.3 \sqrt[4]{\theta - t}$ |
| 受迫对流 | 内表面 | 中等粗糙度 | | $a_c = 2.5 + 4.2v$ |
| | 外表面 | 中等粗糙度 | | $a_c = (2.5 \sim 6.0) + 4.2v$ |

注：$v$ 表示空气运动的速度，m/s；而常数项是表示自然对流引起的换热作用，因为在强迫对流引起换热的同时总伴随着自然对流的作用。

### 三、辐射换热

辐射换热，是指物体表面间以辐射形式进行的能量转移。

（一）热辐射的本质和特点

物体表面向外辐射出的电磁波在空间传播。电磁波的波长可从万分之一微米（$1\mu m = 10^{-6}$m）到数公里。不同波长的电磁波落到物体上，可产生各种不同的效应。根据这些不同的效应将电磁波分成许多波段，如图 7—5 所示。其中，波长在 $0.8 \sim 600\mu m$ 之间的电磁波称为"红外线"，照射物体能产生热效应。通常把波长在 $0.4 \sim 40\mu m$ 范围内的电磁波（包括可见光和红外线的短波部分）称为"热射线"，因为它的热效应特别显著。热射线的传播过程叫做"热辐射"。

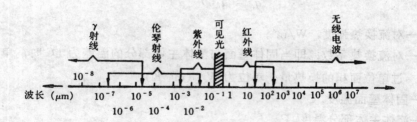

图 7—5　电磁波谱

辐射换热具有下列特点：

（1）在辐射换热过程中伴随着能量形式的转化，即物体的内能首先转化为电磁能发射出去，当此电磁能落在另一物体上而被吸收时，电磁能又转化为另一物体的内能。

（2）电磁波可以在真空中传播，故辐射换热不需有任何中间介质，也不需要冷、热物体直接接触。太阳辐射热穿越辽阔的真空向地面传送，就是很好的例证。

（3）一切物体，不论温度高低都在不停地对外辐射电磁波，辐射换热是两物体互相辐射的结果。当两个物体温度不同时，高温物体辐射给低温物体的能量大于低温物体辐射给高温物体的能量。因此，其结果是高温物体的能量传递给了低温物体。

（二）辐射能的吸收、反射和透射

物体对外来热射线的反应遵循与可见光相同的规律。当能量为 $I_o$ 的热射线投射到物体表面时，其中一部分 $I_\gamma$ 被反射，另一部分 $I_\alpha$ 被物体吸收，还有一部分 $I_t$ 可能透过物体（如窗玻璃），如图7—6所示。

根据能量守恒定律，有：

$$I_\gamma + I_\alpha + I_t = I_o$$

若等式两端同除以 $I_o$，则：

$$\frac{I_\gamma}{I_o} + \frac{I_\alpha}{I_o} + \frac{I_t}{I_o} = \gamma_h + \rho_h + \tau_h = 1$$

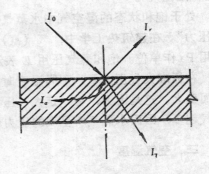

图7—6　辐射热的吸收、反射与透射

式中：$\gamma_h = \dfrac{I_\gamma}{I_o}$，$\rho_h = \dfrac{I_\alpha}{I_o}$，$\tau_h = \dfrac{I_\tau}{I_o}$，分别称为物体对辐射热的"反射系数"、"吸收系数"及"透射系数"。

严格地说，物体对不同波长的外来辐射的吸收、反射及透射的性能是不同的。凡能将外来辐射全部反射的物体（$\gamma_h = 1$）称为"绝对白体"（简称"白体"）；能全部吸收的物体（$\rho_h = 1$）称为"绝对黑体"（简称"黑体"）；能全部透过的物体（$\tau_h = 1$）则称为"绝对透明体"或"透热体"。

但是在自然界中，并没有绝对黑体、绝对白体和绝对透明体。在应用科学中，常把吸收系数接近于1的物体近似地当作黑体。这不仅可以使计算大为简化，也能达到工程上所要求的精度。

一般来说，固体和液体都是不透明体，即 $\tau_h = 0$，因此 $\tau_h + \rho_h = 1$。由此可知，凡是善于反射辐射能的物体一定不善于吸收辐射能；反之亦然。

# 第三节　湿空气的物理性质

## 一、水蒸气分压力

湿空气，是指干空气与水蒸气的混合物。室内外空气都是含有一定水分的湿空气，没有达到饱和状态的湿空气，可以引用理想气体的有关定律。根据道尔顿定律，湿空气的压强等于干空气的分压力和水蒸气分压力之和。即：

$$P_w = P_a + e \tag{7—10}$$

式中：$P_w$——湿空气的压强，Pa；

　　　$P_a$——干空气的分压力，Pa；

　　　$e$——水蒸气的分压力，Pa。

在温度和压力一定的条件下，一定容积的干空气所能容纳的水蒸气量是有一定限度的。水蒸气的含量尚未达到这一限度的湿空气，叫"未饱和湿空气"，达到限度时则叫"饱和湿空气"。

处于饱和状态的湿空气中水蒸气所呈现的压力，叫作"饱和蒸气压"或"最大水蒸气分压力"。在建筑热工学中，气（汽）体的压力（实际是压强，因已习惯，故仍沿用）一般用 Pa 作单位。饱和蒸气压用 $E$ 表示，未饱和的水蒸气分压力用 $e$ 表示。

在标准大气压力下，不同温度时的饱和蒸气压 $E$ 值是不同的，$E$ 值会随着温度的升高而变大。这是因为，在一定大气压力下，湿空气的温度越高，一定容积中所能容纳的水蒸气越多，因而水蒸气所呈现的压力也就越大。

## 二、空气湿度

湿度，是指空气的干湿程度。湿度通常用绝对湿度和相对湿度来表示。

（一）绝对湿度

每立方米空气中所含水蒸气的重量称为"绝对湿度"。绝对湿度一般用 $f$（g/m³）表示，饱和状态下的绝对湿度则用饱和蒸气量 $f_{max}$（g/m³）表示。

绝对湿度虽然能具体指明单位体积空气中所含水蒸气的真实数量，但从室内气候的要求来看，这种表示方法并不能恰当地说明问题。这是因为，绝对湿度相同而温度不同的空气环境，对人体的影响是不同的。

（二）相对湿度

在一定的温度和大气压力下，湿空气的绝对湿度 $f$ 与同温同压下的饱和蒸气量 $f_{max}$ 的百分比，称为"相对湿度"。相对湿度一般用 $\varphi$（%）表示。即：

$$\varphi = \frac{f}{f_{max}} \times 100\% \qquad (7\text{—}11)$$

水蒸气的实际分压力 $e$，主要取决于空气的绝对湿度 $f$，同时也与空气的绝对温度有关，一般用下列近似式表示：

$$e = \frac{T}{289} f \qquad (7\text{—}12)$$

式中：$f$——与 $e$ 对应的绝对湿度，g/m³；

$T$——空气的绝对温度，K，$T = 273 + t$。

由上式可知，当 $T > 289$K（即 $t > 16℃$）时，$e > f$；而 $T < 289$K 时，则 $e < f$。因此，严格地说，只有当空气温度在 16℃ 左右时，$e$ 与 $f$ 的值才基本一致。但在建筑热工设计中，一般温度变化的范围并不很大，特别是室内气温离开 16℃ 的起伏更小，所以 $e$ 与 $f$ 在数值上比较接近，因此，空气的相对湿度常用下式表示：

$$\varphi = \frac{e}{E} \times 100\% \qquad (7\text{—}13)$$

在建筑热工中，习惯用相对湿度表示空气的干湿程度。这对于室内气候的评价、设计以及围护结构传湿计算等，都是合适的。

### 三、露点温度

在定温和定压条件下，绝对湿度一定的空气，其实际水蒸气分压力 $e$ 是一定的。空气所能容纳的最大水蒸气含量以及与之相对应的最大水蒸气分压力 $E$，也都是一定的。既然一定状态的湿空气的 $e$ 和 $E$ 都一定，其相对湿度 $\varphi$ 当然也就是一定的了。

如不人为地增加或减少空气的含湿量，而只是用干法加热空气使其温度上升，则 $E$ 相应地变大，但因含湿量未变，即 $e$ 值不变，相对湿度显然随之变小；相反，若采用干法降温，则 $E$ 值变小，而 $e$ 仍不变，相对湿度则相应地变大。温度下降越多，相对湿度变得越大。当温度降到某一特定值时，$E$ 与 $e$ 达到同值，$\varphi = 100\%$，本来是不饱和的空气终于达到饱和状态。这一特定温度称为该空气的"露点温度"，通常用 $t_c$ 表示。如果从露点温度往下继续降温，空气就容纳不了原有的水蒸气，而迫使部分水蒸气凝结成水珠（露水）析出。

冬天在寒冷地区的建筑物中，常常看到窗玻璃内表面上有很多露水，有的则结成很厚的霜，原因就在于玻璃保温性能太差，其内表面温度远远低于室内空气的露点温度。当室内较热的空气接触到很冷的玻璃表面时，就在表面上结成露水或冰霜。

## 复习思考题

1．说明导热系数、对流换热系数、辐射换热系数的物理概念，并分析与它们有关的各因素。

2．为减少围护结构的传热，可采用哪些措施？

3．试列举生活中外墙内表面结露现象实例，并说明结露原因。

# 第八章

# 稳定传热

## 第一节 平壁的稳定传热

室内、外热环境通过围护结构而进行的热量交换过程，包含导热、对流及辐射方式的换热，是一种复杂的换热过程，称之为"传热过程"。温度场不随时间而变的传热过程，称为"稳定传热过程"。

设一由三层平壁组成的围护结构，平壁厚度分别为 $d_1$、$d_2$ 和 $d_3$，材料导热系数为 $\lambda_1$、$\lambda_2$ 和 $\lambda_3$。围护结构两侧空气及其它物体表面温度分别为 $t_i$ 及 $t_e$，假定 $t_i > t_e$（见图 8—1）。室内通过围护结构向室外传热的整个过程，要经历三个阶段。

### 一、内表面吸热

内表面吸热（因 $t_i > \theta_i$，对平壁内表面来说得到热量，所以叫"吸热"）是对流换热与辐射换热的综合过程，即：

$$q_i = q_{ic} + q_{ir} = (a_{ic} + a_{ir})(t_i - \theta_i)$$

$$或\ q_i = a_i(t_i - \theta_i) \qquad ①$$

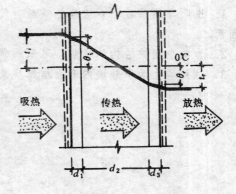

图 8—1 传热过程

式中：$q_i$——平壁内表面吸热量，$W/m^2$；

$q_{ic}$——室内空气以对流换热形式传给平壁内表面的热量，$W/m^2$；

$q_{ir}$——室内其它表面以辐射换热形式传给平壁内表面的热量，$W/m^2$；

$a_i$——平壁内表面的热转移系数，它是内表面的对流换热系数 $a_{ie}$ 与辐射换热系数

$a_{ir}$ 之和，W/ (m²·K)；

$t_i$——室内空气及其它表面的温度，℃；

$\theta_i$——围护结构内表面的温度，℃。

## 二、平壁材料层的导热

根据多层平壁导热的计算公式（7—4）可直接写出：

$$q_\lambda = \frac{\theta_i - \theta_e}{\dfrac{d_1}{\lambda_1} + \dfrac{d_2}{\lambda_2} + \dfrac{d_3}{\lambda_3}} \qquad ②$$

式中：$q_\lambda$——通过平壁的导热量，W/m²；

$\theta_e$——平壁外表面的温度，℃。

## 三、外表面的散热

外表面的散热（因 $\theta_e > t_e$，平壁外表面失去热量，所以叫作"散热"）与平壁内表面的吸热相似，只不过是平壁把热量以对流及辐射的方式传给室外空气及环境。因此，

$$q_e = a_e(\theta_e - t_e) \qquad ③$$

式中：$q_e$——外表面的散热量，W/m²；

$a_e$——外表面的热转移系数，它是外表面的对流换热系数 $a_{ec}$ 及辐射换热系数 $a_{er}$ 之和，W/ (m²·K)。

由于讨论的问题属于一维稳定传热过程，则传热量 $q$ 应满足

$$q = q_i = q_\lambda = q_e \qquad ④$$

联立①、②、③及④式，可得：

$$q = \frac{t_i - t_e}{\dfrac{1}{a_i} + \Sigma \dfrac{d}{\lambda} + \dfrac{1}{a_e}} = K_0(t_i - t_e) \qquad (8\text{—}1)$$

式中：$q$——通过平壁的传热量，W/m²；

$K_0$——平壁的总传热系数。

$K_0$ 物理意义是：当 $t_i - t_e = 1℃$ 时，在单位时间内通过平壁单位表面积的传热量，单位是 W/ (m²·K)，$K_0 = \dfrac{1}{\dfrac{1}{a_i} + \Sigma \dfrac{d}{\lambda} + \dfrac{1}{a_e}}$。

假如把（8—1）式写成热阻形式，则有：

$$q = \frac{t_i - t_e}{R_0} \qquad (8\text{—}2)$$

式中：$R_0$——平壁的总传热阻，是总传热系数 $K_0$ 的倒数，表示热量从平壁一侧空间传到另一侧空间时所受到的总阻力，m²·K/W。

从式（8—2）可知，在室内、外温差相同的条件下，热阻 $R_0$ 越大，通过平壁所传递的热量就越少。所以，总热阻 $R_0$ 是衡量平壁在稳定传热条件下的一个重要的热工性能指标。比较（8—1）及（8—2）式，可得：

$$R_0 = \frac{1}{a_i} + \Sigma \frac{d}{\lambda} + \frac{1}{a_e}$$

也可写作：

$$R_0 = R_i + \Sigma \frac{d}{\lambda} + R_e \qquad (8—3)$$

式中：$R_i$——平壁内表面的热转移阻，$R_i = \frac{1}{a_i}$，$m^2 \cdot K/W$；

$\Sigma R$——平壁各材料层导热热阻之和，$m^2 \cdot K/W$；

$R_e$——平壁外表面的热转移阻，$R_e = \frac{1}{a_e}$，$m^2 \cdot K/W$。

平壁内、外表面及壁体内各层的温度可用下式来计算：

$$\theta_m = t_i - \frac{R_i + \sum_{j=1}^{m-1} R_j}{R_0}(t_i - t_e) \qquad (m = 1, 2, 3, \cdots\cdots n) \qquad (8—4)$$

式中：$\sum_{j=1}^{m-1} R_j = R_1 + R_2 + \cdots\cdots + R_{m-1}$，是从第 1 层到第 $m-1$ 层的热阻之和，层次编号顺热流的方向。

# 第二节　分部热阻的确定

热量从壁体一侧空间通过壁体而传至另一侧空间时，会受到三部分阻力。即：内表面的热转移阻 $R_i$、壁体本身的热阻 $\Sigma R$ 和外表面的热转移阻 $R_e$。这三者之和，就是壁体的总传热阻。

## 一、表面热转移阻

表面热转移阻，可按下式确定：

$$R_f = \frac{1}{a_c + a_r} \qquad (8—5)$$

式中：$R_f$——表面热转移阻，对于内表面写成 $R_i$，对于外表面写成 $R_e$，$2.38 \times 10^{-4} m^2 \cdot h \cdot ℃/J$；

$a_c$——表面对流换热系数，$4186.8 J/(m^2 \cdot h \cdot ℃)$；

$a_r$——表面辐射换热系数，$4186.8 J/(m^2 \cdot h \cdot ℃)$。

根据壁体表面状况和环境条件，可利用第七章的有关公式分别算出 $a_c$ 和 $a_r$ 值，再代入式（8—5）即得出相应的表面热转移阻。在建筑热工设计中，除特殊需要外，一般都直接采用表8—1的经验数据。

表8—1 表面热转移系数和热转移阻

| 壁 体 表 面 | $a_f$ [4186.8J/ $(m^2 \cdot h \cdot ℃)$] | | $R_f$ $(2.38 \times 10^{-4} m^2 \cdot h \cdot ℃/J)$ | |
|---|---|---|---|---|
| | 冬季 | 夏季 | 冬季 | 夏季 |
| 外墙、屋顶和顶棚的内表面…… | 7.5 | 6.0 | 0.133 | 0.167 |
| 外墙和屋顶的外表面…… | 20.0 | 16.0 | 0.050 | |
| 顶棚外表面 | 10.0 | 8.0 | 0.100 | 0.063 |
| | | | | 0.125 |

## 二、材料层的热阻

在建筑工程中，常见的围护结构材料层可分为单一材料层、组合材料层和封闭空气间层等三类。

（一）单一材料层的热阻

单一材料层是指整层由一种材料做成，如加气混凝土、膨胀珍珠岩及其制品、砖砌体、钢筋混凝土、粉刷等。其热阻按下式计算：

$$R = \frac{d}{\lambda} \qquad (8—6)$$

式中：$d$——材料层的厚度，m；

$\lambda$——该层材料的导热系数，4186.8J/ $(m \cdot h \cdot ℃)$。

（二）组合材料层的热阻

在建筑实践中，围护结构内部个别材料层常出现由两种以上的材料组成的组合材料层，如图8—2所示。其热阻可按下述近似法确定。

平行于热流方向沿着材料层中不同材料的界面将其分隔成若干部分，如图中的Ⅰ、Ⅱ、Ⅲ等部分，分别按式（8—6）组合计算出各部分的热阻 $R_Ⅰ$、$R_Ⅱ$ 和 $R_Ⅲ$ 等，最后按下式确定其加权平均热阻：

$$\bar{R} = \frac{F_Ⅰ + F_Ⅱ + F_Ⅲ + \cdots}{\dfrac{F_Ⅰ}{R_Ⅰ} + \dfrac{F_Ⅱ}{R_Ⅱ} + \dfrac{F_Ⅲ}{R_Ⅲ} + \cdots} \qquad (8—7)$$

式中：$F_Ⅰ$、$F_Ⅱ$…为各部分在垂直热流方向的表面积。

（三）封闭空气间层的热阻

静止的空气介质导热性甚小，因此在建筑设计中常利用封闭空气间层作为围护结构的保温层。

在空气间层中的传热过程与固体材料层有所不同。固体材料层内是以导热方式传递热量的。而在空气间层中，导热、对流和辐射三种传热方式都存在，其传热过程实际上是在一个有限空间内的两个表面之间的热转移过程，包括对流换热和辐射换热，如图8—3所示。

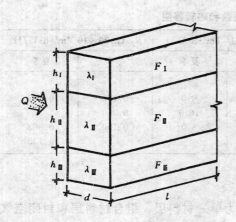

图 8—2　组合材料层

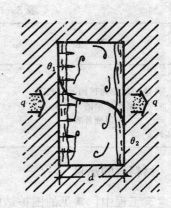

图 8—3　垂直封闭空气间层的传热过程

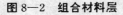

　　因此，它不像实体材料层那样，当材料导热系数一定后，材料层的热阻与厚度成正比关系。在空气间层中，热阻主要取决于间层两个界面上的边界层厚度和界面之间的辐射换热强度。所以，空气间层的热阻与间层厚度之间不存在成比例增长的关系。

　　在有限空间内的对流换热强度与间层的厚度、间层的设置方向和形状、间层的密闭性等因素有关。图8—4是空气在不同封闭间层中的自然对流情况。

　　在垂直空气间层中，当间层两界面存在温差（$\theta_1 > \theta_2$）时，热表面附近的空气将上升，冷表面附近的空气则下沉，形成一股上升、一股下沉的气流，见图8—4（$a$）。当间层厚度较薄时，上升和下沉的气流相互干扰，此时气流速度虽小，但形成局部环流而使边界层减薄，这是相对于敞

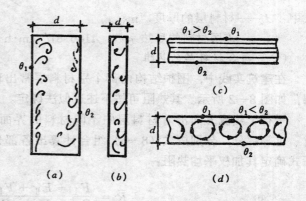

图 8—4　在不同封闭间层中的自然对流情况

开空间的壁面边界层而言的，见图8—4（$b$）。当间层厚度很薄时（$d < 0.5cm$），气流的流动发生困难，可近似认为接近静止状态。当间层厚度增大（$d > 10cm$）时，上升气流与下沉气流相互干扰的程度越来越小，气流速度也随着增大，当厚度达到一定程度时，就与敞开空间中沿垂直壁面所产生的自然对流状况相似。

　　在水平空气间层中，当热面在上方时，间层内可视为不存在对流，见图8—4（$c$）。当热面在下方时，热气流的上升和冷气流的下沉相互交替形成自然对流，见图8—4（$d$）。这时，自然对流换热最强。

通过间层的辐射换热量，与间层表面材料的辐射性能和间层的平均温度高低有关。

图 8—5 说明空气间层内在单位温差下通过不同传热方式所传递的各部分热量的分配情况。图中"1"线与横坐标之间是表示间层空气处于静止状态时纯导热方式传递的热量；"2"线与横坐标之间表示的是存在自然对流时的对流换热量；"3"线与"2"线之间表示的是当间层用一般建筑材料做成时的辐射换热量；"3"线与横坐标之间表示通过间层的总传热量。由图中可看出，对于普通空气间层，在总的传热量中，辐射换热占的比例很大，通常都在总传热量的70%以上。因此，要提高空气间层的热阻，首先要设法减少辐射传热量。

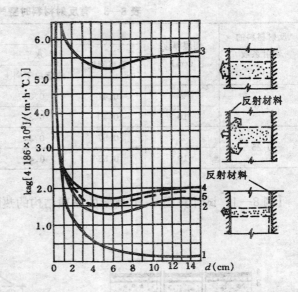

图 8—5 垂直间层内不同传热方式传热量的比较

将空气间层布置在围护结构的冷侧，降低间层的平均温度，可减少辐射换热量，但效果不显著。最有效的是在间层壁面涂贴辐射系数小的反射材料，目前采用的主要是铝箔。根据铝箔的成分和加工质量的不同，它的辐射系数介于 $0.25 \sim 0.96 J/（m^2 \cdot h \cdot K^4）$ 之间，而一般建筑材料的辐射系数是 $4 \sim 4.5$。图 8—5 中"4"线和"2"线之间表示间层内有一个表面贴上铝箔后辐射换热所占的部分。从图中可看出，辐射换热量大大降低了。"5"线与"2"线之间表示两个表面都贴上反射材料的情况。与单面贴反射材料相比，增效并不显著。从节约材料考虑，以一个表面贴反射材料为宜。

在实际设计计算中，空气间层的热阻 $R_{ao}$ 一般都采用表 8—2 和表 8—3 所示的计算数据。

表 8—2　表面为普通材料（$s \approx 0.9$）的空气间层的热阻

| 间层厚度 (cm) | $R_{ao}$（$m^2 \cdot h \cdot ℃/J$） | | |
| --- | --- | --- | --- |
| | 垂直间层 | 热流由下向上的水平间层 | 热流由上向下的水平间层 |
| 1 | 0.18 | 0.16 | 0.18 |
| 2 | 0.20 | 0.18 | 0.22 |
| 4 | 0.21 | 0.18 | 0.25 |
| 6 | 0.21 | 0.19 | 0.26 |
| 8 | 0.21 | 0.19 | 0.27 |
| 10 | 0.21 | 0.19 | 0.27 |
| 15 | 0.20 | 0.19 | 0.28 |
| 20 | 0.20 | 0.19 | 0.28 |

表8—3　有反射材料时空气间层的热阻

| 反射材料的辐射系数 C | 间层厚度 (cm) | $R_{ao}$ (m²·h·℃/J) | | | | |
|---|---|---|---|---|---|---|
| | | 垂直间层 | 水平 | 间层 | 倾斜 | 间层 |
| | | | 热流由下向上 | 热流由上向下 | 热流由内向外 | 热流由外向内 |
| 1.0 | 2 | 0.41 | 0.28 | 0.49 | 0.31 | 0.46 |
| | 10 | 0.40 | 0.33 | 0.83 | 0.35 | 0.48 |
| 0.25 | 2 | 0.57 | 0.34 | 0.73 | 0.40 | 0.68 |
| | 10 | 0.53 | 0.42 | 1.83 | 0.45 | 0.69 |

【例8—1】试计算图8—6所示的屋顶结构的热阻。

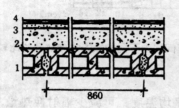 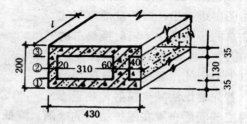

图8—6　围护结构热阻计算图例

1—钢筋混凝土空心板200　2—加气混凝土±80（$\gamma = 500 kg/m^3$）

3—水泥砂浆20　4—二毡三油10

【解】

1. 由附录四查出各种材料的导热系数。

钢筋混凝土：$\lambda = 1.33$

加气混凝土（$\gamma = 500 kg/m^3$）：$\lambda = 0.15$

水泥砂浆：$\lambda = 0.8$

油毡防水层：$\lambda = 0.15$

2. 求各层的热阻。

（1）钢筋混凝土空心板热阻：

从中取出一个计算单元体，在垂直热流方向分割成三层，第①和第③分层是单一材料层，其热阻按（8—6）式计算：

$$R_① = R_③ = \frac{0.035}{1.33} = 0.0263 (m^2 \cdot h \cdot ℃/J)$$

第②分层是组合材料层。该层由空气间层、钢筋混凝土和填缝的水泥砂浆三部分组成。空气间层的热阻为0.19（表8—2）；钢筋混凝土部分 $R = \frac{0.13}{1.33} = 0.098$；砂浆部分 $R = \frac{0.13}{0.8} = 0.162$。按式（8—7）计算其平均热阻：

$$\bar{R}_1 = \frac{8 + 31 + 4}{\dfrac{8}{0.098} + \dfrac{31}{0.19} + \dfrac{4}{0.162}} = 0.16 (\text{m}^2 \cdot \text{h} \cdot \text{℃}/\text{J})$$

因此，钢筋混凝土空心板的热阻为：

$$R_1 = 0.0263 + 0.16 + 0.0263 = 0.213 (\text{m}^2 \cdot \text{h} \cdot \text{℃}/\text{J})$$

（2）加气混凝土保温层热阻：

$$R_2 = \frac{0.08}{0.15} = 0.533 (\text{m}^2 \cdot \text{h} \cdot \text{℃}/\text{J})$$

（3）水泥砂浆抹平层热阻：

$$R_3 = \frac{0.02}{0.8} = 0.025 (\text{m}^2 \cdot \text{h} \cdot \text{℃}/\text{J})$$

（4）二毡三油防水层热阻：

$$R_4 = \frac{0.01}{0.15} = 0.067 (\text{m}^2 \cdot \text{h} \cdot \text{℃}/\text{J})$$

3．求屋顶结构的总热阻 $R_0$。

由表 2—1 查得内外表面的热转移阻分别为：

$R_i = 0.133$ （$\text{m}^2 \cdot \text{h} \cdot \text{℃}/\text{J}$）；

$R_e = 0.05$

$R_0 = 0.133 + 0.213 + 0.533 + 0.025 + 0.067 + 0.05 = 1.021$ （$\text{m}^2 \cdot \text{h} \cdot \text{℃}/\text{J}$）。

# 第三节　平壁内部温度的计算及图解法

## 一、平壁内部温度的计算

围护结构的表面温度及内部温度也是衡量和分析围护结构热工性能的重要数据。为判断表面和内部是否会产生冷凝水，就需要对所设计的围护结构进行温度核算。

现仍以图 8—1 所示的三层平壁结构为例。在稳定传热条件下，通过平壁的热流量与通过平壁各分部的热流量彼此都是相等的。

·根据 $q = q_i$ 得：

$$\frac{1}{R_0}(t_i - t_e) = \frac{1}{R_i}(t_i - \theta_i)$$

由此可得出壁体的内表面温度：

$$\theta_i = t_i - \frac{R_i}{R_0}(t_i - t_e) \tag{8—8}$$

根据 $q = q_1 = q_2$ 得：

$$\left.\begin{array}{l} \dfrac{1}{R_0}(t_i - t_e) = \dfrac{\lambda_1}{d_1}(\theta_i - \theta_2) \\[3mm] \dfrac{1}{R_0}(t_i - t_e) = \dfrac{\lambda_2}{d_2}(\theta_2 - \theta_3) \end{array}\right\} \tag{$a$}$$

由此可得出：

$$\left.\begin{array}{l} \theta_2 = \theta_i - \dfrac{R_1}{R_0}(t_i - t_e) \\[3mm] \theta_3 = \theta_i - \dfrac{R_1 + R_2}{R_0}(t_i - t_e) \end{array}\right\} \tag{$b$}$$

将 (8—8) 式代入 ($b$) 即得：

$$\left.\begin{array}{l} \theta_2 = t_i - \dfrac{R_i + R_1}{R_0}(t_i - t_e) \\[3mm] \theta_3 = t_i - \dfrac{R_i + R_1 + R_2}{R_0}(t_i - t_e) \end{array}\right\} \tag{$c$}$$

由此可推知，对于多层平壁内任一层的内表面温度 $\theta_n$，可写成：

$$\theta_n = t_i - \frac{R_i + \sum\limits_{n=1}^{n-1} R_n}{R_0}(t_i - t_e) \tag{8—9}$$

式中：$\sum\limits_{n=1}^{n-1} R_n = R_1 + R_2 + \cdots\cdots R_{n-1}$ 为从第 1 层到第 $n-1$ 层的热阻之和，层次编号是顺着热流的方向。

根据 $q = q_e$ 得：

$$\frac{1}{R_0}(t_i - t_e) = \frac{1}{R_0}(\theta_e - t_e)$$

由此可得出外表面的温度：

$$\left.\begin{array}{l} \theta_e = t_e + \dfrac{R_e}{R_0}(t_i - t_e) \\[3mm] \theta_e = t_i - \dfrac{R_0 - R_e}{R_0}(t_i - t_e) \end{array}\right| \tag{8—10}$$

应当指出，在稳定传热条件下，每一材料层内的温度分布是一直线，在多层平壁中成一条连续的折线。材料层内的温度降落程度与各层的热阻成正比，材料层的热阻越大，在该层内的温度降落也越大。也就是说，材料导热系数越小的，层内温度分布线的斜度越大（陡）；反之，导热系数越大，层内温度分布线的斜度越小（平缓）。

## 二、壁体内部温度的图解法

壁体内部的温度可用图解法来确定，根据式（8—9）有：

$$\theta_n = t_i - \frac{R_i + \sum\limits_{n=1}^{n-1} R_n}{R_0}(t_i - t_e) \qquad (8—11)$$

其中，$t_i$、$R_0$、$R_i$ 和 $t_e$ 都是常量，所以 $\theta_n$ 是变量 $\Sigma R_n$ 的一次函数，如果以热阻为横坐标画出壁体的截面图，则温度分布必是一条直线。图解法就是根据这个关系来确定壁体的内部温度的。其具体方法见图8—7。

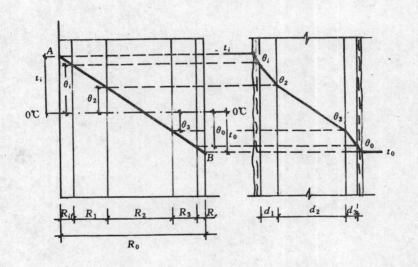

图8—7　壁体内部温度的图解法

以某一水平轴作为温度的零度线，在此水平轴上，按某一比例尺依次截取壁体各层的热阻，从 $R_i$ 到 $R_e$。通过各截点引出相互平行的垂线。在两边最外侧的垂线上，用某一比例尺分别截取室内气温和室外气温，得截点 $A$ 和 $B$。在0℃线以上是正温，以下是负温。用直线连结 $A$ 和 $B$ 两点，根据此连线与中间各垂直线的交点，即可得出各材料层界面处的温度。

若在旁侧用厚度作横坐标画出平壁的截面图，通过温度图解图上各点引水平线，连接这些水平线与对应的材料层界面的交点，即得壁体内部温度的分布图。

# 复习思考题

1. 稳定传热过程中，热量传递分为哪三个部分？它们分别有什么特点？

2. 试说明稳定传热时，通过整个围护结构的热量也就是通过围护结构中任一层的热量。

3. 表面热转移阻 $R_f$ 包含了几种表面换热的贡献，试述之。

4. 平壁内部的温度通过哪些方法得到？试说明在使用上它们有哪些不同？

# 第九章

# 建筑保温

## 第一节　建筑保温综合处理的基本原则

在严寒地区，房屋必须有保温性能。即使处于严寒与炎热地区之间的中间地带，冬季也比较冷，同样需要考虑建筑保温。

为保证寒冷地区冬季室内气候达到应有的标准，除建筑保温外，还要有必要的采暖设备供给热量。但是，在同样的供热条件下，如果建筑本身的保温性能良好，就能维持所需的室内温度；反之，若建筑本身保温性能不好，则不仅达不到应有的室内温度标准，还将会产生围护结构表面结露或内部受潮等一系列问题。为了充分利用有利因素，克服不利因素，从各个方面全面处理有关建筑保温问题，应注意以下几条基本原则：

### 一、充分利用太阳能

冬季热工计算是以阴寒天气为准，不考虑太阳辐射作用，但这并不意味着太阳辐射对建筑保温没有影响。实际上，建筑师设计房屋时，总是要争取良好的朝向和适当的间距，以便尽可能得到充分的日照。

日照不仅是室内卫生所必须的，对建筑保温也有重要意义。入射到玻璃窗上的太阳辐射，直接供给室内一部分热量。入射到墙或屋顶上的太阳辐射，使围护结构温度升高，能减少房间的热损失。同时，结构在白天贮存的太阳辐射热，到夜间可以减缓结构温度下降。

在建筑保温设计中充分利用太阳能，既可节约燃料，又有利于生理卫生，因此应当引起重视。

### 二、防止冷风的不利影响

风对室内气候的影响主要有两方面，一是通过门窗口或其它孔隙进入室内，形成冷风渗透；二是作用在围护结构外表面上，使对流换热系数变大，增强外表面的散热量。冷风渗透量越大，室温下降越多；外表面散热越多，房间的热损失就越多。因此，在保温设计时，应争取不使大面积外表面朝向冬季主导风向。当受条件限制而不可能避开主导风向时，亦应在迎风面上尽量少开门窗或其它孔洞，在严寒地区还应设置门斗，以减少冷风的不利影响。

就保温而言，房屋的密闭性愈好，则热损失愈少，从而可以在节约能源的基础上保持室温。但从卫生要求来看，房间必须有一定的换气量。另一方面，过分密闭会妨碍湿气的排除，使室内湿度升高，容易造成表面结露和围护结构内部受潮。

因此，从增强房屋保温能力来说，虽然总的原则是要求房屋有足够的密闭性，但还是要有适当的透气性或者设置可开关的换气孔。

### 三、选择合理的建筑体型与平面形式

建筑体型与平面形式对保温质量和采暖费用有很大影响。建筑师处理体型与平面设计时，当然首先考虑的是功能要求。然而若因考虑体型上的造型艺术要求，致使外表面面积过大，曲折凹凸过多，则对建筑保温是很不利的。外表面面积越大，热损失越多。不规则的外部围护结构往往是保温的薄弱环节。因此，必须正确处理体型、平面形式与保温的关系，否则不仅增加采暖费用、浪费能源，而且必然影响围护结构的热工质量。

### 四、使房间具有良好的热特性与合理的供热系统

房间的热特性应适合使用要求，例如全天使用的房间应有较大的热稳定性，以防室外温度下降或间断供热时，室温波动太大。对于只是白天使用（如办公室）或只有一段时间使用的房间（如影剧院的观众厅），要求在开始供热后，室温能较快地上升到所需的标准。

当室外气温昼夜波动，特别是寒潮期间连续降温时，为使室内气候能维持所需的标准，除了房间（主要是外围护结构）应有一定的热稳定性之外，在供热方式上也必须互相配合。

# 第二节　外围护结构的保温设计

### 一、对外围护结构的保温要求

建筑保温设计必须综合解决一系列问题，其中有些属于其它专门技术，但外围护结构的保温设计最为重要。

房间所需的正常温度，是靠采暖设备供热和围护结构保温互相配合来保证的。围护结构对室内气候的影响，主要是通过内表面温度体现的。内表面温度太低，不仅影响到人的健康，表面还会结露，严重影响卫生，加重结构潮湿状况，降低结构的耐久性。

在稳定传热条件下，内表面温度取决于室内外温度和围护结构的总热阻 $R_0$。$R_0$ 越大，则内表面温度越高。

应当按房间的使用性质，结合现实的技术经济条件，并考虑长远利益来确定对围护结构保温能力的要求。就大量性工业与民用建筑而言，控制围护结构内表面温度不低于室内露点温度，以保证表面不致结露是起码的要求。为满足这一要求，围护结构的总热阻就不

能小于某个最低限度值。这个最低限度的总热阻称为"低限热阻"，用 $R_{\min}$ 表示。

以 $R_{\min}$ 为准的设计方法，称为"最低限度保温设计"。这种设计方法虽然不完全符合人体舒适感的要求，但仍能使人体维持可以忍受的热平衡，并基本上满足一般的使用要求。

应当指出，采用最低限度保温设计，并不意味着结构的实有热阻一定要刚好与 $R_{\min}$ 相等。$R_{\min}$ 只是起码标准，结构实有热阻还要在综合分析各项技术经济指标之后，才能最后确定。

### 二、低限热阻的确定

低限热阻是一种技术标准，其确定方法本应由国家规范来规定。目前，在国家还未正式制订建筑热工规范之前，建议暂按下式确定：

$$R_{\min} = \frac{t_i - t_e}{\Delta t} R_i A \qquad (9-1)$$

式中：$R_{\min}$——低限热阻，$\mathrm{m^2 \cdot h \cdot ℃/J}$；

$t_i$——冬季室内计算温度，$℃$；

$t_e$——冬季室外计算温度，$℃$；

$R_i$——内表面热转移阻，$\mathrm{m^2 \cdot h \cdot ℃/J}$；

$A$——考虑外表面位置的修正系数；

$\Delta t$——室内气温与内表面温度之间的允许温差，$℃$。

民用建筑或其它以满足人体生理卫生需要为主的房屋，$t_i$ 按卫生标准取值；工业厂房或有特殊使用要求的房间，$t_i$ 按相应的规范取值。

考虑到围护结构热稳定性的不同，在同样的室外温度波动下，对内表面温度的影响自然也不相同。为使同类房间采用不同热稳定性围护结构时室内气候状况接近一致，显然不同结构应采用不同的室外计算温度。当然这并不是说要有许多计算温度，而是只能按热稳定性的大小划分成几个级别来分别规定每一级的室外计算温度。

表 9—1 温差修正系数 A 值

| 围护结构特征 | A | 围护结构特征 | A |
|---|---|---|---|
| 外围护结构和地面 | 1.0 | 不采暖地下室和半地下室的楼板(在室外地坪以上不超过1m)： | |
| | | 外墙有窗 | 0.6 |
| 闷顶： | | 外墙无窗 | 0.4 |
| 无望板的瓦屋面、铁皮屋面和石棉瓦屋面 | 0.9 | | |
| 有望板的瓦屋面、铁皮屋面和石棉瓦屋面 | 0.8 | 不采暖半地下室的楼板(在室外地坪以上超过 | |
| 有望板和防水卷材的屋面 | 0.75 | 1m)： | |
| | | 外墙有窗 | 0.7 |
| 与不采暖房间相邻的隔墙： | | 外墙无窗 | 0.4 |
| 不采暖房间有门窗与室外相通 | 0.74 | | |
| 不采暖房间无门窗与室外相通 | 0.4 | | |

由于计算低限热阻公式中的 $t_0$ 统一取当地的室外气温的计算值，这对外墙、屋顶等

直接接触大气（指室外空气）的围护结构来说是符合实际的，但对那些不直接接触室外空气的结构来说就不对了。例如顶棚的上部是闷顶空间，其温度要比室外气温高一些。考虑到这种情况，公式中采用修正系数 $A$ 来修正温差。$A$ 值列于表 9—1。

根据房间的性质，允许温差 $\Delta t$ 按表 9—2 确定。

由表 9—2 可见，使用质量要求较高的房间，允许温差小一些。在相同的室内外气象条件下，按较小的 $\Delta t$ 确定的低限热阻值，显然就大一些。也就是说，使用质量要求越高，围护结构就应有更大的保温能力。

表 9—2　允许温差 $\Delta t$ 值（℃）

| 房 间 性 质 | 外墙 | 屋顶 |
|---|---|---|
| 居住建筑和一般公共建筑 | 7.0 | 5.5 |
| 宾馆、医疗和托幼建筑 | 6.0 | 4.5 |
| 室内计算相对温度 $\varphi_i < 50\%$ 的车间 | 10.0 | 8.0 |
| $\varphi_f = 50\% \sim 60\%$ 的车间 | 7.5 | 7.0 |
| $\varphi_f > 60\%$ 又不允许围护结构内表面结露的车间 | $t_i - t_e$ | $t_i - t_e - 1$ |

注：表中 $t_e$ 是该房间的露点温度，℃。

【例 9—1】 设某地冬季室外计算温度 $t_e = -12℃$，拟在该地修建居住房屋，屋顶构造如图 9—1 所示，保温材料是 $\gamma = 500\text{kg/m}^3$ 的加气混凝土，试按低限保温设计方法确定保温层应有的厚度。

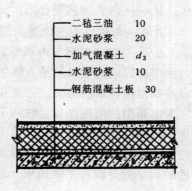

　　二毡三油　　　　10
　　水泥砂浆　　　　20
　　加气混凝土　　$d_3$
　　水泥砂浆　　　　10
　　钢筋混凝土板　30

**【解】**

（1）首先确定计算低限热阻的有关数据：
因系居住房屋，$t_i = 16℃ \sim 18℃$，寒冷地区时取 18℃，本题某地不算太冷，取 $t_i = 16℃$；$t_e = -12℃$；按表 9—1，因系屋顶，故 $A = 1.0$；按表 9—2，$\Delta t = 5.5℃$；按表 8—1，$R_i = 0.133$，$R_e = 0.05$。

图 9—1　某屋顶构造

（2）计算低限热阻值，按式（3—1）得：

$$R_{\min} = \frac{(16-12) \times 0.133 \times 1.0}{5.5} = 0.677 \ (\text{m}^2 \cdot \text{h} \cdot ℃/\text{J})$$

（3）计算除保温层以外，各层材料的热阻与内外表面热转移阻之和 $R'$：
钢筋混凝土板的热阻 $R_1 = 0.03/1.33 = 0.0226 \ (\text{m}^2 \cdot \text{h} \cdot ℃/\text{J})$
水泥砂浆层的热阻 $R_2 = 0.01/0.80 = 0.0125 \ (\text{m}^2 \cdot \text{h} \cdot ℃/\text{J})$
水泥砂浆层的热阻 $R_4 = 0.02/0.80 = 0.0250 \ (\text{m}^2 \cdot \text{h} \cdot ℃/\text{J})$
油毡防水层的热阻 $R_5 = 0.01/0.15 = 0.0670 \ (\text{m}^2 \cdot \text{h} \cdot ℃/\text{J})$
内表面热转移阻 $R_i = 0.1330 \ (\text{m}^2 \cdot \text{h} \cdot ℃/\text{J})$
外表面热转移阻 $R_e = 0.0500 \ (\text{m}^2 \cdot \text{h} \cdot ℃/\text{J})$
所以，$R' = \Sigma R \approx 0.310 \ (\text{m}^2 \cdot \text{h} \cdot ℃/\text{J})$

（4）保温层应有的热阻 $R_3$ 为：

$$R_3 = R_{min} - R' = 0.677 - 0.310 = 0.367(m^2 \cdot h \cdot \text{℃}/J)$$

（5）保温层应有厚度 $d_3$，保温材料 $\lambda_3 = 0.15$

$$d_3 = R_3\lambda_3 = 0.367 \times 0.15 = 0.055(m) = 5.5(cm)$$

考虑到加气混凝土是比较粗糙的材料，最后确定其厚度取 6cm。

### 三、绝热材料

围护结构所用材料的种类很多，导热系数值的变化范围也很大。例如，泡沫塑料只有 0.03J/（m·h·℃），而钢材则大到 320J/（m·h·℃），相差一万多倍。即使是导热系数很大的材料，也都有一定的绝热作用，但不能称为"绝热材料"。所谓绝热材料，是指那些绝热性能比较好，也就是导热系数比较小的材料。究竟导热系数小到什么程度才算绝热材料，并没有绝对标准。通常是把导热系数小于 0.2 并能用于绝热工程的材料，叫"绝热材料"。习惯上把用于控制室内热量外流的材料，叫"保温材料"；防止室外热量进入室内的材料，叫"隔热材料"。

导热系数虽不是绝热材料唯一的，但却是最重要、最基本的热物理指标。在一定温差下，导热系数越小，通过一定厚度材料层的热量越少。同样，为控制一定热流强度所需的材料层厚度也越小。

影响材料导热系数的因素很多，如密实性，内部孔隙的大小、数量、形状，材料的湿度，材料骨架部分（固体部分）的化学性质，以及工作温度等。在常温下，这一系列因素中影响最大的是单位体积的重量和湿度。

（一）容重对导热系数的影响

单位体积材料的重量，叫"容重"。容重一般用 $\gamma$（kg/m³）表示。在干燥状态下，材料的导热系数，主要取决于骨架成分的性质，以及孔隙中的热交换规律。不同材料的导热系数差别很大。

材料中孔隙所占的体积与材料整体体积的百分比，叫做材料的"孔隙率"，用 $N$ 表示：

$$N = \frac{V_1}{V_2} \times 100\% \tag{9—2}$$

式中：$V_1$——孔隙所占的体积；

$V_2$——材料整体体积。

绝热材料骨架成分的比重相差很小，无机材料一般是 2400～3000kg/m³，而有机材料约为 1450～1650kg/m³。因此，容重能很好地表明材料孔隙率的大小。一般情况下，容重越小，孔隙率越大。

导热系数随孔隙率的增加而减小，随孔隙率的减少而增大。这也就是说，容重越小，导热系数也越小，反之亦然。正是根据这种规律，近年来研制成功大量发泡材料。但当容重小到一定程度之后，如果再继续加大其孔隙率，则导热系数不仅不再降低，相反还会变大。这是因为太大的孔隙率不仅意味着孔隙的数量多，而且孔隙必然越来越大。其结果，孔壁温差变大，辐射传热量加大。同时，大孔隙内的对流传热也增多，特别是由于材料骨架所剩无几，使许多孔隙互相贯通，使对流传热显著增加。由此可见，材料存在着最佳容重。图9—2所示的玻璃棉的导热系数与容重的关系即是一例。

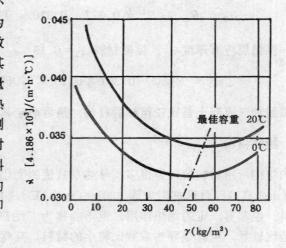

图9—2　玻璃棉导热系数与容重的关系

（二）湿度对导热系数的影响

绝大多数建筑材料，特别是松软或多孔性材料，都含有一定的游离水分。

材料含水量的多少以"重量湿度"或"体积湿度"表示。重量湿度是指试样中所含水分的重量与绝干状态下试样重量的百分比，即

$$\omega_w = \frac{G_1 - G_2}{G_2} \times 100\% \qquad (9—3)$$

式中：$\omega_w$——材料的重量湿度，%；

　　　$G_1$——湿试样的重量；

　　　$G_2$——绝干状态时试样的重量。

体积湿度则是以湿试样中水分所占的体积与整个试样体积的百分比表示，即

$$\omega_v = \frac{V_1}{V_2} \times 100\% \qquad (9—4)$$

式中：$\omega_v$——体积湿度，%；

　　　$V_1$——试样中水分所占的体积；

　　　$V_2$——整个试样的体积。

体积湿度能直接表明材料中所含水分的多少，重量湿度则因不同材料的干容重不同，所以尽管其重量湿度相同，而实际所含的水分可能相差很大。但是，重量湿度可以直接测定，而体积湿度则要由重量湿度按下式换算：

$$\omega_v = \frac{\gamma}{1000} \omega_w \qquad (9—5)$$

式中：$\gamma$——材料的干容重，$kg/m^3$；

1000——水的容重，$kg/m^3$。

图9—3和图9—4分别表示砖砌体、泡沫混凝土的导热系数与湿度的关系。

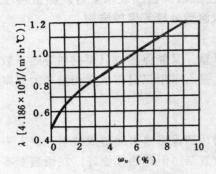

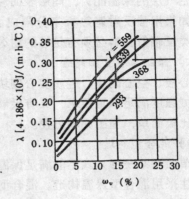

图9—3　砖砌体导热系数与重量湿度的关系　　图9—4　泡沫混凝土导热系数与体积湿度的关系

由图可见，材料受潮后，导热系数显著增大。增大的原因是由于孔隙中有了水分以后，附加了水蒸气扩散的传热量，此外还增加了毛细孔中的液态水分所传导的热量。

除容重和湿度外，温度对材料导热系数也有一定影响。温度愈高，导热系数愈大，因为当温度增高时，分子的热运动加剧。

（三）保温材料的选择

为了正确选择保温材料，除了首先要考虑热物理性能以外，还要了解材料的强度、耐久性、耐火及耐侵蚀性等是否满足要求。

绝热材料按材质构造可分为多孔的、板（块）状的和松散状的。从化学成分上看，有的是无机材料，例如膨胀矿渣、泡沫混凝土、加气混凝土、膨胀珍珠岩、膨胀蛭石、浮石及浮石混凝土、硅酸盐制品、矿棉、玻璃棉等；有的是有机的，如软木、木丝板、甘蔗板、稻壳等。随着化学工业的发展，各种泡沫塑料中有不少已成为大有发展前途的新型绝热材料。铝箔等反辐射热性能好的材料，也是有效的新材料，在一些建筑中（如水果冷库）已有应用。

一般地说，无机材料的耐久性好，耐化学侵蚀性强，也能耐较高的温、湿度作用，有机材料则相对地差一些。多孔材料因容重比较小，导热系数也小，应用最广。

材料的选择要结合建筑物的使用性质、构造方案、施工工艺、材料的来源以及经济指标等因素，要按材料的热物理指标及有关的物理化学性质进行具体分析。

四、围护结构构造方案的选择

为达到某一种室内气候条件的要求，可能采用的构造方案是多种多样的。根据不同的绝热处理方法，保温构造大致有以下几种类型：

（一）单设保温层

这种方案是由导热系数很小的材料作保温层起主要保温作用。保温材料不起承重作用，所以选择的灵活性比较大，不论是板块状、纤维状以至松散颗粒状材料均可应用。

（二）封闭空气间层保温

封闭的空气层有良好的绝热作用。围护结构中的空气层厚度，一般以 4～5cm 为宜。为提高空气层的保温能力，间层表面应采用强反射材料，例如前述涂贴铝箔就是一种具体方法。如果用强反射遮热板来分隔成两个或多个空气层，当然效果更好。但值得注意的是，这类反辐射材料必须有足够的耐久性，或采取涂塑处理等保护措施。

（三）保温与承重相结合

空心板、空心砌块、轻质实心砌块等，既能承重，又能保温。只要材料导热系数比较小，机械强度满足承重要求，又有足够的耐久性，那么采用保温与承重相结合的方案，在构造上比较简单，施工亦较方便。

（四）混合型构造

当单独用某一种方式不能满足保温要求，或为达到保温要求而造成技术经济上不合理时，往往采用混合型保温构造。混合型的构造比较复杂，但绝热性能好，在恒温室等热工要求较高的房间是经常采用的。

保温层的位置对围护结构的使用质量有很大影响。它的布置方式不外乎三种，即：在承重层外侧、在结构的中间、在承重层的内侧。相对来说，保温层放在承重层的外侧好处比较多，主要是：

（1）使墙或屋顶的主要部分受到保护，大大降低温度应力的起伏，提高结构的耐久性。图 9—5（a）是保温层放在内侧，使其外侧的承重部分，常年经受冬夏季很大温差（可达 80℃～90℃）的反复作用。如将保温层放在承重层外侧，如图 9—5（b））所示，则承重结构所受温差作用大幅度下降，温度变形减小。

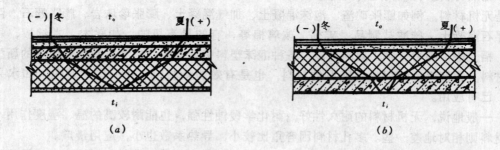

**图 9—5　保温层位置不同时的温度分布示意**
（a）保温层在承重层内侧　　（b）保温层在承重层外侧

（2）由于承重层材料的热容量一般都远比保温层的大，所以保温层在外，承重层在内，对房间的热稳定性有利。当供热不均匀时，可保证围护结构内表面的温度不致急剧下降，从而使室温也不致很快下降。

（3）保温层放在外侧时，将减少保温层内部产生水蒸气凝结的可能性。应当指出，保温层在外侧的方案也并不是没有问题的。首先，到目前为止，还没有可供工程实用的既能保温、又能防水，而且又有足够强度和耐久性的保温材料，所以还得在保温层之外，加设防水层（对屋顶）或饰面层（对外墙）。其次，对于间歇使用的房间，如影剧院、体育馆或人工气候室等，因为是使用前临时供热而又要求室温能很快上升到所需的标准，保温层放在内侧反而是合理的。

## 复习思考题

1. 在外围护结构的保温设计中应遵循哪些基本原则？
2. 在处理外围护结构保温问题时是按稳定传热来考虑的，这样做有什么好处？
3. 外围护结构的保温层放在外侧有什么优点？

# 第十章

# 外围护结构的湿状况

## 第一节 外围护结构中的蒸汽渗透

任何室内外空气，都含有一定量的水蒸气。当室内外空气的水蒸气含量不等，即围护结构两侧存在着水蒸气分压力差时，水蒸气分子就会从分压力高的一侧通过围护结构向分压力低的一侧渗透扩散，这种现象称为"蒸汽渗透"。

### 一、蒸汽渗透的计算

湿过程比热过程复杂得多，目前对通过围护结构的传湿过程的分析研究只是按稳定条件下单纯的水蒸气渗透过程考虑。亦即在计算中，室内外空气的水蒸气分压力都取为定值，不随时间而变；不考虑围护结构内部液态水分的转移，也不考虑热湿交换过程之间的相互影响。围护结构的蒸气渗透过程见图 10—1。

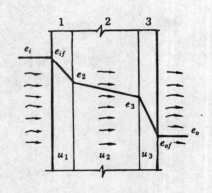

图 10—1　围护结构的蒸汽渗透过程

在稳定条件下，通过围护结构的蒸汽渗透量与室内外的水蒸气分压力差成正比，与渗透过程中受到的阻力成反比。单位时间内通过单位面积的蒸汽量——蒸汽渗透强度可按下式计算：

$$\omega = \frac{1}{H_{ov}}(e_i - e_o) \qquad (10—1)$$

式中：$\omega$——蒸汽渗透强度，$g/(m^2 \cdot h)$；

　　　$H_{ov}$——围护结构的总蒸汽渗透阻，$m^2 \cdot h \cdot Pa/g$；

　　　$e_i$——室内空气的水蒸气分压力，$Pa$；

　　　$e_o$——室外空气的水蒸气分压力，$Pa$。

围护结构的总蒸汽渗透阻按下式确定：

$$H_{ov} = H_1 + H_2 + H_3 + \cdots\cdots = \frac{d_1}{\mu_1} + \frac{d_2}{\mu_2} + \frac{d_3}{\mu_3} + \cdots\cdots \qquad (10\text{—}2)$$

式中：$d_n$——任一分层的厚度，$n = 1$、2、3、……，m；

$\mu_n$——任一分层材料的蒸汽渗透系数，$n = 1$、2、3、……，g/（m·h·Pa）。

蒸汽渗透系数表明材料的透气能力，它与材料的密实程度有关。材料的孔隙率越大，透气性就越强。例如，油毡的 $\mu = 0.00018$，玻璃棉的 $\mu = 0.065$，静止空气的 $\mu = 0.081$，垂直空气间层和热流由下向上的水平间层的 $\mu = 0.135$，玻璃和金属是不渗透蒸汽的。

由于围护结构内外表面附近的空气边界层的蒸汽渗透阻与结构材料层本身相比是很微小的，所以在计算总蒸汽渗透阻时可忽略不计。这样，围护结构内外表面的水蒸气分压力可近似地取为 $e_n$ 和 $e_i$。围护结构任一层的内界面上的水蒸气分压力可按下式计算（与确定内部温度相似）：

$$e_n = e_i - \frac{\sum\limits_{n=1}^{n-1} H_n}{H_{ov}} (e_i - e_n) \qquad (10\text{—}3)$$

式中：$\sum\limits_{n=1}^{n-1} H_n$ 为从室内一侧算起，由第一层至第 $n-1$ 层的蒸汽渗透阻之和。

## 二、内部冷凝

若设计不当，水蒸气通过围护结构时，会在结构表面或在内部材料的孔隙中冷凝成水珠或冻结成冰。当水蒸气接触结构表面时，若表面温度低于露点温度，水汽就会在表面冷凝成水。表面凝水将有碍室内卫生，某些情况下还将直接影响生产和房间的使用。围护结构内部出现冷凝现象的危害更大，这是一种隐患。内部出现过量的冷凝水，会使保温材料受潮。材料受潮后，导热系数增大，保温能力降低。此外，由于内部冷凝水的冻融交替作用，抗冻性差的保温材料便遭到破坏。卷材防水屋面可能产生鼓包以致破裂，从而降低结构的使用质量和耐久性。因此，在对围护结构设计之初，就应分析所设计的构造方案是否会产生内部冷凝现象，以便采取措施消除，或控制影响程度。

判别围护结构内部是否会出现冷凝现象，可按下述步骤进行：

（1）根据室内外空气的温度和湿度（$t$ 和 $\varphi$）确定水蒸气分压力 $e_i$ 和 $e_o$，然后按式（10—3）计算围护结构各层的水蒸气分压力，并作出"$e$"的分布线。

（2）根据室内外空气温度 $t_i$ 和 $t_o$，确定围护结构各层的温度，并作出相应的最大水蒸气分压力"$E$"的分布线。

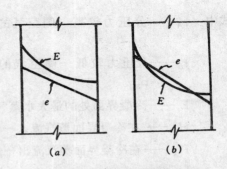

图 10—2　判别围护结构内部冷凝情况

（a）无内部冷凝　（b）有内部冷凝

（3）根据"e"线和"E"线相交与否来判定围护结构内部是否会出现冷凝现象。

如图 10—2（a）所示，"E"线与"e"线不相交，说明内部不会产生冷凝；若相交，则内部会产生冷凝，如图 10—2（b）所示。

经判别若出现内部冷凝，可按下述近似法估算在围护结构内部产生的冷凝水量。

实践经验和理论分析都已判明，在蒸汽渗透的途径中，若材料层的布置顺序出现蒸汽渗透系数由大变小的界面，水蒸气至此遇到较大的阻力，最易发生冷凝现象。习惯上把这个最易出现冷凝而且凝结最严重的界面，叫围护结构内部的"冷凝界面"（见图 10—3）。

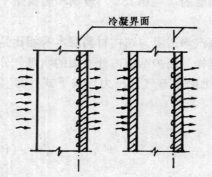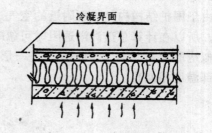

图 10—3　冷凝界面的位置

显然，当出现内部冷凝时，冷凝界面处水蒸气的分压力已达到该界面温度下的最大水蒸气分压力 $E_c$。设由水蒸气分压力较高一侧空气进到冷凝界面的蒸汽渗透强度为 $\omega_1$，从冷凝界面渗透到分压力较低一侧空气的蒸汽渗透强度为 $\omega_2$，两者之差即为界面处的冷凝强度 $\omega_c$，如图 10—4 所示。即：

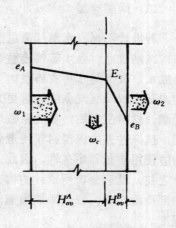

$$\omega_c = \omega_1 - \omega_2 = \frac{e_A - E_e}{H_{ov}^A} - \frac{E_c - e_B}{H_{ov}^B} \quad (10—4)$$

式中：$e_A$——分压力较高一侧空气的水蒸气分压力，Pa；

$\quad\quad e_B$——分压力较低一侧空气的水蒸气分压力，Pa；

$\quad\quad E_c$——冷凝界面处的最大水蒸气分压力，Pa；

$\quad\quad H_{ov}^A$——在冷凝界面蒸汽流入一侧的蒸汽渗透阻，$m^2 \cdot h \cdot Pa/g$；

$\quad\quad H_{oc}^B$——在冷凝界面蒸汽流出一侧的蒸汽渗透阻，$m^2 \cdot h \cdot Pa/g$。

图 10—4　内部冷凝强度

# 第二节　防止和控制冷凝的措施

## 一、防止和控制表面冷凝

产生表面冷凝的原因不外是室内空气湿度过高或是壁面的温度过低。

### （一）正常温度的房间

对于这类房间，若设计围护结构时已考虑了低限热阻的要求，一般情况下是不会出现表面冷凝现象的。但使用中应注意尽可能使外围护结构内表面附近的气流畅通，所以家具、壁橱等不宜紧靠外墙布置。当供热设备放热不均匀时，会引起围护结构内表面温度的波动。为了减弱这种影响，围护结构内表面层宜采用蓄热特性系数较大的材料，利用它蓄存热量所起的调节作用，以减少出现周期性冷凝的可能性。

### （二）高湿房间

一般是指冬季室内相对湿度高于 75% （相应的室温在 18℃ ～20℃ 以上）的房间。对于此类建筑，应尽量防止产生表面冷凝和滴水现象，要预防结构材料的锈蚀和腐蚀等有害的湿气作用。有些高湿房间，室内气温已接近露点温度（如浴室、洗染间等），即使加大围护结构的热阻，也不能防止表面冷凝。这时，应力求避免在表面形成水滴掉落下来，影响房间的使用质量，并防止表面凝水渗入围护结构的深部，使结构受潮。处理时应根据房间使用性质采取不同的措施。为避免围护结构内部受潮，高湿房间围护结构的内表面应设防水层。对于那种间歇性处于高湿条件的房间，为避免凝水形成水滴，围护结构内表面可增设吸湿能力强且本身又耐潮湿的饰面层或涂层。在凝结期，水分被饰面层所吸收，待房间比较干燥时，水分自行从饰面层中蒸发出去。对于那种连续处于高湿条件下，又不允许屋顶内表面的凝水滴到设备和产品上的房间，可设吊顶（吊顶空间应与室内空气流通）将滴水有组织地引走，或加强屋顶内表面处的通风，防止形成水滴。

## 二、防止和控制内部冷凝

由于围护结构内部的湿转移和冷凝过程比较复杂，目前在实物观测和理论研究方面都不能满足解决实际问题的需要，所以在设计中主要是根据实践中的经验教训，采取构造措施来改善围护结构内部的湿度状况。

### （一）材料层次布置对结构内部湿状况的影响

在同一气象条件下，使用相同的材料，由于材料层次布置不同，一种构造方案可能不会出现内部冷凝，另一种方案则可能出现。图 10—5（a）是将导热系数小、蒸汽渗透系数大的材料层（保温层）布置在水蒸气流入的一侧，导热系数大而蒸汽渗透系数小的密实材料层布置在蒸汽流出的一侧。由于第一层材料热阻大，温度降落多，最大水蒸气分压力"$E$"曲线相应降落也快，但该层透气性大，水蒸气分压力"$e$"降落平缓；在第二层中的情况正相反，这样"$E$"曲线与"$e$"线很易相交，也就是容易出现内部冷凝。图 10—5（b）把保温层布置在外侧，就不会出现上述情况。所以材料层次的布置应尽量在水蒸气渗透的通路上做到"进难出易"。

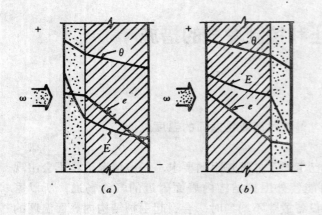
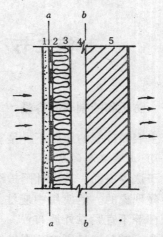

**图 10—5  材料层次布置对内部湿状况的影响**

(a) 有内部冷凝    (b) 无内部冷凝

**图 10—6  内部冷凝分析检验**

1—石膏板条粉刷  2—隔汽层
3—保温层  4—空气间层  5—砖砌体

在设计中，也可根据"进难出易"的原则来分析和检验所设计的构造方案的内部冷凝情况。如图 10—6 所示的外墙结构，其内部可能出现冷凝的危险界面是隔气层内表面和砖砌体内表面。首先检验界面 $a$，根据界面 $a$ 的温度 $\theta_a$，得出此温度下的最大水蒸气分压力 $E_a$。若在分压力差（$e_1 - E_a$）下进到 $a$ 界面的水蒸气量小于在分压力差（$E_a - e_o$）下从该界面向外流出的水蒸气量，则在界面 $a$ 处就不会出现冷凝水，反之则会产生冷凝。再检验界面 $b$，根据界面 $b$ 的温度 $\theta_b$，得出最大水蒸气分压力 $E_b$。若在分压力差（$e_1 - E_b$）下进到该界面的水蒸气量，小于在分压力差（$E_b - e_o$）下流出的水蒸气量，在界面 $b$ 处就不会出现冷凝。经过检验，若在界面 $a$ 处出现冷凝水，则可增加外侧的保温能力，提高该界面的温度，以防止出现冷凝。若在界面 $b$ 处出现冷凝，则可采取两种措施：一是提高隔气层的隔气能力，减少进入该界面的水蒸气量；二是在砖墙上设置泄气口，使水蒸气流很容易排出。后一种措施比前者有效且可靠。

（二）设置隔气层

在具体的构造方案中，材料层的布置往往不能完全符合上面所说的"进难出易"的要求。为了消除或减弱围护结构内部的冷凝现象，可在保温层蒸汽流入的一侧设置隔蒸汽层（如沥青、卷材或隔汽涂料等）。这样可使水蒸气流在抵达低温表面之前，水蒸气分压力已急剧下降，从而避免内部冷凝的产生，如图 10—7 所示。

采用隔气层防止或控制内部冷凝是目前设计中应用最普遍的一种措施，为达到良好的效果，设计中应保证围护结构内部正常湿状况所必需的蒸汽渗透阻。一般的采暖房屋，在围护结构内部出现少量的冷凝水是允许的，这些凝水在暖季会从结构内部蒸发出去，不致逐年累积而使围护结构（主要是保温层）严重受潮。

由式（10—4）可知，内部冷凝强度为：

$$\omega_o \doteq \frac{e_i - E_c}{H_{ov}^i} - \frac{E_c - e_o}{H_{ov}^o}$$

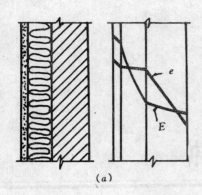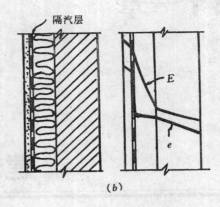

图 10—7　设置隔蒸汽层防止内部冷凝

(a) 未设隔汽层　　(b) 设置隔汽层

为了保证围护结构内部具有正常湿度，内部冷凝强度应控制在允许范围内。设允许的冷凝强度为 $[\omega_c]$，根据上式可以得出冷凝界面内侧部分（蒸汽流入的一侧）的蒸汽渗透阻的最小允许值：

$$H_{i.\min} = \frac{H_{ov}^o (e_i - E_c)}{[\omega_c] H_{ov}^o + (E_c - e_o)} \qquad (10—5)$$

式中：$H_{i.\min}$——蒸汽渗透阻的最小允许值，$m^2 \cdot h \cdot Pa/g$；

$E_c$——冷凝界面外的最大水蒸气分压力，Pa；

$[\omega_c]$——允许的冷凝强度，$g/(m^2 \cdot h)$；

$H_{ov}^o$——冷凝界面外侧部分的蒸汽渗透阻，$m^2 \cdot h \cdot Pa/g$；

$e_i$——室内空气的水蒸气分压力，Pa；

$e_o$——室外空气的水蒸气分压力，Pa。

若内侧部分实有的蒸汽渗透阻小于按式（10—5）确定的最小值时，应设置隔气层或提高已有隔气层的隔气能力。

# 复习思考题

1．围护结构受潮后为什么会降低保温性能，试从传热机理上说明。

2．采暖房屋与冷库建筑在蒸汽渗透过程和隔汽处理原则上有何差异？

3．地面泛潮现象的产生原因是什么？

# 第十一章

# 建筑防热

## 第一节　室外热环境与防热途径

### 一、室外热环境

建筑的基本功能之一，就是防御自然界各种气候因素的破坏作用，为人们的生活和生产提供良好的室内气候条件。因此，建筑必须适应气候的特点。

构成室外热环境的主要气候因素有太阳辐射、温度、湿度和风等。这些因素通过房屋外围护结构，直接影响室内的气候条件。

建筑防热设计的任务就在于掌握室外热环境各主要气候因素的变化规律及其特征，以便从规划到设计采取综合措施，防止室内过热，从而获得较合适的室内气候。

（一）太阳辐射

太阳辐射热是房屋外部的主要热源。当太阳辐射通过大气层时，一部分辐射能量为大气中的水蒸气、二氧化碳和臭氧等所吸收。同时，太阳辐射遇到空气分子、尘埃、微小水珠等质点时，都要产生散射。此外，云层对太阳辐射除了吸收、散射外，还有强烈的反射作用，因而削弱了到达地面的辐射。抵达地面的太阳辐射可分为两部分：一部分是从太阳直接射达地面的部分，称为"直接辐射"或"直射辐射"；另一部分是经大气散射后到达地面的部分，称为"散射辐射"。二者之和就是到达地面的太阳辐射总量，称为"总辐射"。假如到达大气层上界的太阳辐射为 100 个单位，其中被大气和地面所反射的约占 32 个单位，被两者吸收的约占 68 个单位。

影响太阳辐射强度的因素有太阳高度角、大气透明度、地理纬度、云量和海拔高度等。水平面上太阳的直射辐射强度与太阳高度角和大气透明度成正比。由于高纬度地区的太阳高度角小，且太阳斜射地球表面，而光线通过的大气层较厚，所以直接辐射弱些。低纬度地区则相反，所以较强些。在夏季的一天中，中午太阳高度角大，太阳直接辐射强；傍晚太阳斜射，高度角小，太阳辐射较弱。在云量少的地方，直接辐射的量较大。在海拔较高地区，大气中的水汽、尘埃较少，且太阳光线所通过的大气层也较薄，所以太阳直接辐射量也较大。关于大气透明度，要因大气中含有的烟雾、灰尘、水汽、二氧化碳等造成的混浊状况而异。城市上空较农村混浊，故农村的大气透明度大于城市，从而太阳直接辐射也较强。至于散射辐射强度，它与太阳高度角成正比，与大气透明度成反比；在多云的天气，由于云的扩散作用，所以散射辐射较强。

（二）风

风，是大气的流动。大气的环流是各地气候差异的原因。由于地球上的太阳辐射热不均匀，引起赤道和两极出现温差，从而产生大气环流。由大气环流形成的风，称为"季候风"。它是在一年内随季节不同而有规律地变换方向的风。我国气候特点之一是季风性强。在夏季大部分季风来自热带海洋，故多为东南风、南风。但由于地面上水陆分布、地势起伏、表面覆盖等地方性条件不同，会引起小范围内的大气环流，称为"地方风"，如水陆风、山谷风、庭园风、巷道风等。这些都是由于局部地方受热不均匀引起的，故产生日夜交替变向。风通常是以水平运动为主的空气运动。风的描述包括气流运动的方向和速度，即风向与风速。根据测定和统计可获得各地的年、季、月的风速平均值及最大值以及风向的频率数据，作为选择房屋朝向、间距及平面布局的参考。

（三）气温

气温，是指空气的温度。大气能大量地吸收地面的长波辐射使大气增温，所以地面与空气的热量交换是气温升降的直接原因。一般气象学上所指的气温，是距地面 1.5cm 高处的空气温度。影响气温的主要因素有入射到地面上的太阳辐射热量、地形与地表面的覆盖以及大气环流的热交换作用等，而太阳辐射起着决定作用。气温变化有四季的变化、一天的变化和随地理纬度分布的变化。

气温有明显的日变化和年变化。一天之间最高值出现的时刻一般是在午后二时前后，而不是在正午太阳高度角最大时刻，这是由于空气吸收地面辐射而增温要经历一过程；气温最低值亦不在午夜，而是在日出前后。一般说来，在大陆上，年气温最高值出现在 7 月份，最低值出现在 1 月份。

（四）空气湿度

空气湿度表示大气湿润的程度，一般以相对湿度来表示。相对湿度的日变化通常与气温的日变化相反，一般温度升高则相对湿度减少，温度降低则相对湿度增大。在晴天，最高值一般出现在黎明前后，夏季约在4～5 时。虽然黎明前空气中的水汽含量少，但温度最低，故相对湿度大。最低值出现在午后，一般在 13～15 时左右。此时虽空气含水汽多（因蒸发较盛），但温度已达最高，故相对湿度最低，如图 11—1 所示。

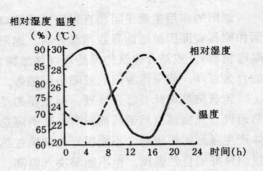

图 11—1　相对湿度的日变化

我国因受海洋气候影响，南方大部分地区相对湿度在一年内以夏季为最大，秋季最小。华南地区和东南沿海一带因春季海洋气团侵入，且此时温度还不高，故形成较大的相对湿度，大约以 3～5 月为最大，秋季最小。所以南方地区在春夏之交气候潮湿，室内地面常出现泛潮（凝结水）现象。

### （五）降水

降水，是指从地球表面蒸发出去的大量水汽进入大气层，经过凝结后又降到地面上的液态或固态水分。雨、雪、冰雹等都属于降水现象。降水性质包括降水量、降水时间和降水强度等。降水量，是指降落到地面的雨、雪、雹等融化后，未经蒸发或渗透流失而累积在水平面上的水层厚度，以 mm 为单位，降水时间，是指一次降水过程从开始到结束持续的时间，用 h、min 来表示。降水强度，是单位时间内的降水量。降水量的多少是用雨量筒和雨量计测定的；降水强度的等级，以 24h 的总量（mm）来划分：小雨小于 10mm；中雨 10～25mm；大雨 25～50mm；暴雨 50～100mm。

了解和掌握热气候的气象要素变化规律，是为了在建筑防热的设计中使建筑更适应地区气候的特点，从而利用气候的有利因素和防止气候的不利因素，达到防热目的。

## 二、防热途径

### （一）减弱室外的热作用

主要的办法是正确地选择房屋的朝向和布局，防止日晒。同时要绿化周围环境，以降低环境辐射和气温，并对热风起冷却作用。外围护结构表面应采用浅颜色，以减少对太阳辐射吸收，从而减少结构的传热量。

### （二）外围护结构的隔热和散热

对屋面、外墙（特别是西墙）要进行隔热处理，减少传进室内的热量，降低围护结构的内表面温度，因而要合理地选择外围护结构的材料和构造形式，最理想的是白天隔热好而夜间散热又快的构造方案。

### （三）房间的自然通风

自然通风是排除房间余热、改善人体舒适感的主要途径。即要组织好房屋的自然通风，引风入室，带走室内的部分热量，并造成一定的风速，帮助人体散热。为此，房屋朝向要力求接近夏季主导风向；要选择合理的房屋布局形式，正确设计房屋的平面和剖面、房间开口的位置和面积，以及采用各种通风构造措施等，以利于房间通风散热。

### （四）窗口遮阳

遮阳的作用主要是阻挡直射阳光从窗口透入，减少对人体的辐射，防止室内墙面、地面和家具表面因被晒而导致室温升高。遮阳的方式是多种多样的，或利用绿化（种树或种攀缘植物），或结合建筑构件处理（如出檐、雨篷、外廊等），或采用临时性的布篷和活动的合金百叶，或采用专门的遮阳板设施等。

建筑防热设计要综合处理，但主要的是屋面、西墙的隔热、窗口的防辐射和房间的自然通风。只强调自然通风而没有必要的隔热措施，则屋面和外墙的内表面温度过高，对人体产生强烈的热辐射，不能很好地解决过热现象；反之，只注重围护结构的隔热，而忽视组织良好的自然通风，也不能解决气温高、湿度大而影响人体散热以及帮助室内散热等问题。因此，在防热措施中，隔热和自然通风是主要的，同时也必须同窗口遮阳、环境绿化一起综合考虑。

## 第二节　外围护结构的隔热设计原则和措施

### 一、外围护结构隔热设计的原则

夏季，在综合温度作用下，通过外围护结构向室内大量传热。对于空调房间，为了保证室内气温稳定，减少空调设备投资和维护费，要求外围结构必须具有良好的热工性能。对于一般的工业与民用建筑，房间通常是自然通风的，但是也不能忽视房屋的隔热问题，并且要根据波动传热的特点来进行围护结构的隔热设计。

外围护结构隔热的设计原则，可概括为以下几个方面：

（1）外围护结构外表面受到的日晒时数和太阳辐射强度，以水平面为最大，东、西向其次，东南和西南又次之，南向较小，北向最小，所以屋顶隔热极为重要，其次是西墙与东墙。

（2）降低室外综合温度。其办法有：①结构外表面可采用浅色平滑的粉刷和饰面材料，如马赛克、小磁砖等，以减少对太阳辐射热的吸收，但要注意褪色和材料的耐久性问题。②在屋顶或墙面的外侧设置遮阳设施，可有效降低室外综合温度，因此产生了遮阳墙或遮阳席棚屋顶的特种型式。

（3）在外围护结构内部设置通风间层。这些间层与室外或室内相通，利用风压和热压的作用带走进入空气层内的一部分热量，从而减少传入室内的热量。实践证明，通风屋顶、通风墙不仅隔热好而且散热快。这种结构型式，尤其适合于在自然通风情况下，要求白天隔热好、夜间散热快的房间。

（4）合理选择外围护结构的隔热能力。即主要根据地区气候特点、房屋的使用性质和结构在房屋中的部位等因素来选择。在夏热冬暖地区，主要考虑夏季隔热，要求围护结构白天隔热好、晚上散热快；在夏热冬冷的地区，外围护结构除考虑隔热外，还要满足冬季保温要求；对于有空调的房屋，因要求传热量少和室内温度波幅小，故对其外围护结构隔热能力的要求，应高于一般房屋。

（5）利用水的蒸发和植被对太阳能的转化作用降温。有的建筑采用蓄水屋顶，主要就是利用水蒸发时需要大量的汽化热，从而大量消耗晒到屋面的太阳辐射热，有效地减弱了屋顶的传热量。植被屋顶，一种是覆土植被，在屋顶上盖土种草或种其它绿色植物；一种是无土植被，种攀缘植物，如紫藤、牵牛花、爆竹花等，使它攀爬上架或直接攀于屋面上。这些都是利用植被的蒸发和光合作用，吸收太阳辐射热。因此，这些屋顶具有很好的隔热能力，但这些屋顶也增加了结构的荷载，而且如果蓄水屋面防水处理不当，还可能漏水、渗水。

### 二、外围护结构的隔热措施

（一）屋顶隔热

炎热地区屋顶的隔热构造，基本上可分为实体材料层和带有封闭空气层的隔热屋顶。

这类屋顶又可分为坡顶的和平顶的。由于平顶构造简洁，便于使用，故更为常用。

1. 实体材料层屋顶隔热

实体材料层屋顶，是一种从提高围护结构本身热阻和热惰性来提高隔热能力的处理方法。要注意材料层层次的排序，因为排列次序不同也会影响衰减度，必须进行比较选择。

实体屋顶的隔热构造，如图11—2所示。

方案（a），没有设隔热层，热工性能差。

方案（b），加了一层8cm厚泡沫混凝土，隔热效果较为显著，内表面最高温度比前者降低19.8℃，平均温度亦低7.6℃。但这种构造方案，对防水层的要求较高。

方案（c）是为了适应炎热多雨地区的气候条件，在隔热材料上面再加一层蓄热系数大的粘土方砖（或混凝土板）。这样，在波动的热作用下，温度谐波传经这一层，使波幅骤减，增强了热稳定性。特别是雨后，粘土方砖吸水，蓄热性增大，且因水分蒸发，能散发部分热量，从而提高隔热效果。此时，粘土方砖外表面最高温度比卷材屋面可降低20℃左右，因而可减少隔热层的厚度，且达到同样的热工效果。但粘土方砖比卷材重，增加了屋面的自重。这种处理方法有较成熟的经验，构造比较简单，同时又能兼顾冬季保温要求。在既要隔热又要保温的地区以及大陆性干热地区，都宜于采用此种方案。这种方案的缺点除自重大外，当傍晚室外热作用已显著下降时，隔热层内白天蓄存的热量仍继续向室内散发。

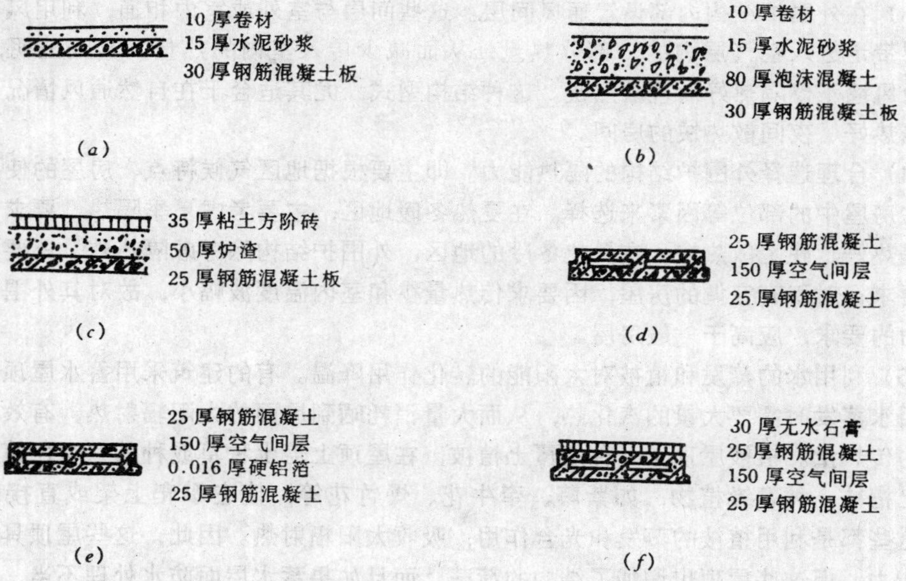

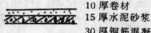 10 厚卷材
15 厚水泥砂浆
30 厚钢筋混凝土板

（a）

10 厚卷材
15 厚水泥砂浆
80 厚泡沫混凝土
30 厚钢筋混凝土板

（b）

 35 厚粘土方阶砖
50 厚炉渣
25 厚钢筋混凝土板

（c）

 25 厚钢筋混凝土
150 厚空气间层
25 厚钢筋混凝土

（d）

 25 厚钢筋混凝土
150 厚空气间层
0.016 厚硬铝箔
25 厚钢筋混凝土

（e）

 30 厚无水石膏
25 厚钢筋混凝土
150 厚空气间层
25 厚钢筋混凝土

（f）

图 11—2　实体材料层和带有封闭空气层的隔热屋顶

2. 封闭空气间层隔热

为了减轻屋顶自重，同时解决隔热与散热的矛盾，可采用空心大板屋面，利用封闭空气间层隔热。在封闭空气间层中的传热方式主要是辐射换热，不像实体材料结构那样主要

是导热。为了提高间层隔热能力，可在间层内铺设反射系数大、辐射系数小的材料，如铝箔，以减少辐射传热量。铝箔质轻且隔热效果好，对发展轻型屋顶具有重要意义。图11—2中的方案（d）和（e）对比，间层铺设铝箔后，后者结构内表面温度比前者降低7℃，效果较显著。图中的方案（f）是在外表面铺白色光滑的无水石膏，结果结构内表面温度比方案（d）降低12℃，甚至比贴铝箔的方案（e）还低5℃。这说明选择屋顶的面层材料和颜色的重要性。如处理得当，可以减少屋顶外表面对太阳辐射的吸收，并且增加了面层的热稳定性，使空心板上壁温度减低，辐射传热量减少，从而使屋顶内表面温度降低。

### （二）通风屋顶

通风屋顶的隔热防漏，在我国南方地区被广泛采用。

以大阶砖屋顶为例，通风和实砌的相比虽然用料相仿，但通风后隔热效果有很大提高。图11—3给出了在相同条件下，通风与实砌的大阶砖屋顶的实测结果。由图可见，通风屋顶内表面平均温度比不通风屋顶低5℃，最高温度低8.3℃；室内平均气温相差1.6℃，最高温度相差2.5℃。在整个昼夜通风屋顶内表面温度都低于实砌屋顶的内表面温度，而且从夜间3时30分到下午1时30分还低于室内气温，内表面温度出现最高值的时间，通风的比实砌的延后3小时左右。这说明由实体结构变为通风结构之后，隔热与散热性能的提高都是显著的。

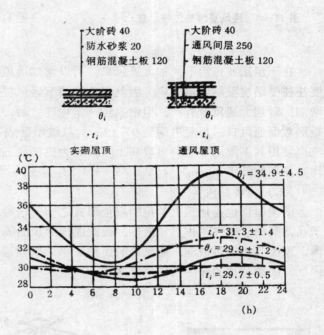

图11—3 通风和实砌的大阶砖屋顶温度比较

通风屋顶隔热效果好的原因，除靠架空面层隔太阳辐射热外，主要利用间层内流动的空气带走部分热量，如图11—4所示。当外表面从室外空间得到的热量为 $Q_0$ 时，在间层内被流动空气带出的热量 $Q_a$ 愈大，则传入室内的热量 $Q_i$ 愈小。显然，间层通风量愈大，带走的热量愈多。通风量大小与空气流动的动力、通风间层高度和通风间层内的空气阻力等因素有关。

如图11—5所示，风压和热压是间层内空气流动的动力。为增强风压作用的效果，应尽量使通风口朝向夏季主导风向；同时，若将间层面层在檐口处适当向外挑出一段，起兜风作用，也可提高间层的通风性能。

热压的大小取决于进、排气口的温差和高差。为了提高热压的作用，可在水平通风层中间增设排风帽，造成进、出风口的高度差，并且在帽顶的外表涂上黑色，加强吸收太阳辐射效果，以提高帽内的气温，有利于排风。

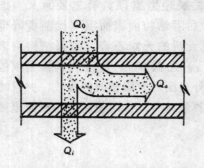

图11—4 通风屋传热过程示意

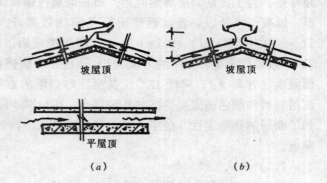

图11—5 间层空气流动的动力

(a) 风压作用　(b) 热压作用

在一定压差作用下，加大通风口，可以增加通风量。由于屋顶构造关系，通风口的宽度往往受结构限制而被固定，因此只能靠调节通风层的高度改变通风口面积。间层高度的增加，对加大通风量有利，但增高到一定程度之后，其效果渐趋缓慢。一般情况下，采用矩形截面通风口，房屋进深约 9～12m 的双坡屋顶或平屋顶，其间层高度可取 20～24cm。坡顶可用其下限，平屋顶可取其上限。若为拱形或三角形截面，间层高度应酌情增大，平均高度不宜低于 20cm。

（三）阁楼屋顶

阁楼屋顶也是建筑上常用的屋顶形式之一。这种屋顶常在檐口、屋脊或山墙等处开通气孔，有助于透气、排湿和散热。因此阁楼屋顶的隔热性能常比平屋顶好。但如果屋面单薄，顶棚又无隔热措施，通风口的面积又小，则顶层房间在夏季炎热时期仍有可能过热。因此，阁楼屋顶的隔热问题仍需注意。

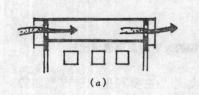

(a)

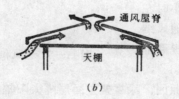

(b)

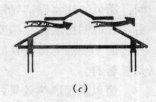

(c)

图11—6 通风阁楼

(a) 山墙通风　(b) 檐下与屋脊通风　(c) 老虎窗通风

在提高阁楼屋顶隔热能力的措施中，加强阁楼空间的通风是一种经济而有效的方法。如加大通风口的面积、合理布置通风口的位置等，都能进一步提高阁楼屋顶的隔热性能。通风口可做成可开闭式的，夏季开启，便于通风；冬季关闭，以利保温。组织阁楼的自然通风也应充分利用风压与热压的作用。

阁楼通风的形式有在山墙上开口通风、从檐口下进气由屋脊排气、在屋顶设老虎窗通风等，如图11—6所示。此外，为提高阁楼的隔热性能，尤其在冬天需要考虑屋顶保温的地区，也可根据具体情况在顶棚设隔热层，以增大热阻和热稳定性。

（四）蓄水屋顶

水的比热大（4.186kJ/（kg·K）），而且蒸发1kg能带走2428kJ的热量。因此，若在平屋顶上蓄一定厚度的水层，利用水作隔热材料，可取得很好的隔热效果。一般来说，蓄水屋顶比不蓄水屋顶的外表面温度低15℃，内表面温度低8℃。蓄水屋顶不仅在气候干热、白天多风的地区是一种非常有效的屋顶隔热形式，在湿热地区效果也很显著。

若在水面上敷设铝箔或其它浅色漂浮物，可以减少水面对太阳辐射热的吸收，则能取得更好的隔热效果。如在水面上种植漂浮植物水浮莲、水葫芦等，植物的叶面将吸收掉大量的太阳辐射能。

从白天隔热和夜间散热的作用综合考虑，蓄水屋顶的水层深度宜小于5cm而大于3cm，但最终还取决于充水方式和使用要求。对于利用工业废水的地区，可经常换水以保持清洁，宜采用5cm左右的水层深度。而在水中养殖浅水鱼或栽培浅水植物时，水层深度可稍大于10cm。

水隔热屋顶要求屋顶有很好的防水质量，否则屋顶长期浸水，易发生漏水现象。但另一方面，屋顶用水隔热后，大大降低了结构的平均温度和振幅，不仅可防止防水层由于高温涨缩而引起破坏，也防止了构造因温度应力而产生裂缝。此外，长期处于水的养护之下，防水层可避免因干缩出现裂缝，嵌缝材料可免受紫外线照射老化而延长使用寿命。从这些方面看，蓄水屋顶又能防止屋顶发生漏水现象。泛水对屋顶渗漏水影响很大，应慎重处理。

（五）铺土（或无土）种植屋顶

在钢筋混凝土屋面板上铺土，再在上面种植作物，即为铺土种植屋顶。

铺土种植屋顶是利用植物的光合作用、叶面的蒸发作用及其对太阳辐射的遮挡作用来减少太阳辐射热对屋面的影响。此外，土层也具有一定的蓄热能力，并能保持一定水分，通过水的蒸发吸热也能提高隔热效果。

表11—1　屋顶有、无蛭石层的温度和热流实测值

| 项　　目 | 层　面　型　式 | | |
|---|---|---|---|
| | 无蛭石种植层屋顶 | 有蛭石种植层屋顶 | 差　值 |
| | 测　　　值 | | |
| 外表面最高度 $\theta_{e,\min}$（℃） | 61.6 | 20.0 | 32.6 |
| 外表面温度振幅 $A_{\theta j}$（℃） | 24.0 | 1.6 | 22.4 |
| 内表面最高温度 $\theta_{i,\max}$（℃） | 32.2 | 30.2 | 2.0 |
| 内表面温度振幅 $A_{ij}$（℃） | 1.3 | 1.2 | 0.1 |
| 内表面最大热流强度 $q_{i,\max}$（W/m²） | 15.4 | 2.2 | 13.2 |
| 内表面平均热流强度 $\bar{q}_i$（W/m²） | 9.1 | － 5.3 | 14.4 |
| 室外最高气温 $t_{i,\max}$（℃） | 36.4 | | |
| 室外平均气温 $\bar{t}_e$（℃） | 29.1 | | |
| 最大太阳辐射强度 $I_{\max}$（W/m²） | 862 | | |
| 平均太阳辐射强度 $\bar{I}$（W/m²） | 215 | | |

这种屋顶的造价比用其它隔热材料或架空粘土方砖屋顶要低，但每平方米用钢量要增加 1kg。施工时要捣实钢筋混凝土，养护 7d 后才可铺土，以防屋顶渗漏。

若以蛭石、锯末或岩棉等作为介质代替土壤，再在上面种植作物，即为无土种植屋顶。无土种植屋顶的重量仅为同厚度铺土种植屋顶的1/3，而保温隔热效果却提高 3 倍以上。这是因为选用质轻、松散、导热系数小的材料作为种植层，其贮水、绝热性能都比土壤要好。对有、无蛭石种植层的屋顶（见图 11—7）进行对比测定，结果如表 11—1 所示。由于铺设了蛭石种植层（水渣厚约 5～10cm，蛭石厚约 20cm），屋顶外表面温度竟比无种植层的低 32.6℃，屋面的传热方向几乎昼夜都由内向外。即使白天，也能将室内热量经屋顶向外散发。无土种植屋面外表面温度昼夜变化不大，振幅很小。加之，外表面长期处于湿润的条件下，保护了结构层和防水层，使其不致因较大温度应力的作用而开裂损坏。

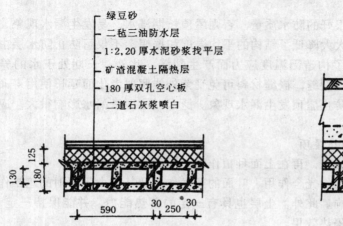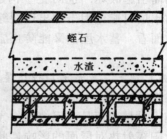

绿豆砂
二毡三油防水层
1:2,20 厚水泥砂浆找平层
矿渣混凝土隔热层
180 厚双孔空心板
二道石灰浆喷白

蛭石
水渣

图 11—7　有、无蛭石种植层的屋顶

无土种植屋顶的基层和防水层，与其它常用平屋的做法雷同；同时，因屋顶上的重量一般在 250kg/m 以内，为减少构件的种类，完全可以用楼板件代替屋顶构件。

种植屋顶不仅是保温隔热的理想方案，而且在城市绿化、调节小气候、净化空气、降低噪声、美化环境、解决建房与农田争地等方面都有重要作用，是一项值得推广应用的措施。

（六）外墙隔热

外墙的室外综合温度较屋顶低，因此在一般的房屋建筑中，外墙隔热与屋顶相比是次要的。但对采用轻质结构的外墙或需空调的建筑中，外墙隔热仍需重视。

粘土砖墙为常用的墙体结构之一，隔热效果较好。对于东、西墙来说，在我国广大南方地区两面抹灰的一砖墙，尚能满足一般建筑的热工要求。空斗墙的隔热效果较差于同厚度的实砌砖墙。对要求不太高的建筑，尚可采用。

为了减轻墙体自重，减少墙体厚度，便于施工机械化，近年来各地大量采用了空心砌块、大型板材和轻板结构等墙体。

空心砌块多利用工业废料和地方材料，如利用矿渣、煤渣、粉煤灰、火山灰、石粉等制成各种类型的空心砌块。一般常用的有中型砌块（200mm × 590mm × 500mm）、小型砌块

(190mm×390mm×190mm),可做成单排孔,如图 11—8(a)所示。

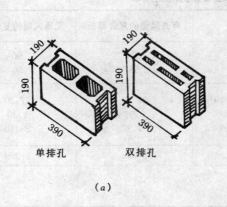
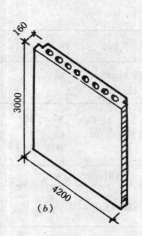

图 11—8　空心砌块及板材
(a) 小型砌块　　(b) 大型砌块

　　从热工性能来看,190mm 单排孔空心砌块,不能满足东、西墙要求。双排孔空心砌块,比同厚度的单排孔空心砌块隔热效果提高较多。两面抹灰各 20mm 和 190mm 厚双排孔空心砌块,热工效果相当于两面抹灰各 20mm 的 240mm 厚粘土砖墙的热工性能,是效果较好的一种砌块形式。

　　我国南方一些省市采用的钢筋混凝土空心大板,规格是高 3000mm、宽 4200mm、厚 160mm,圆孔直径为 110mm,如图 11—8(b)所示。这种板材用于西墙不能满足隔热要求,但经改善处理,如加外粉刷和刷白灰水以及开通风孔等措施,基本上可以应用。

　　随着建筑工业化的发展,进一步减轻墙体重量,提高抗震性能,发展轻型墙板,有着重要的意义。轻型墙板有两种类型:一是用一种材料制成的单一墙板,如加气混凝土或轻骨料混凝土墙板;另一种轻型外墙板是由不同材料或板材组合而成的复合墙板,其构造如图 11—9 所示。单一材料墙板生产工艺较简单,但需采用轻质、高强、多孔的材料,以满足强度与隔热的要求。复合墙板构造复杂些,但它将材料区别使用,可采用高效的隔热材料,能充分发挥各种材料的特性,板体较轻,加工性能较好,适用于住宅、医院、办公楼等多层和高层建筑以及一些厂房的外墙。图 11—9 所示复合轻墙板的热工性能,见表 11—2。

　　最后还须指出,无论何种形式的外围护结构(包括屋顶与外墙),采用浅色平滑的外粉饰,以降低对太阳辐射热的吸收率,隔热效果是非常明显的。例如,3cm 厚钢筋混凝土屋面板,外表面刷白后与通常的油毡屋面相比,内表面最高温度可降低 20℃ 左右。此外,若在围护结构内表面采用低辐射系数的材料,也可以减少对人体的辐射换热量。例如,顶棚内表面贴铝箔〔$C = 1.12W/(m^2 \cdot k^4)$〕与内表面为石灰粉刷〔$C = 5.2W/(m^2 \cdot k^4)$〕相比,在同样温度下,对人体的辐射换热量,前者约为后者的 1/5;铝箔顶棚内表面温度为 39.5℃ 时产生的热效果,相当于石灰粉刷顶棚内表面温度为 36℃ 时的效果。这些措施施工简便，造价低廉，效果明显，在进行外围护结构热设计时应优先考虑运用，但要注意褪色和材料的耐久性问题。

表 11—2　复合轻墙板的隔热效果

| 名　　称 | | 砖　墙（内抹灰） | 有通风层的复合墙板 | 无通风层的复合墙板 |
|---|---|---|---|---|
| 总厚度（mm） | | 260 | 124 | 96 |
| 重量（kg/m²） | | 464 | 55 | 50 |
| 内表面温度（℃） | 平　　均 | 27.80 | 26.90 | 27.20 |
| | 振　　幅 | 1.85 | 0.90 | 1.20 |
| | 最　　高 | 29.70 | 27.80 | 28.40 |
| 热阻（m²·K/W） | | 0.468 | 1.942 | 1.959 |
| 室外气温（℃） | 最高 | 28.9 | | |
| | 平均 | 23.3 | | |

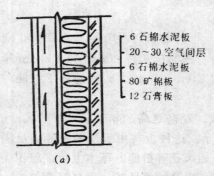
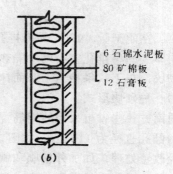

6 石棉水泥板
20～30 空气间层
6 石棉水泥板
80 矿棉板
12 石膏板

6 石棉水泥板
80 矿棉板
12 石膏板

(a)　　　　　　　　　　(b)

图 11—9　复合墙板
(a) 有通风层　　(b) 无通风层

# 第三节　房间的自然通风

## 一、自然通风的组织

建筑物中的自然通风，是由于建筑物的开口（门、窗、过道等）处存在着空气压力差而产生的空气流动。利用室内外气流交换，可以降低室温和排除湿气，保证房间的正常气候条件与新鲜洁净的空气。同时，房间有一定的空气流动，可以加强人体的对流和蒸发散热，改善人们的工作和生活条件。

造成空气压力差的原因有两个：一是热压作用；二是风压作用。

热压取决于室内外空气温差所导致的空气容重差和进出气口的高度差。如图 11—10

所示，当室内气温高于室外气温时，室外空气因较重而通过建筑物下部的开口流入室内，并将较轻的室内空气从上部的开口排除出去。进入的空气被加热后，变轻上升，又被新流入的室外空气所代替而排出。这样，室内就形成连续不断的换气。

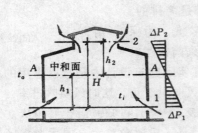
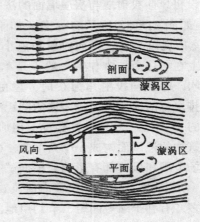

图 11—10　在热压作用下的自然通风　　　　图 11—11　风吹到房屋上的气流状况

热压的计算公式为：

$$\Delta P = h(\gamma_o - \gamma_i) \tag{11—1}$$

式中：$\Delta P$——热压，$kg/m^2$；

　　　$h$——进、排风口中心线间的垂直距离，m；

　　　$\gamma_o$——室外空气容重，$kg/m^3$；

　　　$\gamma_i$——室内空气容重，$kg/m^3$。

风压作用是风作用在建筑物上而产生的风压差。如图 11—11 所示，当风吹到建筑物上时，在迎风面上，由于空气流动受阻，速度减少，使风的部分动能变为静压，亦即使建筑物迎风面上的压力大于大气压，在迎风面上形成正压区。在建筑物的背风面、屋顶和两侧，由于在气流曲绕过程中而形成空气稀薄现象，因此该处压力将小于大气压，形成负压区。如果建筑物上设有开口，气流就从正压区流向室内，再从室内向外流至负压区，形成室内的空气交换。

风压的计算公式为：

$$P = K \frac{v^2 \gamma_o}{2g} \tag{11—2}$$

式中：$P$——风压，$kg/m^2$；

　　　$v$——风速，m/s；

　　　$\gamma_o$——室外空气容重，$kg/m^3$；

　　　$g$——重力加速度，$m/s^2$；

　　　$K$——空气动力系数。

上述两种自然通风的动力因素，在一般情况下是同时并存的。从建筑降湿的角度来看，利用风压改善室内气候条件的效果较为显著。

房间要取得良好的自然通风，最好是使风穿堂入室直吹室内。假设将风向投射线与房屋墙面的法线的交角称为"风向投射角"，如图 11—12 所示的 $\alpha$ 角，如果是直吹室内，$\alpha$ 角为 0°。从室内通风来说，风向投射角愈小，对房间通风愈有利。但实际上在居住街坊中住宅一般不是单排的，大都是多排的。如果正吹，即风向投射角为 0°时，屋后的漩涡区较大，为保证后一排房屋的通风，两排房屋的间距一般要求达到前幢建筑

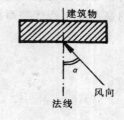

图 11—12　风向投射角

物高度的 4～5 倍。这样大的距离，用地又太多，在实际建筑设计中是难以采用的。当风向与建筑物的迎风面构成一个角度时，即有一定的风向投射角，这时风斜吹进室，对室内风的流场范围和风速都有影响。根据试验资料（见表 11—3）可知，当投射角从 0°加大到 60°时，风速降低了 50%，使室内通风效果降低。但是，投射角愈大，屋后漩涡区的深度缩短愈多，有利于缩短间距、节约用地，因此要综合考虑。

表 11—3　风向投射角与对流场的影响

| 风向投射角 $\alpha$ | 室内风速降低值<br>（%） | 屋后漩涡区深度 |
| --- | --- | --- |
| 0° | 0 | 3¾ H |
| 30° | 13 | 3 H |
| 45° | 30 | 1½ H |
| 60° | 50 | 1½ H |

在民用建筑和一般冷加工车间的设计中，保证房间的穿堂风，必须有进风口及出风口。房间所需要的穿堂风必须满足两个要求：一是气流路线应流经人的活动范围；另一是必须有必要的风速，最好能使室内风速达到 0.3m/s 以上。对于有大量余热和有害物质的生产车间，组织自然通风时，除保证必要的通风量外，还应保证气流的稳定性和气流线路短捷。

为了更好地组织自然通风，在建筑设计时应着重考虑下列问题：正确选择建筑的朝向和间距，合理地布置建筑群，选择合理的建筑平、剖面形式，合理地确定开口面积及位置、门窗装置的方法及通风的构造措施。

## 二、建筑朝向、间距与建筑群的布局

### （一）建筑朝向的选择

为了组织好房间的自然通风，在朝向上应使房屋纵轴尽量垂直于夏季主导风向。夏季，我国大部分地区的主导风向都是南、偏南或东南，因此在传统建筑中朝向多偏南。从防辐射的角度看，也应将建筑物布置在偏南方向较好。事实上，在建筑规划中，不可能把建筑物都安排在一个朝向，因此每一个地区可根据当地的气候和地理因素，选择本地区的

合理的朝向范围，以利于在建筑设计时有选择的幅度。

房屋朝向选择的原则是：首先要争取房间自然通风，同时亦综合考虑防止太阳辐射以及防止夏季暴雨的袭击等。

（二）房屋的间距与建筑群布局

欲使建筑物中获得良好的自然通风，周围建筑物尤其是前幢建筑物的阻挡状况是决定因素。要根据风向投射角对室内风环境的影响程度来选择合理的间距，同时亦可结合建筑群体布局方式的改变以达到缩小间距的目的。综合考虑风的投射与房间风速、风流场和漩涡区的关系，选定投射角在45°左右较恰当。据此，房屋间距以 1.3～1.5H（房屋高度）为宜。

建筑群布局和自然通风的关系，可以从平面和空间两个方面考虑。

一般建筑群的平面布局形式，主要有行列式、错列式、斜列式、周边式等几种，如图 11—13 所示。从通风的角度来看，错列、斜列较行列、周边为好。

当用行列式布置时，建筑群内部流场因风向投射角不同而有很大变化。错列式和斜列式可使风从斜向导入建筑群内部，有时亦可结合地形采用自由排列方式。周边式很难使风导入，这种布置方式只适于冬季寒冷地区。

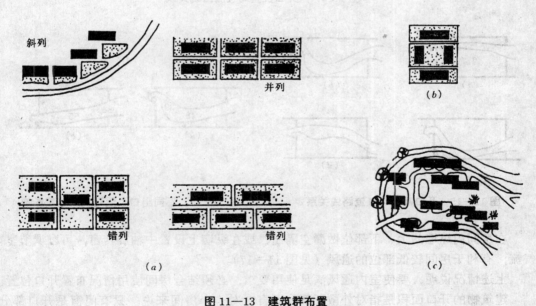

**图 11—13　建筑群布置**

（a）行列式　（b）周边式　（c）自由式

建筑高度对自然通风也有很大的影响，高层建筑对室内通风有利，高低建筑物交错地排列也有利于自然通风。

（三）房间的开口和通风措施

研究房间开口的位置和面积，实际上就是解决室内能否获得一定的空气流速和室内流场是否均匀的问题。

进、出气口位置设在中央，气流直通，对室内气流分布较为有利，但设计上不容易做到。根据平面组合要求，往往把开口偏于一侧或设在墙上。这样就使气流导向一侧，室内部分区域产生涡流现象，风速减少，有的地方甚至无风。在竖向上，也有类似现象。图11—14说明开口位置与气流路线的关系。图中（a）、（b）为开口在中央和偏一边时的气流情况，（c）为设导板的情况。在建筑剖面上，开口高低与气流路线亦有密切关系。图11—15说明了这一关系。图中（a）、（b）为进气口中心在房屋中线以上的单层房屋剖面示意图；（a）是进气口顶上无挑檐，气流向上倾斜；（c）、（d）为进气口中心在房屋线以下的单层房屋剖面示意图；（c）做法气流贴地面通过；（d）做法则气流向上倾斜。

开口部分入口位置相同而出口位置不同时，室内气流速度亦有所变化，如图11—16所示。由图可知，出口在上部时，其出、入口及房间内部的风速，均相应地较出口在下部时减小一些。

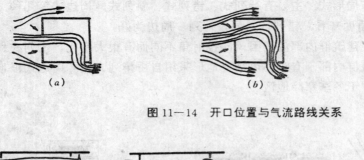

图 11—14　开口位置与气流路线关系

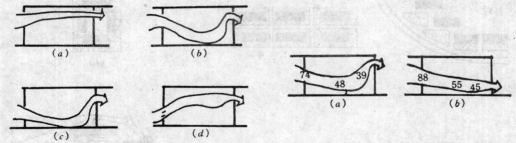

图 11—15　开口高低与气流路线关系　　　　图 11—16　不同出口位置对气流速度影响

在房间内纵墙的上、下部位做漏空隔断，或在纵墙上设置中轴旋转窗，可以调节室内气流，有利于房间较低部位的通风（见图11—17）。

上述情况说明，要使室内通风满足使用要求，必须结合房间使用情况布置开口位置。

建筑物的开口面积是指对外敞开部分而言。对一个房间来说，只有门窗是开口部分。开口大，则流场较大。缩小开口面积，流速虽相对增加，但流场缩小，如图11—18（a）、（b）所示。而图11—18中（c）、（d）说明流入与流出空气量相当，当入口大于出口时，在出口处空气流速最大；相反，则在入口处流速最小。因此，为了加大室内流速，应加大排气口面积。就单个房间而言，当进出气口面积相等时，开口面积愈大，进入室内的空气量愈多。

当扩大面积有一定限度时，进气口可以采用调节百页窗，以调节开口比，使室内流速增加或气流分布均匀。

（四）门窗装置和通风构造措施

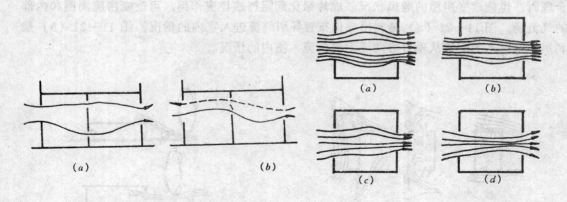

图 11—17　调节室内气流处理　　　　　　　图 11—18　室内气流流场

门窗装置方法对室内自然通风的影响很大，窗扇的开启有挡风或导风作用。装置得当，则能增强通风效果。图 11—14 中的 (c) 为进气口设置挡板后气流示意图。当风向投射角较小时，挡板使气流有轻微减少；而当投射角增大时，挡板不但能改变气流流向，将气流导入室内，而且气流量也有一定增加。

檐口挑出过小而窗的位置很高时，风很难进入室内[见图 11—19(a)]，加大挑檐宽度能导风入室，但室内流场靠近上方[见图 11—19(b)]。如果再用内开悬窗导流，使气流向下通过，有利于工作面的通风[见图 11—19(c)]，它接近于窗位较低时的通风效果[见图 11—19(d)]。

一般建筑设计中，窗扇常向外开启成 90° 角。这种开启方法，当风向入射角较大时，使风受到很大的阻挡[见图 11—20(a)]；如增大开启角度，可改善室内的通风效果[见图 11—20(b)]。

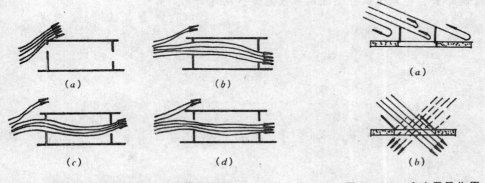

图 11—19　挑檐、悬窗的导风作用　　　　图 11—20　窗扇导风作用

中轴旋转窗扇开启角度可以任意调节，必要时还可以拿掉，导风效果好，可以使进气量增加。

（五）利用绿化改变气流状况

建筑物周围的绿化，不仅对降低周围空气温度和太阳辐射的影响有显著作用，当安排合理时，也能改变房屋的通风状况。成片绿化起阻挡或导流作用，可改变房屋周围和内部的气流场。图11—21（a）是利用绿化布置导引气流进入室内的情况，图11—21（b）是利用高低树木的配置从垂直方向导引气流流入室内的情况。

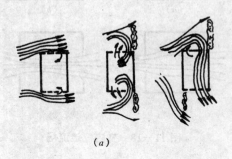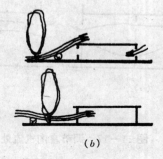

（a）                                   （b）

图11—21  绿化导风作用

## 复习思考题

1. 造成室内过热的主要原因是什么？防止室内过热的途径有哪些？
2. 为什么要控制外围护结构的内表面温度？冬季和夏季应分别如何处理？
3. 外围护结构隔热有哪些主要措施，试简要说明。
4. 建筑设计中合理地组织自然通风应注意哪些问题？

# 第十二章

# 建筑日照

## 第一节　日照的基本原理

日照，就是物体表面被太阳光直接照射的现象。日照时数，是指太阳照射的时数。日照率，是指实际日照时数与同时间内（如年、月、日等）的最大可照时数的百分比。同一纬度的最大可照时数是相同的，但因各地云量及其遮挡太阳时间的不同，实际的日照时数是有差异的。

在建筑日照设计时，应考虑日照时间、面积及其变化范围，以保证必需的日照，或避免阳光过量射入造成室内过热。

建筑日照设计的主要目的，是根据建筑的不同使用要求采取措施，使房间内部获得适当的光照，并防止过量的太阳直射光。

### 一、地球运行基本知识

地球按一定的轨道绕太阳的运动，称为"公转"。地球公转一周的时间为一年。地球公转的轨道平面叫"黄道面"。由于地轴是倾斜的，它与黄道面约成 $66°33'$ 的交角。在公转运行中，这个交角和地轴的倾斜方向都是固定不变的。这样，就使太阳光线直射的范围在南北纬 $23°27'$ 之间作周期性变动，从而形成了春夏秋冬四季。图 12—1 表示地球绕太阳运行一周的行程。

通过地心并和地轴垂直的平面与地球表面相交而成的圆，就是赤道。为说明地球在公转中阳光直射地球的变动范围，可用所谓太阳赤纬角 $\delta$，即太阳光线与地球赤道面所夹的圆心角来表示。它是表示不同季节的一个数值。赤纬角从赤道面算起，向北为正，向南为负。

在地球绕太阳一年的公转行程中，不同季节有不同的太阳赤纬角。全年主要季节的太阳赤纬角 $\delta$ 值见表 12—1。

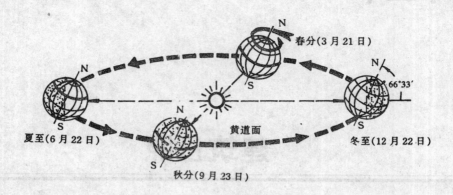

图 12—1 地球绕太阳运行图

表 12—1 主要季节的太阳赤纬角 δ 值

| 季节 | 日 期 | 赤 纬 δ | 日 期 | 季节 |
|---|---|---|---|---|
| 夏至 | 6 月 21 日或 22 日 | + 23°27′ | | |
| 小满 | 5 月 21 日左右 | + 20°00′ | 7 月 21 日左右 | 大暑 |
| 立夏 | 5 月 6 日左右 | + 15°00′ | 8 月 8 日左右 | 立秋 |
| 谷雨 | 4 月 21 日左右 | + 11°00′ | 8 月 21 日左右 | 处暑 |
| 春分 | 3 月 21 日或 22 日 | 0° | 9 月 22 日或 23 日 | 秋分 |
| 雨水 | 2 月 21 日左右 | − 11°00′ | 10 月 21 日左右 | 霜降 |
| 立春 | 2 月 4 日左右 | − 15°00′ | 11 月 7 日左右 | 立冬 |
| 大寒 | 1 月 21 日左右 | − 20°00′ | 11 月 21 日左右 | 小雪 |
| | | − 23°27′ | 12 月 22 日或 23 日 | 冬至 |

  图 12—2 表示阳光直射地球的变动范围，说明地球以太阳为中心的运行情况。

  在地平面上某一观察点观察太阳在天空中的位置，常用地平坐标，以太阳高度角和方位角来表示，如图 12—3 所示。太阳光线与地平面间的夹角 $h_s$，称为"太阳高度角"。太阳光线在地平面上的投射线与地平面正南线所夹的角 $A_s$，称为"太阳方位角"。

  任何地区，在日出、日落时，太阳高度角为零，一天中，正午即指当地时间 12 点的时候，太阳高度角最大，此时太阳位于正南。太阳方位角，以正南点为零，顺时针方向的角度为正值，表示太阳位于下午的范围；反时针方向的角度为负值，表示太阳位于上午的范围。任何一天，上、下午太阳的位置对称于中午，例如下午 3 点 15 分对称于

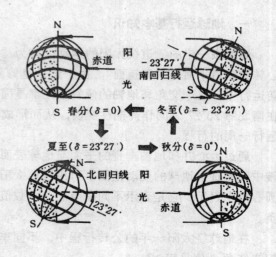

图 12—2 阳光直射地球的范围

上午 8 点 45 分，太阳高度角和方位角的数值相同，只是方位角的符号相反而已。任何一天中午 12 点的太阳与春、秋分中午 12 点太阳光线的夹角，即为该天的太阳赤纬角 $\delta$ 值。在一年中，太阳每天所走的轨道平面对称于夏至或冬至。

地球自转一周为一天，即 24h，不同的时间有不同的时角。根据观察点在地球上所处的位置不同，即地理纬度 $\varphi$ 值不同，在各季节和各小时，从观察点看太阳在天空的位置都不相同

日地运行是有其特定规律的。要研究日照的有关问题，就必须首先了解日地的运行规律，掌握赤纬角 $\delta$ 与时角 $\Omega$ 的变化规律及其与地理纬度 $\varphi$ 的相互关系，以及由它们所决定的各地的太阳高度角 $h_s$ 和方位角 $A_s$ 的变化关系。

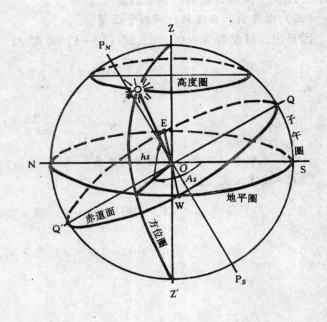

图 12—3　用高度角和方位角表示太阳位置

## 二、太阳高度角和方位角的确定

确定太阳高度角和方位角的目的是为了进行日照时数、日照面积、房屋朝向和间距以及房屋周围阴影区范围等的设计。

影响太阳高度角 $h_s$ 和方位角 $A_s$ 的因素有三：赤纬角 $\delta$，它表明季节（即日期）的变化；时角 $\Omega$，它表明时间的变化；地理纬度 $\varphi$，它表明观察点所在地方的差异。

太阳高度角和方位角的计算公式如下：

（一）求太阳高度角 $h_s$

$$\sin h_s = \sin\varphi\sin\delta + \cos\varphi\cos\delta\cos\Omega \qquad (12—1)$$

式中：$h_s$——太阳高度角，（°）；

　　　$\varphi$——地理纬度，（°）；

　　　$\delta$——赤纬，（°）；

　　　$\Omega$——时角，（°）。

（二）求太阳方位角 $A_s$

$$\cos A_s = \frac{\sin h_s \sin\varphi - \sin\delta}{\cos h_s \cos\varphi} \qquad (12—2)$$

式中：$A_s$——太阳方位角，单位为度（°）。

（三）求日出、日没的时间和方位角

因日出、日没时 $h_s = 0$，代入式（12—1）和式（12—2）得：

$$\cos\Omega = -\operatorname{tg}\varphi\operatorname{tg}\delta \tag{12—3}$$

$$\cos A_s = -\frac{\sin\delta}{\cos\varphi} \tag{12—4}$$

（四）求中午（正午）的太阳高度角

以 $\Omega = 0$ 代入式（12—1）得：

$$h_s = 90 - (\varphi - \delta)，当 \varphi > \delta 时 \tag{12—5}$$

$$h_s = 90 - (\delta - \varphi)，当 \varphi < \delta 时 \tag{12—6}$$

# 第二节  棒影图的原理及其应用

## 一、棒影日照图的基本原理

设在地面上 $O$ 点立一任意高度 $H$ 的垂直棒。在已知某时刻太阳方位角和高度角的情况下，太阳照射棒的顶端 $a$ 在地面上的投影为 $a'$，则棒影 $a'$ 的长度 $l = H \cdot \operatorname{ctg}h_s$，这是棒与影的基本关系，如图 12—4（a）所示。

由于建筑物高度不同，根据上述棒与影的关系式，当 $\operatorname{ctg}h_s$ 不变时，$l$ 与 $H$ 成正比。若把 $H$ 作为一个单位高度，则可求出其单位影长 $l$。若棒高由 $H$ 增加到 $2H$，则其影长亦增加到 $2l$，如图 12—4（b）所示。

利用上述原理，可求出一天的棒影变化范围。例如，已知春、秋分日的太阳高度角和方位角，可绘出其棒影轨迹图，如图 12—5 所示。图中棒的顶点 $a$ 在每一时刻，如 10、12、14 点的落影为 $a'_{10}$、$a'_{12}$、$a'_{14}$，将这些点连成一条一条的轨迹线，即表示所截取的不同高度的棒端落影的轨迹图。放射线表示棒在某时刻的落影方位角线。$Oa'_{10}$、$Oa'_{12}$、$Oa'_{14}$则是相应时刻的棒影长度，也表示其相应的时间线。上述的内容就构成了棒影日照图。

所以，棒影日照图实际上表示两个内容：

（1）位于观察点之直棒在某一时刻的影的长度 $l$（$Oa'$）及方位角（$A'_s$）；

（2）某一时刻太阳的高度角 $h_s$ 及方位角 $A_s$。即根据同一时刻影的长度和方位角的数据，$A_s$ 和 $h_s$ 可由下式确定：

$$A_s = A'_s - 180° \tag{12—7}$$

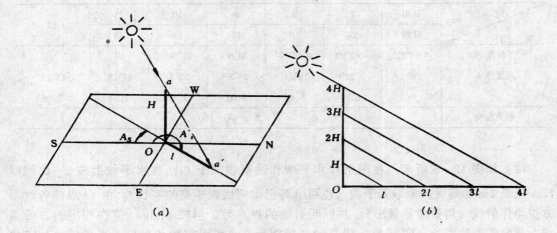

图 12—4 棒与影的关系

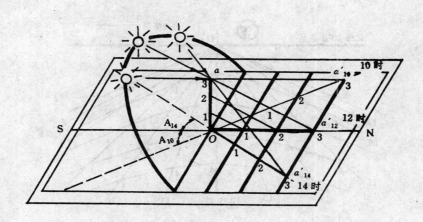

图 12—5 春、秋分的棒影轨迹

$$\mathrm{ctg}h_s = \frac{\overline{Oa'}}{H} \tag{12—8}$$

## 二、棒影日照图的绘制步骤

以广州地区（北纬 23°8′）冬至日为例，棒影日照图的制作步骤如下：

（1）由计算法或图解法求出广州冬至日各时刻的方位角和高度角，并据此求出影长及方位角。假定棒高 1cm，根据式（12—7）和式（12—8），计算结果见表 12—2。

表 12—2　广州冬至棒影长度计算

| 时　间 | 日出 | 7 | 8 | 9 | 10 | 11 | 12 |
|---|---|---|---|---|---|---|---|
| 项　目 | 日没 | 17 | 16 | 15 | 14 | 13 | |
| 方位角 $A_s$ | $=64°22'$ | $=62°23$ | $=46°17'$ | $34°6'$ | $18°30'$ | $0°$ | |
| 高度角 $h_s$ | $0°$ | $3°24'$ | $15°24'$ | $26°8'$ | $35°4'$ | $41°12'$ | $43°27'$ |
| | $\infty$ | 18.67 | 3.63 | 2.03 | 1.42 | 1.14 | 1.06 |
| 影方位角 | | | | $A'_s = A_s + 180°$ | | | |

（2）如图 12—6 所示，在图上作水平线和垂直线交于 $O$，在水平线上按 $\frac{1}{100}$ 比例以 1cm 代表 1m 的高度。截取若干段（也可以其它比例代表棒高的实长）。由 $O$ 点按各时刻方位角作射线（用量角器量出），并标明射线的钟点数。再按 $Hctgh_s$ 值在相应的方位角线上截取若干段影长，即有 1cm 棒高的日照图后，也可根据棒长加倍，影长随之加倍的关系，将影长沿方位放射线截取而获得棒高为 2cm、3cm 等的影长。依此类推，并在图上标明 1、2、3……等标记。然后把各射线同一棒高的影长各点连接，即成棒影日照图。

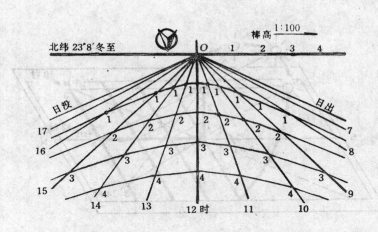

图 12—6　棒影日照图制作步骤

（3）棒影日照图上应注明纬度、季节日期、比例及指北方向等。按上述制作方法，可制作不同纬度地区在不同季节的棒影日照图。北纬 40°和北纬 23°地区的夏至、冬至、春分、秋分的棒影日照图，见附录五。

### 三、用棒影日照图求解日照问题

（一）建筑物阴影区和日照区的确定

1．建筑物阴影区的确定

例如，试求北纬 40°地区一幢 20m 高平面呈凹形、开口部分朝北的平屋顶建筑物（图

12—7）夏至上午 10 点在周围地面上的阴影区。

首先将绘于透明纸上的平屋顶房屋的平面图覆盖于棒影图上，使平面上欲求之 A 点与棒影图上的 O 点重合，并使两图的指北针方向一致。平面图的比例最好与棒影图比例一致，较为简单。但亦可以随意。当比例不同时，要注意在棒影图上影长的折算。例如选用 1:100 时，棒高 1cm 代表 1m；选用 1:500 时，棒高 1cm 代表 5m，其余依次类推。如平面图上 A 为房屋右翼北向屋檐的一端，高度为 20m，则它在这一时刻之影就应该落在 10 点这根射线的 4cm 点 A' 处（建筑图 1:500，故棒高 4cm 代表 20m），连结 $\overline{AA'}$ 线即为建筑过 A 处外墙角的影。

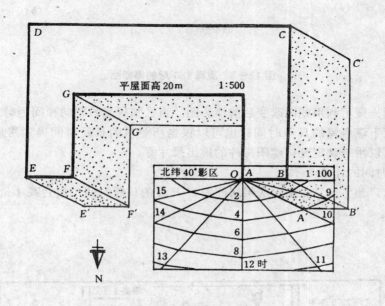

图 12—7　建筑物阴影区的确定

用相同的方法将 B、C、E、F、G 诸点依次放在 O 点上，可求出它们的阴影 B'、C'、E'、F'、G'。根据房屋的形状依次连接 AA'B'C'C 和 EE'F'G 所得的连线，并从 G' 作与房屋东西向边平行的平行线，即求得房屋影区的边界，如图 12—7 所示。

2．室内日照区的确定

利用棒影日照图也可以求出采光口在室内地面或墙面上的投影，即室内日照区。了解室内日照面积与变化范围，对室内地面、墙面等接受太阳辐射所得的热量的计算、窗口的形式与尺寸及对室内的日照深度等，均有很大关系。

（二）确定建筑物的日照时间和遮阳尺寸

为了求解这一类问题，不能直接利用上述解阴影区日照区所用的棒影图，而需要把它的指北向改为指南向，然后再用棒影图。图 12—8 表示旋转 180° 后的棒影图。旋转 180° 就意味着将某一高度的棒放在其相应的棒影轨迹 O' 上，则基棒的端点 A' 的影恰好落在 O 点上。如果将棒立于连线 $\overline{OO'}$ 之上任一位置，则 O 点就受到遮挡，即 O 点无日照。如果将棒立于连线 $\overline{OO'}$ 以外时，棒端点 A' 的影就达不到 O 点，则 O 点受到阳光，即 O 点有日照。

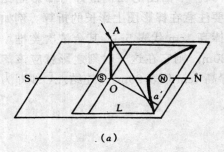

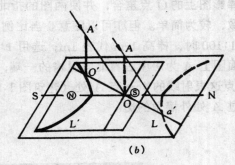

图 12—8 旋转 180° 后的棒影图

据此原理，便可利用朝向改变后的棒影图。当已知房屋的朝向和间距时，就可确定前面有遮挡情况下该房屋的日照时间；也可以根据所要求的日照时间确定房屋的朝向和间距。同时亦可以用来确定窗口遮阳构件的挑出尺寸等。

1. 日照时间的计算

例如，求广州冬至日正南向底层房间窗口 $P$ 点的日照时间，窗台高 1m，房间外围房屋见图 12—9。

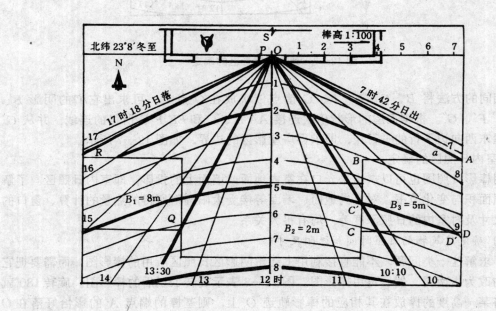

图 12—9 求日照时间

图中 $B_1$ 幢房屋高 9m，$B_2$ 高 3m，$B_3$ 高 6m。由于减去 1m 窗台高，故 $B_1$ 相对高 8m，$B_2$ 相对高 2m，$B_3$ 相对高 5m。

将棒影图 $O$ 点与 $P$ 点重合，使图的 SN 旋转 180°，并使与建筑朝向相重合。由于窗口有一定厚度，故 $P$ 点只在 $\angle QPR$ 的采光角范围内才能受到照射。由图内找出 5 个单位影长的轨迹线，则 $B_3$ 平面图上的 $C'D'$ 与轨迹相交，这是有无照射的分界点。而平面上的 $ABC'D'$ 均在轨迹线范围内，故这些点均对 $P$ 点有遮挡。由时间线查出 10 点 10 分之前均遮挡 $P$ 点。对于 $B_2$ 幢来说，因它在 2 个单位影端轨迹线之外，故对 $P$ 点无遮挡。同理，$B_1$ 平面的棒影图在 8 个单位影端轨迹之内，故对 $P$ 点有遮挡，时间由 13 点 30 分至日落。因此 $P$ 点实际受到日照的时间是从 10 点 10 分到 13 时 30 分，共 200min。

2. 建筑朝向与间距的选择

从日照角度确定适宜的建筑间距和朝向，主要目的在于能获得必要的阳光，达到增加冬季室温和利用紫外线杀菌的卫生效果。对一些疗养院、托儿所和居住建筑来说，都应保证一定的室内日照时间，但其具体标准涉及卫生保健的需要以及经济条件等问题，应由卫生部门协同有关人员共同研究制订。对日照时间的规定，尚未反映出室内日照与深度、面积等的关系。这些都有待我们进一步研究。由于我国对日照的卫生指标尚未具体规定，在参考国外资料时应根据我国具体情况使用。例如争取日照的寒冷地区或医疗建筑、托幼建筑等，可考虑采用 3h，而一般建筑可采用 2h 左右。

开始做总图设计时，就应考虑个别房间的日照要求，选择适宜的房屋朝向和间距，合理组织建筑的布局等等。

当然，房间的实际朝向和间距还取决于其它许多因素，如总体规划的要求、太阳辐射量、主导风向、采光要求以及防风砂、防暴雨袭击要求等。因此，要综合考虑有关因素后做最后选择。

# 复习思考题

1. 用计算法计算出北纬 40°地区 4 月下旬下午 3 点的太阳高度角和方位角以及日出、日没时刻和方位角。

2. 试绘制北纬 40°地区春（秋）分日的棒影日照图。

3. 北纬 40°地区有一坡顶房屋朝向正南，东西长 8m，南北宽 6m，地面至屋檐高 4m，檐口至屋脊高 2m，试用棒影图求该幢房于春分上午 10 时投于地面的日照阴影。

# 下 篇

# 建 筑 光 学

# 建筑光学概述

　　建筑光学包括利用天然光或人工光形成建筑室内外的光环境。室外光环境，是指在建筑物外部空间由光照而形成的光环境，它主要起美化建筑物的作用；室内光环境不仅有美学意义，而且还要满足人们工作、学习和生活中诸多功能要求。

　　人们对室内环境的要求是多方面的，不仅希望室内不冷不热，而且希望无论白天还是黑夜，室内光线都能充足柔和，并能尽快看到所视对象等。因此，良好的室内光环境是保证人们进行正常工作、学习和生活的必要条件。它对工作效率和视力健康有直接影响。因此，在建筑设计、装饰设计、室内设计时，必须充分重视采光和照明问题。

# 第十三章

# 建筑光学基本知识

光是以电磁波形式传播的辐射能。电磁波辐射的波长范围很广，只有波长在 380～760nm 的这部分辐射才能引起光视觉，称为"可见光"。波长短于 380nm 的光是紫外线、$x$ 射线、$\gamma$ 射线；长于 760nm 的光是红外线、无线电波等等。这一类电磁波辐射对人眼产生不了光视觉，即是看不见的。由此而知，光是一种客观存在的能量，并且和人的主观感觉有着密切的联系。因此，为了搞好光环境的设计，必须了解光的性质、度量、人眼的视觉特性等。

## 第一节 基本光度单位及应用

光的波长不同，人眼对其产生的颜色感觉也不同。各种颜色的光的波长范围，如图 13—1 所示。应当指出，各种颜色的光的波长之间并没有明显的界限，颜色是逐渐变化的。即一种颜色逐渐减弱，另一种颜色则逐渐增强，慢慢变到另外一个颜色。

一般光源发出的光往往是由不同波长的电磁波组成的。这样的光，称为"多色光"。太阳光就是多色光。白色的太阳光中，包含了红、橙、黄、绿、青、蓝、紫等各种颜色的光。波长单一的光，称为"单色光"。实事上，真正的单色光在实际生活中是很少遇到的。通常所看到的彩色光，往往是以某一波长为主要成分而夹杂其它波长的光。红光主要是波长在 700nm 左右的光。

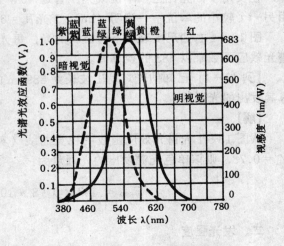

图 13—1 光谱光效应函数及颜色感觉

## 一、光通量

光通量表示光源能发出的光能总量。人眼对不同波长的电磁波不仅产生不同的颜色感觉，而且具有不同的灵敏度。实验表明，人眼对黄绿色（波长为 555nm）最敏感，观察、比较几种波长不同而辐射量相同的光波时，就感到黄绿光最亮，波长较长的红光和波长较短的紫光都感到暗得多。为了便于比较，国际上都将 555nm 黄绿光的感觉量定为 1，这样其余波长光的感觉量都小于 1。眼睛的这一视觉特性，称为"光谱光效应函数"（$V_\lambda$）。它的数值随波长不同而改变，具体值见图 13—1 左侧数值。图中实线为光线强时的数据。由曲线可见，555nm 的黄绿光具有最大值，即为 1；虚线为光线很弱时的情况，它与光线很强时相比，最灵敏点向短波方向移动，处于绿光范围。这也就是说，人眼的最灵敏波长随着光强的不同会有一些变化。

人眼的这一特性使我们不能直接用光源的辐射功率或辐射通量来衡量光能的大小，而必须用以人眼对光的感觉量为基准的单位——光通量来衡量。即是以人眼的光感觉量为标准来评价辐射通量值。常用 F 来表示，单位为光瓦。1 光瓦等于辐射通量为 1W、波长为 555nm 的黄绿光所产生的光感觉量。由于人眼对黄绿光最敏感，所以其它波长的光要达到 1 光瓦的感觉量，其辐射能量必须高于 1W。其关系式如下：

$$F_\lambda = V_\lambda P_\lambda \qquad\qquad (13—1)$$

式中：$F_\lambda$——波长为 $\lambda$ 的光通量，光瓦；

$\qquad V_\lambda$——波长为 $\lambda$ 的光谱光效应函数；

$\qquad P_\lambda$——波长为 $\lambda$ 的辐射通量，W。

如为多色光，则光通量为各单色光的总和。即：

$$F_\lambda = F_{\lambda 1} + F_{\lambda 2} + \cdots\cdots = \Sigma(V_\lambda P_\lambda) \qquad\qquad (13—2)$$

在实用中，光瓦这一单位太大，普通 40W 白炽灯发出的光通量仅 0.5 光瓦，因此常用另一个较小的单位——流明（lm）。1 光瓦 = 683lm。

图 13—1 右侧尺度表明不同波长的光，每光瓦辐射通量产生的光通量流明数。它是光谱光效应函数乘以 683 的换算值。

【例 13—1】已知钠光灯发出波长为 589nm 的单色光，设其辐射通量为 10.3W。试计算其发出的光通量。

【解】

从图 13—1 光谱光效应函数明视觉曲线（实线）中可以查出，对应于波长 589nm 的 $V_\lambda = 0.78$，则该单色光源发出的光通量为：

$$F_{589} = 683 \times 0.78 \times 10.3 = 5484.5(\text{lm})$$

## 二、发光强度

发光强度，是指光源所发出的光通量在空间的分布密度。光源向四周辐射的光能总量可以用光通量来表示，但不同光源发出的光通量在空间的分布往往又是不同的。例如，吊在桌面上的一个 100W 的白炽灯发出 1250lm 光通量，但是如果用灯罩，光通量在空间分布情况就不同，桌面上的光通量也就不一样了。加了灯罩后，灯罩把光向下反射，使向下的光通量增加，桌面上会亮一些。因此，只知道光源发出的光通量是不够的，还需要了解它在空间中的分布状况，即发光强度，常用符号 $I$ 来表示。

当点光源在某一方向上的无限小立体角 $d\omega$ 内发出的光通量为 $dF$ 时，则该方向上的发光强度为：

$$I = \frac{dF}{d\omega} \tag{13—3}$$

图 13—2 表示一球体半径为 $r$、球心 $O$ 处放一光源，它向球表面 $ABCD$ 所包的面积 $S$ 上发出 $F$lm 的光通量。而面积 $S$ 在球心形成立体角 $\omega$：

$$\omega = S/r^2 \tag{13—4}$$

立体角的单位为球面度（sr）。即当 $S = r^2$ 时，它在球心处形成的立体角 $\omega = 1$ 球面度。在这一方向的发光强度则为：

$$I = \frac{F}{\omega} \tag{13—5}$$

发光强度的单位为 cd。它表示在 1 球面度立体角内均匀发射出 1lm 的光通量，即

$$1cd = 1lm/1sr$$

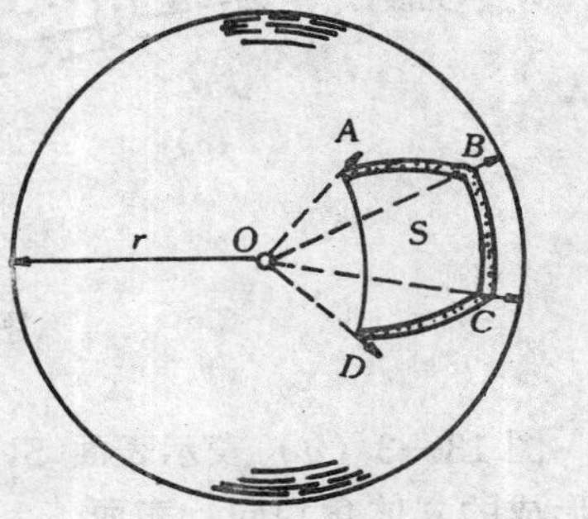

图 13—2  发光强度的概念

40W 白炽灯泡正下方具有 30cd 的发光强度。如加上一个不透明的搪瓷伞形罩，向上的光通量除少量被吸收外，都被灯罩反射，因此向下的光通量增加，而灯罩下方立体角未变，故光通量的空间密度加大，发光强度由 30cd 增加到 73cd。

### 三、照度

照度表示被照面上的光通量密度。设被照面无限小面积 $dS$ 上所接受的光通量为 $dF$，则该点处的照度：

$$E = \frac{dF}{dS} \tag{13—6}$$

当光通量 $F$ 均匀分布在被照表面 $S$ 上时，则此被照面的照度：

$$E = \frac{F}{S} \tag{13—7}$$

照度的常用单位为勒克斯（lx）。它等于 1 流明的光通量均匀分布在 1m² 的被照面上，即：

$$1lx = \frac{1lm}{1m^2}$$

在 40W 白炽灯下 1m 处的照度约为 30lx。加一搪瓷伞形罩后照度就增加到 73lx。阴

天中午室外照度为 800~20000lx；晴天中午在阳光下的室外照度可高达 80000~120000lx。

### 四、发光强度和照度的关系

点光源在被照面上形成的照度，可以从发光强度和照度这两个基本量之间的关系求出。

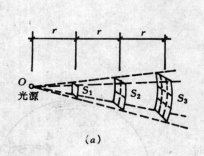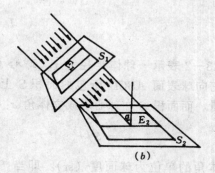

图 13—3　点光源产生的照度概念

图 13—3（a）表示表面 $S_1$、$S_2$、$S_3$ 距点光源 $O$ 的距离分别为 $r$、$2r$、$3r$。在光源处形成的立体角相同。表面 $S_1$、$S_2$、$S_3$ 的面积与它们距光源距离的平方成正比，即 1:4:9，并且光线垂直入射到 $S_1$、$S_2$、$S_3$ 上。设光源 $O$ 在这三个表面方向的发光强度不变，即单位立体角的光通量不变，则落在这三个表面的光通量相同。但由于它们的面积不同，所以在其上的光通量密度也不同，照度是随它们的面积而变化。由此可以推出发光强度和照度的一般关系。从式（13—7）知道，表面的照度为：

$$E = \frac{F}{S}$$

由式（13—5）可知 $F = I\omega$（其中 $\omega = \dfrac{S}{r^2}$），将其代入式（13—7），则得

$$E = \frac{I}{r^2} \tag{13—8}$$

式 13—8 表明，某表面的照度 $E$ 与点光源在这方向的发光强度 $I$ 成正比，与它距光源距离 $r$ 的平方成反比。这就是计算点光源产生照度的基本公式，称为"距离平方反比定律"。当入射角不等于零时，如图 13—3 的表面 $S_2$ 与 $S_1$ 成 $\alpha$ 角。$S_1$ 的法线与光线重合，则 $S_2$ 的法线与光源射线成 $\alpha$ 角，由于

$$F = S_1$$

$$E_1 = S_2 E_2$$

且

$$S_2 = \frac{S_1}{\cos\alpha}$$

故

$$E_2 = E_1\cos\alpha$$

由式（13—8）可知，$E_1 = \dfrac{I}{r^2}$，故：

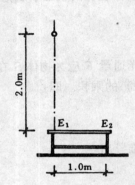

$$E_2 = \frac{I}{r^2}\cos\alpha \qquad (13-9)$$

式（13—9）表示，表面法线与光线成 $\alpha$ 角处的照度与它至点源的距离平方成反比，与光源在 $\alpha$ 方向的发光强度和入射角 $\alpha$ 的余弦成正比。

【例 13—2】如图 13—4 所示，在桌上 2m 处挂一40W 白炽灯，求灯下桌面点 1 处照度 $E_1$ 及点 2 处照度 $E_2$ 值。

【解】从上文中知道：40W 白炽灯 $I = 30$cd，按式（13—9）可得：

图 13—4　点光源在桌面上形成的照度

$$E_1 = \frac{I}{r^2}\cos\alpha = \frac{30}{2^2}\cos 0° = 7.5\ (\text{lx})$$

$$E_2 = \frac{I}{r^2}\cos\alpha = \frac{30}{2^2 + 1^2}\cos 26°30' = 5.4\ (\text{lx})$$

## 五、亮度

在相同的照度情况下，黑色物体和白色物体在人眼中引起的视觉感觉并不同。这表明物体表面的照度，并不能直接表明人眼对物体的视觉感觉。为了描述人眼的视觉感觉，需要引入"亮度"的概念。

一个发光或反光物体，在眼睛的视网膜上成像，视觉感觉和视网膜上的像的照度成正比。像的照度愈大，我们觉得被看的发光或反光物体愈亮。图 13—5 为这一过程简图。图中 $S$ 为一发光物体，它在视网膜上形成像 $\sigma$，物体表面积 $S$ 和它在视网膜上形成的像的面积与它们至瞳孔

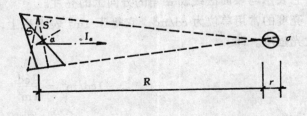

图 13—5　亮度概念

的距离的平方成正比。即：

$$\frac{S\cos\alpha}{R^2} = \frac{\sigma}{r^2}$$

这里 $S\cos\alpha$ 为物体 $S$ 在垂直于视线平面上的投影。由上式得出：

$$\sigma = \frac{Sr^2\cos\alpha}{R^2}$$

已知该物体在视网膜上形成像的照度 $E_\sigma$ 为落在视网膜上的光通量 $F$ 与面积 $\sigma$ 之比。即：

$$E_\sigma = \frac{F}{\sigma}$$

这里的光通量 $F$ 应为物体 $S$ 在瞳孔上形成的照度（$E_\tau$）和瞳孔面积（$q$）与眼球的透光系数（$\tau$）的乘积。即：

$$F = E_\tau q\tau$$

最后不难导出：

$$E_\sigma = \frac{I_\alpha}{R^2}q\tau\frac{R^2}{Sr^2\cos\alpha} = \frac{\tau q}{r^2}\cdot\frac{I_\alpha}{S\cos\alpha}$$

这里 $r^2$、$\tau$、$q$ 均为常数，故 $E_\sigma$ 是随 $I_\alpha S\cos\alpha$ 而变。把这一量称为该物体在 $\alpha$ 方向的表面亮度（$B_\alpha$）。即：

$$B_\alpha = \frac{I_\alpha}{S\cos\alpha} \tag{13—10}$$

从式（13—10）看出，物体亮度与该物体在视线方向上的发光强度成正比，与该物体在视线方向上的投影面积成反比。即物体在视线方向上的发光强度愈大，投影面积愈小，就感到它愈亮。黑白二物体的照度相同，但由于反射系数不同，故反射出的光通量不同。白色物体反射的光通量多，在空间分布密集得多——发光强度大些，故就感到它比黑色物体亮些。眼睛的主观感觉还受别的一些因素影响，这将在下一节中讨论。

在实际中，由于物体在各方向的亮度不一定相同，因此常在亮度符号的右下角注明角度。它表示与表面法线成 $\alpha$ 角的方向上的亮度。

亮度的常用单位为 $cd/m^2$，它等于 $1m^2$ 表面积上，沿着法线方向（$\alpha = 0°$）产生 1cd 的发光强度。即：

$$1cd/m^2 = \frac{1cd}{1m^2}$$

有时也用另一较大单位熙提（sb），表示 $1cm^2$ 面积上发出 1cd 时的亮度单位。很显然，$1sb = 10^4 cd/m^2$。常见的白炽灯灯丝亮度约 $300\sim500$sb；光灯表面平均亮度仅 $0.8\sim0.9$sb；太阳亮度高达 20 万熙提；无云蓝天变化于 $0.2\sim2.0$sb 之间。

## 六、照度和亮度的关系

如图 13—6 所示，设 $S_1$ 为各方向亮度都相等的发光面，$S_2$ 为被照面。在 $S_1$ 上取一微元面积 $ds_1$，则可视为点光源，故它在被照面 $S_2$ 上的 $P$ 处形成的照度为：

$$E = \frac{I_\alpha}{r^2}\cos\theta \qquad (a)$$

由亮度与光强的关系式（13—10）可得：

$$I_\alpha = B_\alpha ds_1 \cos\alpha \qquad (b)$$

将式（$b$）代入式（$a$）则得：

$$E = B_\alpha \frac{ds_1\cos\alpha}{r^2}\cos\theta \qquad (c)$$

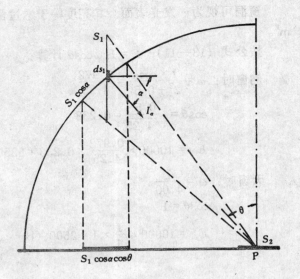

图 13—6　照度和亮度的关系

式中：$\dfrac{ds_1\cos\alpha}{r_2}$ 为以 $P$ 点为顶点、由 $ds_1$ 所张的立体角 $d\omega$，故式（$c$）可写成：

$$dE = B\alpha d\omega\cos\theta$$

$$E = B\alpha\omega\cos\theta d\omega$$

如表面亮度均匀，则：

$$E = B\alpha\omega\cos\theta \qquad\qquad (13—11)$$

这就是常用的立体角投影定律，它表示某一亮度为 $B_\alpha$ 的发光表面在被照面上形成的照度，是这一发光表面的亮度 $B_\alpha$ 与发光表面在被照面上形成的立体角 $\omega$ 在被照面上的投影（$\omega\cos\theta$）的乘积。这一定律表明：某一发光表面在被照面上形成的照度，仅和发光表面的亮度及其在被照面上形成的立体角投影有关，而和它的面积绝对值无关。在图 13—6 中，尽管 $S_1$ 和 $S_1\cos\alpha$ 的面积不同，但由于它对被照面形成的立体角投影相同，故只要它们的亮度相同，它们在 $S_2$ 上形成的照度就一样。

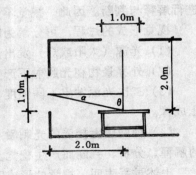

图 13—7　例 13—4 计算图

【例 13—3】在侧墙和屋顶上各有一个 1m 见方的窗洞，它与室内一桌子的相对位置见图 13—7。设通过窗洞看见的天空亮度均为 1sb，试分别求出各个窗洞在桌面上形成的照度（桌面与侧窗窗台等高）。

**【解】**

窗洞可视为一发光表面，其亮度等于透过窗洞看见的天空亮度，在本例题中为$10^4$cd/m$^2$。

按公式（13--11），$E = B_\alpha \omega \cos\theta$ 计算：

侧窗时：$\omega = \dfrac{1 \times \cos\alpha}{2^2 + 0.5^2} = \dfrac{0.972}{4.25}$

$\cos\theta = \dfrac{0.5}{\sqrt{4.25}} = 0.233$

$E\omega = 10000 \times \dfrac{0.972}{4.25} \times 0.233 = 535$（lx）

天窗时：$\omega = \dfrac{1}{4.00}$

$\cos\theta = 1$

$E_m = 10000 \times \dfrac{1}{4} \times 1 = 2500$（lx）

# 第二节　人眼的视觉特性

优良的光环境能充分发挥人的视觉功效，使人轻松、安全、有效地完成视觉作业，同时又在视觉和心理上感到舒适满意。

为了设计这样的环境，首先需要了解人的视觉机能，研究有哪些因素影响视觉功效和视觉舒适，以及如何发生影响。

## 一、视觉

视觉，是指人眼通过对光的感受由大脑中产生的感觉。视觉活动与人的所有知觉一样，不仅需要某种外界条件对神经系统的刺激，而且需要大脑对由此产生的神经脉冲信号进行解释与判断。因此，视觉不是简单的"看"，它包含着"看与理解"。

视觉形成的过程，可分解为四个阶段：

（1）光源（太阳或灯）发出光辐射。

（2）外界景物在光照射下产生颜色、明暗和形体的差异，相当于形成二次光源。

（3）二次光源发出不同强度、颜色的光信号进入人眼瞳孔，借助眼球调节，在视网膜上成像。

（4）视网膜上接受的光刺激（即物像）变为脉冲信号，经视神经传给大脑，通过大脑的解释、分析、判断而产生视觉。

上述过程表明，视觉的形成既依赖于眼睛的生理机能和大脑积累的视觉经验，又和照明状况密切相关。人的眼睛和视觉就是长期在自然光照射下演变进化的。

## 二、亮度阈

亮度阈，是指能够引起视觉感觉的亮度范围的上、下限值。在黑暗中我们看不见物体，就是因为它没有足够的亮度，不能引起视觉感觉。所以，物体具有一定亮度是在视网膜上成像以引起视觉感觉的基本条件。视网膜上像的照度愈高，我们感到物体愈亮，看得愈清楚。实验表明，物体亮度仅为 $\dfrac{10^{-9}}{\pi}$ sb 时，人眼就能感觉到它的存在。这一值称为"最低亮度阈"。随着亮度的增加，人们能更清楚、更迅速地看到物体，更少感到疲乏。当亮度增加到 1sb 时达到最大的灵敏度，即可看到最小的东西。但如亮度进一步提高，由于亮度过大，刺激眼睛不能适应，灵敏度反而下降。这说明眼睛的适应力虽很强，但也有一定限度。因此，应根据观看对象的反光特性、反光系数确定必要的照度，使亮度处于适当范围之内。

### 三、视野

视野，是指当头和眼睛不动时人眼能察觉到的空间范围（见图13—8）。单眼的综合视野（单眼视野）在垂直方向的角度约 130°，水平方向约 180°。两眼同时能看到的视野（双眼视野）较小一些，约占总视野中 120°的范围。视线周围 1°～1.5°内的物体能在视网膜中心凹成像，清晰度最高，这部分叫"中心视野"；

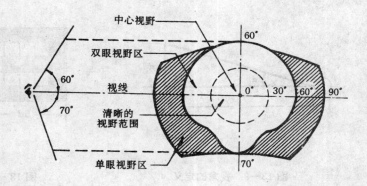

图 13—8  视野范围

目标偏离中心视野以外观看时，叫"周围视野"。视线周围 30°视觉环境的清晰度也比较好。

人眼进行观察时，总要使观察对象的精细部分处于中心视野，以便获得较高的清晰度。因此，人经常要转动眼睛，甚至要转动头部。但是眼睛不能有选择地取景，摒弃人不想看的东西。中心视野与周围视野的景物同时都在视网膜上反映出来，所以周围环境的照明对视觉功效也会产生重要影响。

### 四、视力

视力，是指人凭借视觉器官辨认目标或细节的敏锐程度。一个人能分辨的细节愈小，它的视觉敏锐度就愈高。在数量上，视觉敏锐度等于刚能分辨的视角的倒数。即：

$$V = \frac{1}{\alpha \min} \tag{13—12}$$

物体大小（或其中某细节的大小）对眼睛形成的张角，叫做"视角"。在图13—9 中，$d$ 代表目标大小，$l$ 是由眼睛角膜到该目标的距离，视角 $\alpha$ 用下式计算：

$$\alpha = \mathrm{arctg}^{-1} \frac{d}{l} \tag{13—13}$$

当 $\alpha$ 较小时，用近似公式：

$$\alpha = \frac{d}{l} \qquad\qquad (13-14)$$

通常用"分"表示视角大小，于是有：

$$\alpha = \frac{180}{\pi} \times 60 \times \frac{d}{l} = 3440\frac{d}{l} \qquad\qquad (13-15)$$

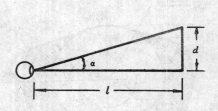

图 13—9　视角的定义

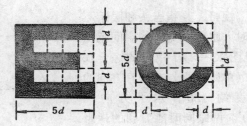

图 13—10　检验视力用的视标

　　眼睛分辨细节的能力主要是中心视野的功能。这一能力因人而异。医学上常用兰道尔环或"E"型视标检验人的视力。它们在横向与纵向都由 5 个细节单位构成（5d），例如"C"形兰道尔环的黑线条宽度与缺口宽度均为直径的 1/5。（见图 13—10）。在 5m 远的距离看视力表上的视标，当 $d=1.46$mm 时，视角恰好是 1′，能分辨 1′的视标缺口，视力等于 1，说明一个人的视力正常；如果仅能分辨 2′的缺口，则视力等于 1/2，即 0.5。

　　视觉敏锐度随背景亮度、亮度对比、细节呈现时间、眼睛的适应状况等因素而变化。在呈现时间不变的条件下，提高背景亮度或加强亮度对比，都能改善视觉敏锐度，看清视角更小的物体或细节。

### 五、眩光

　　眩光，是指亮度过高或亮度对比过大的刺眼光源。如白天看太阳，由于它的亮度高达20 万熙提，眼睛无法适应，睁不开。再如，如晚上看路灯，明亮的路灯衬上漆黑的夜空，黑白对比太强，因此感到很刺眼。同样的灯，在白天时，它的亮度并未减小，但由于白天亮度增大，二者亮度的对比减小，灯的刺眼程度就显著减弱。

　　上面是指视线正对眩光源而言。随着视线从眩光源移开，眩光源影响视力的程度就减弱。这说明眩光源和视线的相对位置也起一定作用。不同位置的眩光对视力影响程度见图13—11。

　　眩光源的尺寸也影响刺激量的大小，尺寸大的就刺眼一些。故有些灯具制成椭圆形。这种灯具在眩光影响大的区域，即离视线 30°以内看见的面积要小一些，眩光程度就轻

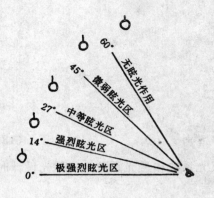

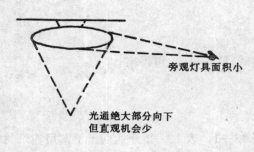

旁观灯具面积小

光通绝大部分向下
但直观机会少

图13—11　光源位置的眩光效应　　　　　图13—12　变断面灯具示意

些。图13—12就是这种灯具的示意。

　　直接被眼睛看到、引起视觉功能损失的眩光称为"直射眩光"。在一些光滑表面上，也可能看到眩光源的反射形象，同样能引起视觉功能的损失，称为"反射眩光"，如从水面或镜面反射出的太阳。

# 第三节　材料的光学性质

　　日常生活中所看到的光大多数是经过物体反射或透射的光。在窗扇中装上不同的玻璃，就产生不同的光效果。装上普通透明玻璃，阳光直接射入室内，在阳光照射处很亮，而其余地方则暗得多，因此从室内也可以清楚地看到室外景色。如果换上磨砂玻璃，磨砂玻璃使光线分散射向四方，整个房间都比较明亮，室外景色却无法看到，只能看到白茫茫一块玻璃。因此，对材料的光学性质有所了解，并根据它们的不同特点，合理地应用于不同场合，才能达到预期的目的。

　　在光的传播过程中，遇到介质（如玻璃、空气、墙……）时，入射光通量（$F$）中的一部分被反射（$F_\rho$），一部分被吸收（$F_a$），一部分透过介质进入另一侧的空间（$F_\tau$），见图13—13。

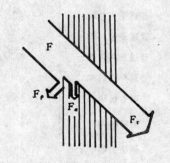

图13—13　光的反射、吸收和透射

　　根据能量守恒定律，这三部分之和应等于入射光通量。即：

$$F = F_\rho + F_a + F_\tau \tag{13—16}$$

　　反射、吸收和透射光通量与入射光通量之比，分别称为反光系数 $\rho$、吸收系数 $\alpha$ 和透

光系数 $\tau$。即：

$$\rho = F_\rho/F \tag{13—17a}$$

$$\alpha = F_\alpha/F \tag{13—17b}$$

$$\tau = F_t/F \tag{13—17c}$$

由式（13—16）可得出：

$$\frac{F_\rho}{F} + \frac{F_\alpha}{F} + \frac{F_\tau}{F} = \rho + \alpha + \tau = 1 \tag{13—18}$$

表 13—1、表 13—2 分别列出了常用建筑材料的反光系数和透光系数，供采光设计时参考使用，其它材料可查阅有关手册和资料。

表 13—1  室内饰面材料的反光系数 $\rho$

| 材料名称 | $\rho$ | 材料名称 | $\rho$ | 材料名称 | $\rho$ | 材料名称 | $\rho$ |
|---|---|---|---|---|---|---|---|
| 大白粉刷 | 0.75 | 红砖 | 0.30 | 灰黑色大理石 | 0.10 | 菱苦土地面 | 0.19 |
| 白色乳胶漆 | 0.84 | 灰砖 | 0.24 | 灰白色大理石 | 0.50 | 混凝土地面 | 0.32 |
| 白色调和漆 | 0.70 | 浅色瓷砖 | 0.78 | 白色水磨石 | 0.70 | 沥青地面 | 0.13 |
| 乳黄色调和漆 | 0.70 | 墨玉大理石 | 0.08 | 塑料贴面板 | 0.30 | 铸铁、钢板地面 | 0.19 |
| 白水泥 | 0.75 | 红色大理石 | 0.32 | 木板、胶合板 | 0.50 | | |
| 水泥砂浆抹面 | 0.35 | 雪花大理石 | 0.60 | 广漆地板 | 0.13 | | |

表 13—2  采光材料的透光系数 $\tau$

| 材料名称 | 厚度（mm） | $\tau$ | 材料名称 | 厚度（mm） | $\tau$ |
|---|---|---|---|---|---|
| 普通平板玻璃 | 2 | 0.84 | 玻璃钢（绿色） | — | 0.65 |
| 普通平板玻璃 | 3 | 0.82 | 铁丝平板玻璃 | 6 | 0.76 |
| 普通平板玻璃 | 4 | 0.80 | 聚氯乙烯板（本色） | | 0.65 |
| 普通平板玻璃 | 5 | 0.78 | 压花铁丝玻璃（花纹浅稀） | 6 | 0.66 |
| 普通平板玻璃 | 6 | 0.78 | 塑料安全夹层玻璃（透明） | 3＋3 | 0.78 |
| 磨砂玻璃 | 3 | 0.60 | 双层中空隔热玻璃（透明） | 3＋3 | 0.64 |
| 磨砂玻璃 | 6 | 0.55 | 吸热玻璃（蓝色） | 3 | 0.64 |
| | | | | 5 | 0.52 |
| 钢化玻璃 | 6 | 0.78 | 压花玻璃（花纹深密） | 3 | 0.57 |
| 有机玻璃（透明） | 2~6 | 0.85 | 压花玻璃（花纹浅稀） | 3 | 0.71 |
| 玻璃钢（本色） | — | 0.75 | 铁窗纱（绿色） | | 0.70 |

注：（1）表中所列 $\tau$ 值系在扩散光条件下测定的。

（2）双层中空玻璃厚度系指平板玻璃尺寸，中间空隙为 5mm。

反光系数和透光系数反映建筑材料的反光性能和透光性能。为了做好采光和照明设计，还需要了解光通量经介质反射和透射后分布上的变化。光通量分布变化取决于材料表面的光滑程度和材料的内部结构。根据光通量分布变化的角度不同，反光和透光材料均可分为两类：一类是定向的，另一类是扩散的。

光线经过定向类材料的反射和透射后，光分布的立体角没有改变，如平面镜和透明玻璃；而光线经过扩散类材料的反射和透射后，入射光通量程度不同地分散在更大立体角范围，粉刷的墙面就属于这一类。下面分别介绍这两类情况。

## 一、定向反射和透射

光线射到表面很光滑的不透明材料上，就出现定向反射现象。定向反射具有下列特点：

（1）入射角等于反射角。

（2）入射光线、反射光线以及反射表面的法线处于同一平面。

图 13—14　避免受定向反射
影响的办法

玻璃镜、磨得很光滑的金属表面都具有这种反射特性，这时在反射角方向可以很清楚地看到光源的形象，但眼睛（或光滑表面）稍微移动到另一位置，不处于反射角方向，就看不见光源形象。例如人们照镜子，只有当入射光（本人形象的亮度）、镜面法线和反射光在同一平面上，而反射光射入人眼时，人们才能看到自己形象。正是利用这一特性，将光滑表面放在合适位置，就可以将光线反射到需要的地方，或避免光源在视线中出现。如布置镜子和灯具时，必须使人获得最大的照度，同时又不能让刺眼的灯具反射形象进入人眼，这时就可利用这种反射法考虑灯的位置，如图 13—14 所示。人在 A 位置就能满足各项要求，而人在 B 处时明亮的灯就会反射入人眼，影响照镜子。

光线照射到透明材料上时产生定向透射。

如透明材料的两个表面彼此平行，则透过光线的方向和入射方向保持不变，只在材料内部产生微小的折射。例如，隔着质量好的玻璃窗，就能很清楚地见到另一侧的景物。但如玻璃质量不好，两个表面不平，各处厚薄不均匀，因而折射角不同，透过的光线就不平行，看见的形象就发生变形。如在一些场合，不希望从室内看到室外情况，以免分散注意力，就可以利用这一特性，将玻璃表面做成各种花纹（如压花玻璃）。花纹的刻痕使两侧表面不平行，因而光线折射不一，使外界形象严重歪曲，达到模糊不清的程度。这样既看不清室外情况，又不致因过分地影响光线透入而降低室内采光效果。

## 二、扩散反射和透射

如前所述，光线经扩散反射和扩散透射后，光通量会扩散在更大立体角范围内。

半透明材料使入射光线发生扩散透射，表面粗糙的不透明材料使入射光线发生扩散反射。根据对光的扩散状况，可将材料分为均匀扩散和定向扩散两类。

（一）均匀扩散材料

这类材料将入射光线均匀地向四面八方反射或透射。从各个角度看，其亮度完全相同，看不见光源形象。均匀扩散反射材料有氧化镁、石膏等。但大部分无光泽、粗糙的建筑材料（如粉刷、砖墙等），都可以近似地看成这一类材料。均匀扩散透射材料有乳白玻璃和半透明塑料等，透过它看不见光源形象或外界景物，只能看见材料的本色和亮度变化，常将它用于灯罩、发光天棚处，以降低光源的亮度，减少刺眼程度。这类材料的亮度和发光强度分布见图13—15。图中实线为亮度分布，虚线为发光强度分布。均匀扩散材料表面的亮度可用下列公式计算（对于反光材料）：

$$B = \frac{\rho E}{\pi} \qquad (13—19)$$

对于透光材料：

$$B = \frac{\tau E}{\pi} \qquad (13—20)$$

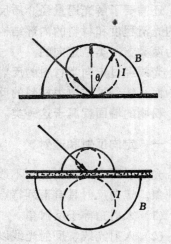

图13—15　均匀扩散反射和透射

如果用另一亮度单位阿熙提（asb），则 $B$ 可直接由表面照度和反光（透光）系数的乘积得出。即：

$$\left. \begin{array}{l} B = E\rho \\ B = E\tau \end{array} \right| \qquad (13—21)$$

显然　$1\text{asb} = \frac{1}{\pi}\text{cd}/\text{m}^2$

均匀扩散材料的最大发光强度在表面的法线方向。向其它方向的发光强度和最大值之间有如下关系：

$$I_\theta = I_{\max}\cos\theta$$

$\theta$ 即表面法线和某一方向间的夹角。这一关系式称为"朗伯定律"。

（二）定向扩散材料

某些材料同时具有定向和扩散两种性质。在它的定向反射（透射）方向上具有最大的亮度，而在其它方向也有一定亮度。具有这种性质的材料，亮度和发光强度分布见图13—16。图中实线表示亮度分布，虚线表示发光强度分布。

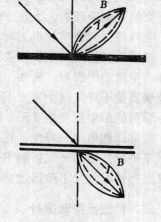

图13—16　定向扩散反射和透射

具有这种性质的反光材料有光滑的纸、较粗糙的金属表面、油漆表面等。这时在反射方向可以看到光源的大致形象，但轮廓不似定向反射那样清晰，而在其它方向又类似扩散材料具有一定亮度，不像定向反射材料那样没有亮度。这种性质的透光材料如磨砂玻璃等。

# 复习思考题

1. 波长为 520nm 单色光源的辐射功率为 10W，试求：
(1) 该光源的光通量；
(2) 发光强度（假定它向四周均匀发光）；
(3) 距它 5m 处的照度。
2. 一个人能辨认 500mm 处 0.12mm 的细节，他的视力是多少？
3. 一个直径为 250mm 的乳白玻璃球形灯罩，内装一光通量为 1260lm 的白炽灯，设灯罩的透光系数为 0.7，求灯罩外表面的亮度（假定灯罩外表面的亮度是均匀的）。
4. 试说明光通量与发光强度、照度与亮度间的区别和联系。

# 第十四章

# 天然采光

人眼只有在良好的光照条件下，才能有效地进行视觉工作。例如，在室内工作，就必须在室内创造良好的光照条件，即在工作面上获得能够满足工作、学习的照度。

天然光是人们习惯的光源。太阳能辐射中最强烈的区段正是人眼感觉最灵敏的那部分波范围。人眼在天然光下比在人工光下有更高的灵敏度。因此，在室内采光设计中最大限度地利用天然光，不仅可节约照明用电，而且对室内环境质量的提高也有重要意义。

## 第一节 采光标准

### 一、光气候

光气候，是指室外光线的变化和影响它变化的一些气象因素。

在天然采光的房间里，室内光线随室外天气的变化而改变。阴雨天，室内光线变暗，常需开灯才能工作。但晴天，室内明亮，开灯已属多余。可见要设计好室内采光，必须对光气候有所了解，以便在设计中采取相应的措施，保证采光需要。下面简单地介绍一些光气候知识。

太阳光穿过大气层时，一部分透过大气层达到地面，称为"直接光"。它形成的照度高，并具有一定的方向，在物体背后出现明显的阴影。另一部分碰到大气层中的空气分子、灰尘、水蒸气等微粒，产生多次反射，形成天空扩散光。它使天空具有一定亮度，这部分光形成的照度较低，没有一定方向，不能形成阴影。晴天，室外光线就是由这两部分组成的。全云天只有天空扩散光。现分别按不同天气看室外照度的变化。

#### （一）晴天

晴天，是指天空无云或很少云（云量占整个天空面积的 30% 以下）的天气。这时地面照度由太阳直射光和天空扩散光组成。它们的照度值都是随太阳的升高而增大，只是扩散光到太阳高度较高时增长速度减慢。因此太阳直射光照度在总照度中所占比例是随太阳高度角的增加而加大，阴影也越明显。室内某点的照度取决于从这点通过窗口所看到的那一块天空的亮度。了解天空的亮度分布对于天然采光设计有重要意义。晴天天空最亮处在太阳附近，离它愈远，亮度愈低，在与太阳成 90°角附近达到最低。由于太阳在天空的位置随时改变，因此天空亮度分布也是变化不定的。以太阳高度角为 40°时的无云天天空亮度分布为例，如图 14—1（a）所示。图中列出以天顶亮度为 1 的相对值。由图可见，天空亮度很不均匀。这时建筑物的朝向对采光影响很大，朝阳和背阳的房间照度相差很远。而朝阳的房间，太阳直接照射的地方（窗口的投影处）照度很高，但它们的位置和照度值在一天中又是随时间改变的，因而室内照度及其分布变化也很大。

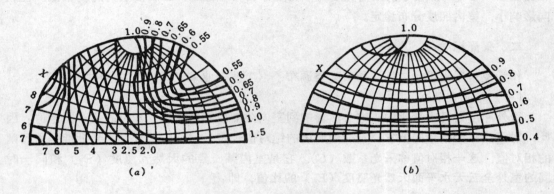

图 14—1　天空亮度分布
（a）无云天　（b）全云天
X. 太阳位置

（二）全云天

全云天，是指天空全部为云所遮盖，看不见太阳。这时室外天然光全部为扩散光，物体后面没有阴影。全云天的地面照度取决于下列因素：

1. 太阳高度角

阴天中午的照度仍然比早晚的照度高。

2. 云状

由于不同的云组成成分不同，对光线的影响也不同。低云云层厚，位置靠近地面，主要由水蒸气组成，故遮挡和吸收大量光线，地面照度也很低。高云是由冰晶组成，反光能力强，此时天空亮度达到最大，地面照度也高。

3. 地面反射能力

由于光在云层和地面间多次反射，使天空亮度增加，地面扩散光照度也显著提高。特别是当地面积雪时，扩散光照度可比无雪时提高 1 倍以上。

4. 大气透明度

如工业区烟尘使大气杂质增加，大气透明度很低，造成室外照度大大降低。

以上四个因素都影响室外照度，而它们本身在一天中也是变化的，必然也影响到室外照度随之变化，只不过是幅度没有晴天那样剧烈而已。

全云天的天空亮度是相对稳定的。它不受太阳位置的影响，近似地按下式变化：

$$B_0 = \frac{1 + 2\sin\theta}{3} \times Bz \qquad (14-1)$$

式中：$B_0$——离地面 $\theta$ 角处的天空亮度；

$Bz$——天顶亮度；

$\theta$——计算天空亮度处的高度角。

由式（14—1）可知，全云天天顶亮度为地平线附近亮度的 3 倍。全云天天空亮度分布见图 14—1（$b$）。由于阴天的亮度低，亮度分布相对稳定，因而使室内照度较低，但朝向影响小，室内照度分布稳定。

**二、采光标准**

作为建筑采光设计依据，国家建委颁布了《工业企业采光标准》，主要内容如下。

（一）采光系数

室外照度是经常变化的，这必然影响到室内照度也随之而变，不可能是一固定值。因此，对天然采光数量的要求，不能用照度的绝对值规定。目前我国天然采光标准是用照度的相对值，这一相对值称采光系数（$C$）。它是室内某一点的天然光照度（$E_1$）和同一时间的室外全云天水平面天然光照度（$E_0$）的比值，即：

$$C = \frac{E_1}{E_0} \times 100\% \qquad (14-2)$$

在采光标准中，室外照度是指全云天时的天空扩散光，而不考虑直射阳光。这是由于，直射阳光不论照度还是天空亮度分布的变化都很大，没有规律性，而且在很多情况下，不允许直射阳光进入室内，以免妨碍视觉工作。此外，只考虑全云天时的天空扩散光，照度较低，如已能满足视觉要求，则在晴天，照度更高，可进一步改善视觉工作条件。

利用采光系数这一概念，就可根据室内要求的照度换算出需要的室外照度，或由室外照度值求出当时的室内照度，从而不受照度变化的影响，以适应天然光多变的特点。

（二）采光系数标准值

不同的视看对象要求不同的照度，而照度在一定范围内愈高愈好。照度愈高，工作效率愈高。但是，高照度意味着投资大，故确定它必须既考虑到视觉工作的需要，又照顾到经济上的可能性和技术上的合理性。采光标准综合考虑了视觉试验结果。经过对已建成建筑采光现状进行的现场调查、采光口的经济分析以及我国光气候特征和国民经济发展等因素的分析，将视觉工作分为 Ⅰ～Ⅴ 级，提出了各级视觉工作要求的天然光照度最低值为 250lx、150lx、100lx、50lx、25lx。当室外照度为某一值时，室内照度即处于上述标准值。如室外照度进一步下降，则室内照度低于规定值，需要人工照明补充。

把室内天然光照度等于采光标准规定的最低值时的室外照度称为"临界照度"，也就是需要采用人工照明的室外照度极限值。这一值的确定影响开窗大小、人工照明使用时间等，有一定经济意义。经过不同临界照度值对各种费用的综合比较，考虑到开窗的可能性，采光标准规定临界照度值为 5000lx。四川、贵州等地区照度特低，如仍保持 5000lx，则天然光利用时间太短，故适当降低，取 4000lx。确定这一值后就可将天然光照度最低值换算成采光系数最低值，见表 14—1。

表 14—1　采光系数标准值

| 视觉工作分级 | 视觉工作特征 | | 内天然光照度最低值 $E_i$ (lx) | 采光系数最低值 $C_{min}$ (%) |
| --- | --- | --- | --- | --- |
| | 工作精确度 | 识别物件细节尺寸 $d$ (mm) | | |
| I | 特别精细工作 | $d \leqslant 0.15$ | 250 | 5 |
| II | 很精细工作 | $0.15 < d \leqslant 0.3$ | 150 | 3 |
| III | 精细工作 | $0.3 < d \leqslant 1.0$ | 100 | 2 |
| IV | 一般工作 | $1.0 < d \leqslant 5.0$ | 50 | 1 |
| V | 粗糙仓库工作 | $d > 5.0$ | 25 | 0.5 |

一个房间内的天然光照度不是均匀的，有大有小。采光标准中规定以最低值作为标准，就是室内各点的采光系数不得低于表 14—1 中所列最低值。这样就保证了全室其余地方都高于此值，获得更佳的视度，有利于视觉工作。为了保证视觉舒适，要求室内亮度均匀，在 I ～ III 视觉工作分级的车间内，要求照度均匀度 $\left(\dfrac{\text{室内照度最小值}}{\text{室内照度平均值}}\right)$ 在 0.7 以上，对 IV、V 级视觉工作未做规定。

# 第二节　采光口

为了取得天然光，人们在房屋的外围护结构（墙、屋顶）上开了各种形式的洞口，装上各种透明材料，如玻璃、有机玻璃等窗扇，以防护自然界的各种侵袭（如风、雨、雪等）。这些窗扇的透明孔洞统称为"采光口"。按照采光口所处位置，可分为侧窗和天窗两种。有的建筑同时采用侧窗和天窗，称为"混合采光"。下面介绍几种常用的采光口的采光特性，以及影响采光效果的各种因素。

## 一、侧窗

侧窗是在房间的一侧或两侧墙上开的窗。这是最常见的一种采光形式。由于侧窗构造简单、布置方便、造价低廉、光线具有强烈的方向性、有利于形成阴影，因此对观看立体物件特别适宜，并可直接看到外界景物，扩大视野，故被普遍使用。侧窗可分为单侧窗和双侧窗。

（一）单侧窗

在进深不大、仅有一面外墙的房间，普遍利用单侧窗采光。它的主要优点是光线自一侧投射，有显著的方向性，使人的容貌和立体物件形成良好的光影造型。当工作位置与有窗的外墙相垂直布置时（见图 14—2），就能有效地避免了光幕反射和不舒适的眩光。

影响单侧窗采光效果的因素，有下列几个：

（1）室内一点获得的天空直射光数量是由该点透过窗子"看"到的天空面积大小决定

 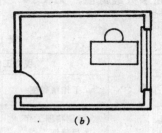

**图 14—2**

(a) 光线来自侧方　　(b) 工作台与窗子相垂直布置（平面图）

的，离窗子愈远，"看"到的天空面积愈小。

（2）全阴天空时，天顶要比地平线附近的天空亮得多。

（3）由窗子投射来的光线与受光平面的夹角越大，照度越高，投射角越小，照度越低（余弦定律）。

（4）室外景物对天空视域的遮挡。

这些因素都造成侧窗采光房间的昼光照度随离开窗子的距离而迅速降低，照度分布很不均匀。在窗子附近能接受大量的天空直射光，照度很高；在离窗远的地方，天空直射光减少，室内反射光占很大比例；在天空视见线以外的区域仅能靠室内反射光照明，照度往往不足，这就限制了单侧窗房间的有效采光进深。为了有较好的采光均匀度，单侧采光房间的进深一般以不超过窗上沿高度的 2～2.5 倍为宜。

几种常用的侧窗形式，如图 14—3 所示。

高而窄的窗子图〔见图 14—3（a）〕与低而宽的窗子图〔见图 14—3（b）〕相比，在面积相等的条件下，前者有较大的照射进深。但是，如果有一排侧窗被实墙分开，而且窗间墙比较宽，如图〔见图 14—3（c）〕，那么，在窗间墙背后就会出现"阴影区"，平行于窗墙方向（纵向）的昼光分布不均匀，窗子之间的地板和墙面也会显得昏暗。

长向带形窗比面积相同的高而窄的窗子照射进深小，但视域开阔，其昼光等照度曲线是长轴与窗墙相平行的椭圆。提高窗上槛的高度能增加照射进深，这种称为"带形高侧窗"〔见图 14—3（d）〕。如果仅在一面墙上设高侧窗，窗下墙区域一定相当暗，因此可能会同窗外的天空形成不舒适的亮度对比。

凸窗〔见图 14—3（e）〕附近有充足的昼光，而且视野开阔。但是凸窗的顶板遮住了一部分天空，使照射进深比普通的侧窗减小。这种窗子适用于旅馆客房、住宅起居室等窗前区域活动多的场合。

角窗〔见图 14—3（f）〕让光线沿侧墙射进房间，把角窗邻近的侧墙照得很亮，使室内空间的边界轮廓更为清晰。侧墙对昼光的反射形成一个由明到暗的过渡带，缓和了窗子与墙面的亮度对比。一般来说，角窗要与其它形式的侧窗配合使用，否则采光质量是不理想的。但是在某些情况下，单用角窗能得到特殊的采光效果。

（二）双侧窗

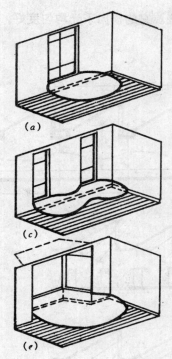
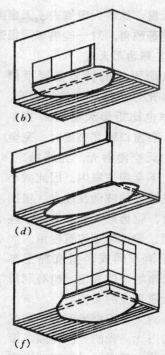

图 14—3　各种形式的侧窗

在相对两面侧墙上开窗能将采光进深增加一倍，同时缓和实墙与窗洞间的亮度对比。相邻两面墙上都开侧窗，在缓和墙与窗的对比上效果更显著，但采光进深增加有限。

## 二、天窗

天窗是在屋顶上开的窗。天窗的种类很多，一般可分为矩形天窗、锯齿形天窗、平天窗、横向天窗和井式天窗。

### （一）矩形天窗

在单层工业厂房中，矩形天窗应用很普遍。图 14—4（a）是矩形天窗的透视简图。它实质上相当于提高位置的成对高侧窗。在各类天窗中，它的采光效率（进光量与窗洞面积的比）最低，但眩光小，便于组织自然通风。

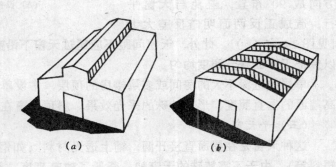

图 14—4　矩形天窗
（a）矩形天窗　（b）横向矩形天窗

普通矩形天窗是在屋架上架起一列天窗架构成的，窗子的方向与屋架垂直时，称为"纵向矩形天窗"。天窗屋架增加了建筑高度，也加大了结构荷载（特别是风荷载），从而提高了建筑费用。另一种形式的矩形天窗是将屋面板隔跨分别架设在屋架上弦和下弦位置，窗扇立在屋架外侧，紧贴屋架，称为"横向矩形天窗"，如图 14—4（b）所示，也称下沉式天窗。这种天窗省去了天窗架，但施工复杂一些。它的横向采光均匀度好，自然通风效果显著改善，对一些热车间很适用。

（二）锯齿形天窗

锯齿形天窗的特点是屋顶倾斜，可以充分利用顶棚的反射光，采光效率也比矩形天窗约高 15%～20%。当窗口朝北布置时，完全接受北向天空漫射光，光线稳定，直射日光不会照进室内，因此减小了室内温湿度的波动及眩光。根据这些特点，锯齿形天窗非常适于在纺织车间、美术馆等建筑使用。大面积的轧钢车间或轻型机加工车间、超级市场及体育馆，也有利用锯齿形天窗采光的实例。

多跨的大面积锯齿形天窗都从单一方向进光，光的方向性强，面向天窗和背向天窗的垂直面照度有较大的差异。如果窗口朝南，有直射日光照进室内，这种差异就更为显著。为此，一方面要尽量提高顶棚反射率，增加反射光强度；另一方面，机器设备、货架等要与天窗方向成 90°布置，避免与天窗平行，造成正反两面明暗反差太大

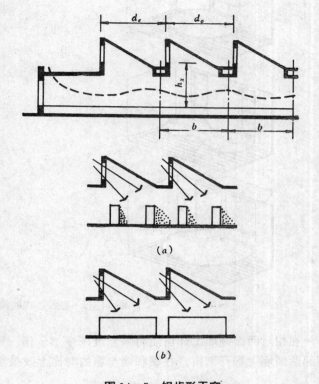

图 14—5　锯齿形天窗
（a）设备与天窗平行布置——错误
（b）设备与天窗垂直布置——正确

〔见图 14—5（a）〕。此外，天窗间距不应超过天窗下沿高度的 2～2.2 倍（$d_c < 2～2.2 h_x$）以保证工作面昼光照度均匀。

单层的进深不大的房间或多层楼房的顶层，常设单列的斜顶天窗增加采光进深，或提高墙面的垂直照度，形成特殊的采光效果。斜顶天窗在采光上的特点同锯齿形天窗类似。

（三）平天窗

这种天窗是在屋面直接开洞，铺上透光材料（如钢化玻璃、铁丝平板玻璃、玻璃钢、塑料等）。由于不需特殊的天窗架，降低了建筑高度，简化了结构，施工方便，造价仅为矩形天窗的 21%～37%。由于平天窗的玻璃面接近水平，故它在水平面的投影面积（$S_b$）较同样面积的垂直窗的投影面积（$S_a$）大，如图 14—6 所示。根据立体角投影定律，相同的窗面积，平天窗在水平面形成的照度比矩形天窗高，采光效率也比矩形天窗高 2～3 倍。

平天窗不但采光效率高，而且布置灵活，能做到哪里需要，就在哪里开天窗，照度易于达到均匀。图 14—7 表示平天窗在屋面的不同位置对室内采光的影响。图中三条曲线代表三种窗口布置方案。它说明：①平天窗在屋面的位置影响均匀度和采光系数平均值，当它布置在屋面中部偏屋脊处（布置方式 2）时，均匀性和采光系数平均值均较好；②它的

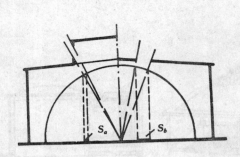

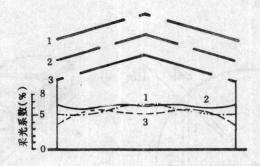

图 14—6  矩形天窗和平天窗采光效率比较　　图 14—7  平天窗在屋面不同位置对室内采光的影响

间距（$b_d$）对采光均匀性影响较大，最好保持在窗位置高度（$h_x$）的 2.5 倍范围内，以保证必要的均匀性。

平天窗可用于坡屋面（如槽瓦屋面），如图 14—8（$c$）所示；也可用于坡度较小的屋面上（大型屋面板），如图 14—8（$a$）、（$b$）所示。可做成采光罩，如图 14—8（$b$）所示；采光板，如图 14—8（$a$）所示；采光带，如图 14—8（$c$）所示。

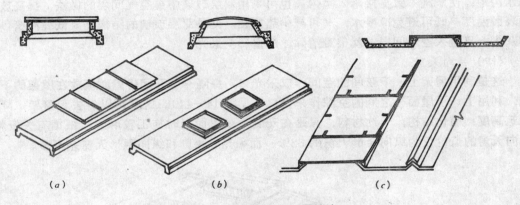

（$a$）　　　　　　　　（$b$）　　　　　　　　（$c$）

图 14—8  平天窗的不同做法

由于构造上的需要，在平天窗开口周围都需设置一定高度的肋，称为"井壁"。井壁高度和窗口面积的比例影响采光，窗口面积相对于井壁高度愈大，则进光愈多。为了增加进光，在开口上口不变的情况下，增大下口面积，即将井壁做成倾斜的喇叭口，对增加室内照度有一定效果，如图 14—9 中虚线所示。

平天窗的面积受制约的条件少，故室内的采光系数可能达到很高的值，以满足各种视觉工作要求。由于它的玻璃面近乎水平，故一般做成固定的，在需要通风的车间，应另设通风屋脊或通风孔。通风孔和采光口能距离远一点较好，以减少积尘。有的做成通风采光合用窗，如图 14—10 所示，仅适用于较清洁的车间。

平天窗污染较垂直窗严重，特别是西北多沙尘地区更为突出。但在多雨地区，雨水起到冲刷作用，积尘反而比其它窗少。故在采光标准中规定，多雨地区平天窗的污染系数可提高一级（即取倾斜天窗值）。

直接阳光很易通过平天窗射入车间，在车间内形成很不均匀的照度。在平天窗的投影

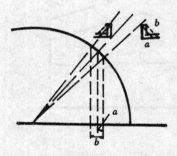
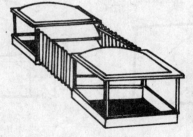
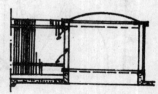

图14—9  井壁对采光量的影响　　　　图14—10  通风采光组合窗

处的亮度很高，而在车间的其余部分仅有扩散光，亮度很小，二者亮度相差很大，形成眩光。特别当阳光直接射到机床上或工作面上时，不仅产生眩光，而且形成过热现象。故在晴天多的地区，应考虑采取一定措施，将阳光扩散。

　　在北方寒冷地区，冬季在玻璃内表面可能形成冷凝水，特别是在室内湿度较大的车间，有时还相当严重。这时应将玻璃作一定角度，使水滴沿着玻璃面流到边沿，滴到特制的水沟中，使水滴不致直接落入室内。也可采用双层玻璃中夹空气间层的做法，提高玻璃内表面温度，既可避免冷凝水，又可减少热损耗。这种双层玻璃的结构需要嵌缝严密，否则灰尘一旦进入空气间层，就很难清除，严重影响采光。

　　（四）横向天窗

　　这是利用屋架上、下弦间的空间作成采光口，每隔一个开间将屋面板放在屋架的下弦上，利用上、下屋面板之间的空隙作采光口（见图14—11）。这就可以省去天窗架，降低建筑高度，简化结构，节约材料，只是在安装下弦屋面板时施工较麻烦。根据有关资料，横向天窗的造价仅为纵向矩形天窗的 62%，而采光效果则和纵向距形天窗差不多。

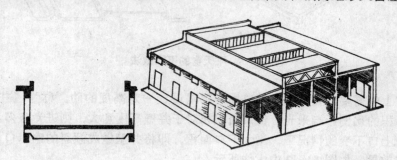

图14—11  横向天窗透视图

　　由于屋架上弦是倾斜的，故横向天窗窗扇的设置不同于矩形天窗。一般有三种做法：

　　（1）将窗扇做成横长方形，见图14—12（a），这样窗扇规格统一，加工、安装都较方便，但不能充分利用开口面积。

　　（2）窗扇做成阶梯形，见图14—12（b），它可以较多地利用开口面积，但窗口规格多，不利于加工和安装。

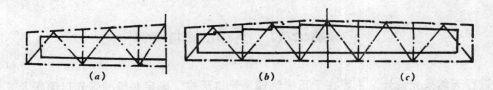

图 14—12　横向天窗窗扇形式

（3）将窗扇上沿和屋架上弦平行，做成倾斜的，见图 14—12（c），可充分利用开口面积，但加工较难，安装稍有不准，构件受力不均，易引起变形。

横向天窗的窗扇是紧靠屋架的，故屋架杆件断面的大小对采光影响很大，最好使用断面较小的钢屋架。另外，为了有足够的开窗面积，上弦坡度大的三角形屋架不适宜作横向天窗，梯形屋架的边柱也争取做高一些，以利开窗。因此，横向天窗不适宜跨度较小的车间。

为了减少直射阳光射入车间，应使车间的长轴指向南北，这样玻璃面也就朝向南北，有利于防止日射。

（五）井式天窗

井式天窗也是利用屋架上、下弦之间的窗间，将几块屋面板放在下弦杆上形成井口，如图 14—13 所示。它和横向天窗的区别在于横向天窗是沿屋架全长做成井口，井式天窗为了通风上的要求，只在屋架的局部做成开口，使井口较小，起抽风作用。

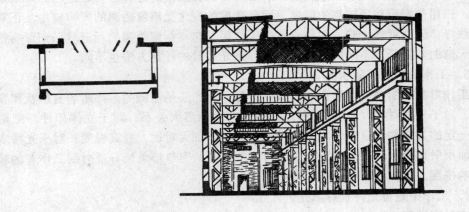

图 14—13　井式天窗

井式天窗主要用于热车间。为了通风顺畅，开口处常不设玻璃窗扇。为了防止飘雨，除屋面作挑檐外，开口高度大时还在中间加几排挡雨板。这些挡雨板遮光很厉害，光线很少能直接射入车间，都是经过井底板反射进入，因此采光系数一般在 1% 以下。虽然这样，在采光上仍比矩形避风天窗好，而通风效果更好。如车间还有采光要求时，可将挡雨板做成垂直玻璃挡雨板，这样对室内采光条件改善很多。但由于它处于烟尘出口处，较易积尘，如不经常清扫，仍会影响室内采光效果。也可在屋面板上另设平天窗来解决采光需要。

# 第三节　采光设计

进行天然采光设计，主要在于正确选择采光口形式，确定必需的采光口面积及它们的位置。

窗口不仅起采光的作用，同时又是自然通风的主要通道，还是保温、隔热的薄弱环节，对于有爆炸危险的车间它又是泄爆的出路。这些作用与对采光的要求，有时是一致的，有时又可能是矛盾的。所以，要综合考虑这些因素及其它因素来进行采光设计。一般可按下述步骤和方法进行。

## 一、了解设计对象的采光等要求（资料收集）

### （一）采光要求

#### 1．车间的工作特点和精密度

不同的工作特点和所要求的精密度对室内照度的要求也不相同，故应根据这两个因素来确定室内照度和窗地比。我国对视觉工作分级及窗地比都做了规定，见表 14—2、表 14—3、表 14—4、表 14—5。

#### 2．工作面的位置

工作面有水平、垂直和倾斜之分，窗的形式和位置的选择应与之适应。如果是垂直工作面，采用侧窗可获得较高的照度，而且照度的变化受离窗距离的影响较小，正对光线的面光线好，背面就差一些。如果是水平工作面，它与侧窗距离的远近对采光影响很大，不如平天窗的效果好。不同的工作面位置，采光系数的计算方法也不同。

#### 3．工作对象的表面状况

工作对象表面是平面的还是立体的，是光滑的还是粗糙的，都影响窗形状和窗位置的确定。对于平面对象（如看书等），光的方向性无多大关系；对于立体部件，则希望光线具有一定的方向性，以形成阴影，增加立体感，加大对比，提高视度；对于光滑表面，由于镜面反射作用，若窗的位置不当，可能使明亮的窗口形象恰好反射到工作者的眼中，严重影响视度。

#### 4．工作中是否允许直射阳光进入

直射阳光可能会引起眩光或过热，应在窗口的选型、朝向和材料等方面考虑。

#### 5．工作区域

要考虑各工作区对采光的不同要求。如对照度要求高的区域可布置在窗口附近，要求不高的区域（像仓库、通道等）可远离窗口。

### （二）其它要求

（1）通风要求。室内风速大小、流畅均匀与否与排风口的位置及比例有关。从采光角度看，高侧窗可使室内照度的均匀性增加，但通风效果差，气流难于经过工作面。采光与通风，谁是主要矛盾，应依照房屋的性质而定。如展览馆是以采光为主，通风为次，故可选用高侧窗，对于产生大量余热的车间，应让热空气迅速排出，可在其附近设置通风孔洞。当通风口和采光口合二为一时，通风携带的烟尘往往会污染玻璃而影响采光。所以，

可将排气口和采光口分开一定距离设置。

表 14—2　工业企业生产车间视觉工作分级举例及窗地比

| 工业名称 | 分　级 | | | | |
|---|---|---|---|---|---|
| | Ⅰ　5%$C_{min}$ | Ⅱ　3%$C_{min}$ | Ⅲ　2%$C_{min}$ | Ⅳ　1%$C_{min}$ | Ⅴ　0.5%$C_{min}$ |
| | 车　间　名　称 | | | | |
| 各工业企业通用车间 | 1.精密机械和电机成品检验车间<br>2.计量室 | 1.精密机械加工、装配及修理车间<br>2.电机装配车间 | 1.机械加工及装配车间<br>2.机修、电修车间 | 1.锅炉房、鼓风机室、抽风机室<br>2.配、变电所 | 1.车辆库<br>2.一般仓库 |
| 电子、仪表工业 | 1.晶体管管芯加工车间 | 1.电子仪器装配车间<br>2.光学元件抛光车间 | 无线电元件制造及装配车间 | | |
| 轻工业 | 1.印刷厂镂版车间<br>2.手表及照相机厂装配车间<br>3.金笔厂点尖、检验车间 | 1.印刷厂排字、印刷车间<br>2.制鞋厂缝纫车间<br>3.地毯厂织毯车间 | 1.印刷厂装订车间<br>2.自行车、缝纫机加工车间<br>3.金笔厂冲压、抛光车间 | 1.食品厂糖果、饼干加工制作及包装车间<br>2.造纸厂制浆、碱回收车间 | 1.酿酒厂酿造车间<br>2.玻璃厂和陶瓷厂原料处理车间 |
| 纺织、化纤工业 | 毛纺厂选毛车间 | 1.针织厂针织车间<br>2.化纤厂短丝后处理车间 | 纺织厂前纺上浆车间 | 1.纺织厂清花、包装车间<br>2.化纤厂聚合车间 | |
| 化学工业 | | 制药厂制剂车间 | 1.制盐厂溴素车间<br>2.石油化工厂聚合后处理车间 | 1.化工厂农药车间<br>2.制盐厂制盐、干燥及分解车间 | 化工厂原料准备车间 |
| 煤炭、冶金工业 | | | 1.冶金厂冷轧、热轧、拉丝车间<br>2.轧辊修理车间 | 1.冶金厂熔炼、炼钢车间<br>2.选煤车间 | 配料间,原料仓 |
| 其它工业 | | 造船厂放样车间 | 室内造船台 | 水泥厂烧成、研磨、包装车间 | 原料、成品仓库 |
| 窗地面积比 单侧窗 | 1/2.5* | 1/2.5 | 1/3.5 | 1/6 | 1/10 |
| 双侧窗 | 1/2.5 | 1/2.5 | 1/3.5 | 1/5 | 1/7 |
| 矩形天窗 | 1/3.5* | 1/3.5 | 1/4 | 1/8.0 | 1/15 |
| 锯齿形天窗 | 1/3 | 1/3.5 | 1/5 | 1/10 | 1/15 |
| 平天窗 | 1/5 | 1/7.5 | 1/8 | 1/15 | 1/25 |

＊指该类型窗不能满足采光要求,需另设补充电气照明。

表 14—3 图书馆内各种用房天然采光设计参数

| 序号 | 部 位 | 面 积 比 例 | 采光系数 最低值% | 采 光 等 级 | 备 注 |
|------|-------|-----------|-----------------|------------|--------|
| 1 | 少年儿童阅览室 | 1:4 | 2 | III | |
| 2 | 阅览室 | | | | |
| 3 | 善本书、舆图阅览室 | | | | |
| 4 | 装裱修整间 | | | | |
| 5 | 陈列室 | 1:6 | 1.5 | IV | 陈列室应为展示面的照度 |
| 6 | 目录厅（室） | | | | |
| 7 | 出纳厅（室） | | | | |
| 8 | 研究室 | | | | |
| 9 | 视听室 | | | | 缩微阅读室、视听室和舆图室的描图台需设遮光设施 |
| 10 | 缩微阅读室 | | | | |
| 11 | 内部业务办公室 | | | | |
| 12 | 报告厅 | | | | |
| 13 | 会议室 | | | | |
| 14 | 读者休息室 | | | | |
| 15 | 书库（开架） | | | | |
| 16 | 书库（闭架） | | | | |
| 17 | 门厅、走廊、楼梯间 | 1:10 | 0.5 | V | |
| 18 | 厕所 | | | | |

表 14—4　学校用房工作面或地面上的采光系数最低值和窗地比

| 房 间 名 称 | 采光系数最低值 % | 窗地比 | 规定采光系数的平面 |
|------------|-----------------|--------|-------------------|
| 普通教室、美术教室、书法教室、语言教室、音乐教室、史地教室、合班教室、阅览室 | 1.5 | 1:6 | 课桌面 |
| 实验室、自然教室 | 1.5 | 1:6 | 实验桌面 |
| 微型电子计算机教室 | 1.5 | 1:6 | 机台面 |
| 琴　房 | 1.5 | 1:6 | 谱架面 |
| 舞蹈教室、风雨操场 | 1.5 | 1:6 | 地面 |
| 办公室、保健室 | 1.5 | 1:6 | 桌面 |
| 饮水处、厕所、浴室 | 0.5 | 1:10 | 地面 |
| 走道、楼梯间 | 0.5 | | 地面 |

表 14—5　部分民用建筑主要用房窗地比

| 建筑类别 | 房 间 名 称 | 窗地比 |
|---------|------------|--------|
| 疗养院 | 疗养员活动室 | 1/4 |
| | 疗养室、调剂制剂室、医护办公室及治疗、诊断、检验等用房 | 1/6 |
| | 浴室、盥洗室、厕所（不包括疗养室附设的卫生间） | 1/10 |
| 住宅 | 卧室、起居室、厨房 | 1/7 |
| | 厕所、卫生间、过厅 | 1/10 |
| | 楼梯间、走廊 | 1/14 |
| 托、幼建筑 | 音体活动室、活动室、乳儿室 | 1/5 |
| | 寝室、喂奶室、医务保健室、隔离室 | 1/6 |
| | 其它房间 | 1/8 |
| 文化馆 | 展览、阅览用房 美术书法工作室、美术书法教室 | 1/4 |
| | 游艺、交谊用房 文艺、音乐、舞蹈、戏曲等工作室 站室指导、群众文化研究部 普通教室、大教室、综合排练室 | 1/5 |

(2) 绝热要求。由于窗玻璃的热阻很小，冬季由窗面损失的热量较多。反之，夏季从窗口进入的热量可观，这对创造良好的热环境不利。所以，应适当控制窗口面积，避免盲目开大窗，特别是北方地区的北窗和南方地区的西窗更应注意。

(3) 泄爆要求。用来贮存易燃、易爆物的仓库以及其它有可能引起爆炸危险的车间，应设置大面积泄爆窗，从窗的面积和构造处理上解决减压问题，以降低爆炸压力，保证结构的安全。但加大窗面积往往会超过采光要求，并引起眩光和过热，设计时应加以注意。

(4) 立面要求。窗的形式与尺度直接关系到建筑的立面造型。在进行建筑设计时，不能只考虑某种格调，给采光带来严重影响，甚至造成不可弥补的缺陷。如采光不足需完全靠人工照明，或阳光过度、刺眼等。

(5) 经济要求。不同形式的窗，其造价均不相同，增大面积势必增加造价。所以，从经济角度应考虑适当限制窗面积。

## 二、选择采光口的形式

基本原则是以设置侧窗为主，天窗给予补充。因为侧窗采光优点多，尤其是多层建筑，无法设置天窗。对于进深较大的单层多跨车间，往往在边跨的外侧墙上用侧窗，中间几跨采用天窗来解决中间跨的采光不足。

## 三、确定采光口位置

对于侧窗，往往将其设置在南北向的侧墙上，即窗口对南或北。对于天窗，则应根据车间的剖面形式与相邻车间的关系确定天窗的位置及大致尺寸。

## 四、估算采光口尺寸

根据车间视觉工作分级和拟定的采光口形式和位置，即可进行采光口面积的估算工作，即根据窗地比来确定。所谓窗地比即为窗口面积与室内地面面积之比（表 14—2、表 14—3、表 14—4、表 14—5）。当同一车间内既有侧窗又有天窗时，可先按侧窗查出它的窗地比，根据实际墙面开窗的可能来布置侧窗，不足之数用天窗来补充。

在各类民用建筑中，卫生间、厕所、浴室等辅助用房的窗地比不应小于 1/10，楼梯间、走道等处不应小于 1/14。内走道长度不超过 20m 时至少应有一端有采光口，超过 20m 时应两端有采光口，超过 40m 时应增加中间采光口，否则应采用人工照明。

# 第四节　采光计算

采光计算的目的是验证本设计是否符合采光标准中规定的各项指标。采光计算的方法有多种，有的是利用公式来计算，有的是利用特别制定的图表来计算。下面介绍国家采光标准推荐的方法。

这种方法是利用图表，按房间的窗地比直接查出采光系数最低值。也可按采光标准规定的采光系数值，求出需要的窗地比。这样的图表即可用于初步设计，也可用于最后的验算。它既有一定精度，又计算简单，满足了采光标准的要求。

### 一、确定采光计算中需要的数据

采光计算中需要的数据，主要有：(1) 车间尺寸。这主要是与采光有关的一些数据，如车间的平、剖面尺寸，周围环境对它的遮挡等。(2) 采光口材料及厚度。(3) 承重结构形式及材料。(4) 表面污染程度。(5) 室内表面反光程度。

### 二、计算步骤及方法

这种计算方法是按侧窗和天窗分别利用两个不同的图表，根据设计的窗地比查出相应的采光系数最低值，然后按实际情况考虑各种因素，加以修正而得到采光系数最低值（设计值）。

(一) 侧窗采光计算

按采光标准规定，侧窗的采光系数最低值设计值为：

$$C_{\min} = C_h \cdot K_\omega \cdot K_p \cdot K_r \cdot K_{ob} \tag{14—3}$$

式中：$C_h$——带形窗洞时的采光系数最低值；

$K_\omega$——考虑窗间墙挡光影响的窗宽系数；

$K_r$——窗的总透光系数；

$K_p$——室内反射光增量系数；

$K_{ob}$——室外遮挡物遮挡系数。

1. $C_h$——带形窗洞的采光系数最低值

图 14—14 系考虑在全云天空时带形侧窗窗洞的采光系数。图中 $b$ 是房间进深，$l$ 是房间长度，$h_h$ 是窗洞高度。这里考虑的 $b/h_h < 5$ 是一般常见进深。当 $b/h_h > 5$ 时，侧窗对它的采光效果已很微小，故可忽略不计。图中的四根曲线分别代表不同的进深和房间长度的比值。

图 14—15 为计算图例。图中 $P$ 点为采光系数最低值 $C_h$ 的计算，它由不同剖面形式所决定。图中给出几种常见的计算点位置。

由于图 14—14 所给的 $C_h$ 值是按窗下沿和工作面处于同一水平时的情况作出的，如窗下沿高于工作面时〔如图 14—15 ($c$) 中的高侧窗〕，则应按 $b/h_1$ 查出 $C_{h_1}$ 值，然后按 $b/h_3$ 查出 $C_{h2}$ 值，此时高窗所形成的 $C_h = C_{h1} - C_{h2}$。

如窗外设有较大的水平挑檐或遮阳板，如图 14—15 ($a$) 左侧，这时的实际 $h_h$ 应按挑檐外沿至 $P$ 点连线以下的高度计算。

2. $K_\omega$——窗宽系数

由于 $C_h$ 为带形窗洞的采光系数，为了考虑实际中常有的窗间墙的挡光影响，引用窗宽系数考虑这一因素。实验得知，它是该墙面上的总窗宽 $\Sigma b_\omega$ 和墙面总长度的 $l$ 的比值，即：

$$K_\omega = \Sigma b_\omega / l \tag{14—4}$$

3. $K_\rho$——室内反射光增量系数

$C_h$ 值是指室内表面反光为零时的采光状况，而实际的房间中都有反射光存在，故用 $K_\rho$ 考虑因反射光而存在的增量。由于室内各表面的反光系数不同，一般用反光系数平均值 $\bar{\rho}$ 代表整个房间的反光程度。$\bar{\rho}$ 值的求法如下：

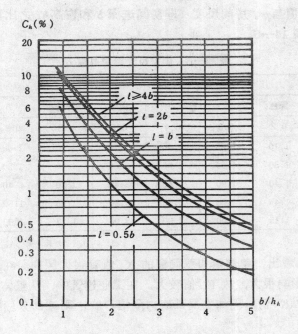

图 14—14　侧窗采光计算图表

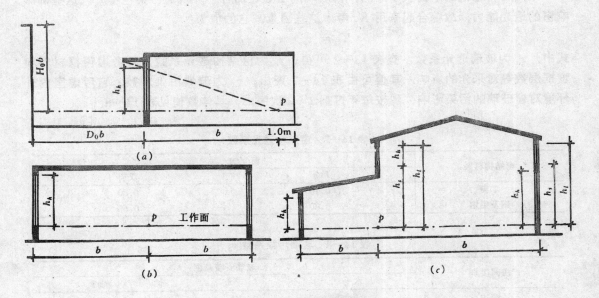

图 14—15　侧窗采光图例

（a）单侧采光　　（b）对称双侧采光　　（c）不对称双侧采光

$$\bar{\rho} = \frac{\rho_c A_c + \rho_{wa} A_{wa} + \rho_f A_f + \rho_\omega A_\omega}{A_c + A_{wa} + A_f + A_\omega} \tag{14-5}$$

式中，$\rho_c$、$\rho_{wa}$、$\rho_f$、$\rho_\omega$ 分别为天棚、墙面、地面及窗口的反光系数，其中 $\rho_w$ 可取 0.15 计算。$A_c$、$A_{wa}$、$A_f$、$A_\omega$ 为天棚、墙面、地面、窗口的表面积。

实验表明，$K_\rho$ 值与 $\bar{\rho}$、房间尺度（即房间进深 $b$ 和窗高 $h_h$ 之比）、有否内墙存在等因素有关，具体值见表 14—6。

表 14—6　侧窗反光增量系数 $K_\rho$

| $\bar{\rho}$ $K_\rho$ $b/h_h$ | 单 侧 采 光 | | | | 双 侧 采 光 | | | |
|---|---|---|---|---|---|---|---|---|
| | 深色 | 中等 | | 浅色 | 深色 | 中等 | | 浅色 |
| | 0.2 | 0.3 | 0.4 | 0.5 | 0.2 | 0.3 | 0.4 | 0.5 |
| 1 | 1.10 | 1.25 | 1.45 | 1.70 | 1.00 | 1.00 | 1.00 | 1.05 |
| 2 | 1.30 | 1.65 | 2.05 | 2.65 | 1.10 | 1.20 | 1.40 | 1.65 |
| 3 | 1.40 | 1.90 | 2.45 | 3.40 | 1.20 | 1.40 | 1.70 | 2.15 |
| 4 | 1.45 | 2.00 | 2.75 | 3.80 | 1.25 | 1.50 | 1.90 | 2.40 |
| 5 | 1.45 | 2.00 | 2.80 | 3.90 | 1.25 | 1.50 | 1.95 | 2.45 |

从表 14—6 可以看出，单侧窗和双侧窗的 $K_\rho$ 值有很大区别。在单侧窗时，由于内墙反光，对 $P$ 点照度影响很大，故 $K_\rho$ 值较大。在工业建筑中，从整体来看，一般都是双侧窗，应按双侧窗选取 $K_\rho$ 值。但如在局部有内隔墙存在，则这部分应视为单侧窗，按单侧窗选取 $K_\rho$ 值。

4. $K_\tau$——窗的总透光系数

不同材料窗框的断面大小不同，窗玻璃的层数、品种、环境的污染也不一。这些都影响窗的透光能力，故综合起来用 $K_\tau$ 考虑这些因素，它的值为：

$$K_\tau = \tau_o \times \tau_c \times \tau_d \qquad (14—6)$$

式中，$\tau_o$ 为玻璃透光系数，查表 13—2 可得；$\tau_c$ 为窗结构透光系数，它考虑窗框材料和窗框层数等对采光的影响，其值可由表 14—7 查出；$\tau_d$ 为玻璃污染系数，它考虑室内外环境对窗玻璃的污染影响，现按每年打扫 1～2 次考虑，具体数值见表 14—8。

表 14—7　窗结构透光系数

| 窗结构材料 | 窗 的 层 数 | |
|---|---|---|
| | 单层 | 双层 |
| 木窗 | 0.70 | 0.50 |
| 钢及铝窗 | 0.80 | 0.65 |

表 14—8　玻璃污染系数 $\tau_d$

| 房间类别 | 玻璃安装角度 | | |
|---|---|---|---|
| | 水平 | 45° | 垂直 |
| 清洁 | 0.60 | 0.75 | 0.90 |
| 一般 | 0.45 | 0.60 | 0.75 |
| 污染严重 | 0.30 | 0.45 | 0.60 |

5. $K_{ob}$——室外遮挡系数

由于侧窗所处位置较低，易受房屋、树木等遮挡，影响室内采光，故用 $K_{ob}$ 考虑这种因素。根据试验，遮挡程度与对面遮挡物的平均高度 $H_{ob}$（从计算工作面算起）、遮挡物

至窗口的距离 $D_{ob}$、窗高 $h_h$ 以及计算点至窗口的距离 $b$ 等尺寸有关，具体值见表14—9。

表14—9　侧窗遮挡系数 $K_{ob}$

| $D_{ob}/H_{ob}$<br>$K_{ob}$<br>$b/h_h$ | 1.0 | 1.5 | 2.0 | 3.0 | 5.0 | >5.0 |
|---|---|---|---|---|---|---|
| 2 | 0.46 | 0.52 | 0.63 | 0.85 | 0.95 | 1.00 |
| 3 | 0.44 | 0.50 | 0.59 | 0.78 | 0.93 | 1.00 |
| 4 | 0.42 | 0.48 | 0.55 | 0.71 | 0.91 | 1.00 |
| 5 | 0.40 | 0.46 | 0.52 | 0.65 | 0.90 | 1.00 |

（二）天窗采光计算

按采光标准规定，天窗的采光系数最低值为：

$$C_{\min} = C_h \cdot K_{hs} \cdot K_\rho \cdot K_\tau \tag{14—7}$$

式中各符号的意义和式（14—3）相同，只是数值的求法不完全一样。$K_{hs}$ 为高跨比修正系数。下面介绍各系数的求法：

1. $C_h$——窗洞采光系数

具体值可从图14—16查得。它是在实验基础上得出的结果，表明带形窗洞时，窗地比（$\dfrac{A_h}{A_f}$）、天窗形式和窗洞采光系数最低值（$C_h$）间的关系。

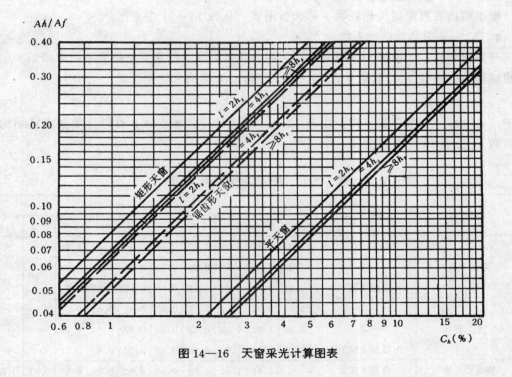

图14—16　天窗采光计算图表

实验表明，利用天窗采光的车间内，采光一般都比较均匀，即多数点接近于平均值水平，故可用最低值和平均值的比（$C_{min}/\overline{C}$）衡量采光均匀度。当天窗间距等于或小于窗下沿至工作面高度的 2 倍时（$b_d/h_s \leqslant 2$），可保证获得 $C_{min}/\overline{C} = 0.7$ 的均匀度。通过这个比值就可将平均值换算成最低值，以适应采光标准按最低值制订的要求。天窗计算图例见图 14—17。

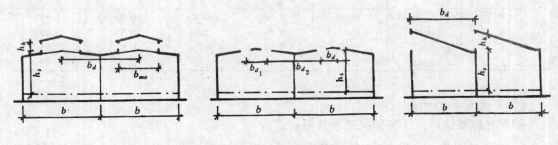

图 14—17　天窗计算图例

2．$K_{hs}$——高跨比修正系数

由图 14—16 所列数值系按 $h_s/b = 0.5$ 的三跨车间的模型中得出。由实验得知，在窗地比相同时，不同的高跨比会得出不同的采光系数值。为此，当高跨比不是 0.5 时，就应引入高跨比修正系数，其值列于表 14—10。

3．$K_\rho$——室内反光增量系数

根据室内表面平均反光系数 $\rho$ 和天窗形式，从表 14—11 中查出。

4．$K_\tau$——窗的总透光系数

与侧窗相比，天窗多一个屋架承重结构的挡光影响，故在天窗透光系数中增添一屋架承重结构透光系数 $\tau_{co}$，其值见表 14—12。这样，天窗的总透光系数

$$K_\tau = \tau_g \tau_c \tau_d \tau_{co} \tag{14—8}$$

式中，$\tau_g$、$\tau_c$、$\tau_d$ 和侧窗一样，由表 13—2、表 14—7、表 14—8 查得。屋架承重结构透光系数 $\tau_{co}$ 由表 14—12 查出。

表 14—10　高跨比修正系数 $K_{hs}$ 值

| 天窗类型 | 跨　数 | $h_s/b$ | | | | | | | | | |
|---|---|---|---|---|---|---|---|---|---|---|---|
| | | 0.3 | 0.4 | 0.5 | 0.6 | 0.7 | 0.8 | 0.9 | 1.0 | 1.2 | 1.4 |
| 矩形天窗 | 1 | 1.04 | 0.88 | 0.77 | 0.69 | 0.61 | 0.53 | 0.48 | 0.44 | — | — |
| | 2 | 1.07 | 0.95 | 0.87 | 0.80 | 0.74 | 0.67 | 0.63 | 0.57 | — | — |
| | 3 及 3 以上 | 1.14 | 1.06 | 1.00 | 0.95 | 0.90 | 0.85 | 0.81 | 0.78 | — | — |
| 平天窗 | 1 | 1.24 | 0.94 | 0.84 | 0.75 | 0.70 | 0.65 | 0.61 | 0.57 | — | — |
| | 2 | 1.26 | 1.02 | 0.93 | 0.83 | 0.80 | 0.77 | 0.74 | 0.71 | — | — |
| | 3 及 3 以上 | 1.27 | 1.08 | 1.00 | 0.93 | 0.89 | 0.86 | 0.85 | 0.84 | — | — |
| 锯齿形天窗 | 3 及 3 以上 | — | 1.04 | 1.01 | 0.98 | 0.95 | 0.92 | 0.89 | 0.86 | 0.82 | 0.78 |

表 14—11　天窗采光室内反光增量系数 $K_\rho$ 值

| 室内表面深浅程度 | $\bar{\rho}$ | $K_\rho$ 值 | | |
|---|---|---|---|---|
| | | 平天窗 | 矩形天窗 | 锯齿形天窗 |
| 浅色 | 0.5 | 1.30 | 1.70 | 1.90 |
| 中等 | 0.4 | 1.25 | 1.55 | 1.65 |
| | 0.3 | 1.20 | 1.40 | 1.40 |
| 深色 | 0.2 | 1.10 | 1.30 | 1.30 |

表 14—12　屋架承重结构透光系数 $\tau_{co}$

| 结构名称 | 结 构 所 用 材 料 | |
|---|---|---|
| | 钢筋混凝土 | 钢 |
| 桁架 | 0.80 | 0.90 |
| 实体梁屋架 | 0.75 | 0.75 |
| 吊车梁 | 0.85 | 0.85 |

【例 14—1】 某机械厂辅助车间，要求达到 2% 的采光系数最低值。车间侧窗为单层木窗，尺寸如图 14—18 所示。室内浅色粉刷，一般污染，薄腹梁屋架，求中间跨天窗（单屋钢窗）的高度。

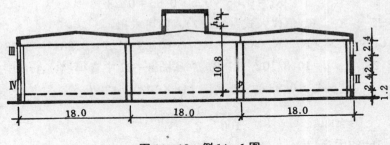

图 14—18　例 14—1 图

【解】

本车间边跨为侧窗采光，中间跨为天窗采光。但在计算中可考虑天窗和侧窗对采光系数最低点 $P$（计算点）的重叠照射，从而适当缩小天窗或侧窗面积。具体计算步骤如下：

(1) 确定计算点。

侧窗采光有效范围一般是一跨。因此，采光系数最低值的计算点在边跨与中间跨交界处 $P$ 点。

(2) 求高侧窗 I 对 $P$ 点的采光系数（$C_{\min}$）。

已知车间长 $l = 102\text{m}$，宽 $b = 18\text{m}$，$l > 4b$，$h_l = 7\text{m}$，$b/h_1 = 18/7 = 2.57$。

从图 14—17 选用 $l > 4b$ 曲线，$C_{n1} = 2.1$。用相同方法可求出 $h_s = 4.6$ 时的 $b/h_s = 3.9$，$C_{n2} = 0.9$。

从表 14—6 查侧窗的反光增量系数 $K_\rho$。这里是双侧窗采光，浅色粉刷，$b/h_1 = 2.6$

和 4.0 时，$K_\rho$ 值分别为 1.94、2.4（这里的 $h_t$ 与侧窗的 $h_h$ 相同）。

则窗洞 I 对 $P$ 点的采光系数为：

$$C_h = (2.1 \times 1.94) - (0.9 \times 2.4) = 1.91$$

窗宽修正 $K_w$：因窗宽为 5m，故 $K_w = \Sigma b_w / l = 5/6 = 0.83$

总透光系数 $K_\tau$：$K_\tau = \tau_g \tau_c \tau_d$，已知本车间为单层木窗，一般污染，从表 13—12、表 14—7、表 14—8 查得：

$$K_\tau = 0.85 \times 0.7 \times 0.75 = 0.45$$

综合上列修正系数，则窗 I 对 $P$ 点的采光系数最低值为

$$C_{\min} = 1.91 \times 0.83 \times 0.45 = 0.68\%$$

（3）侧窗 II、III、IV 对 $P$ 点的 $b/h_h$ 大于 5，故其影响可忽略不计。

（4）确定中间天窗高度。

侧窗在 $P$ 点已产生 $C_{\min} = 0.68\%$ 的采光系数值，而标准要求 2%，故尚需天窗提供 $C_{\min} = 2 - 0.68 = 1.32\%$。

天窗计算按式 14—7，即：

$$C_{\min} = C_h K_{hs} K_\rho$$

求高跨比修正系数 $K_{hs}$：已知 $h_s / b = 10.8/18 = 0.6$，单跨，查表 14—10 得 $K_{hs} = 0.69$。

求室内反光增量系数 $K_\rho$：已知 $\rho = 0.5$，查表 14—11 得 $K_\rho = 1.70$。

求窗的总透光系数 $K_\tau$：已知条件为单层钢窗，一般污染，薄腹梁屋架，有钢筋混凝土吊车梁。查表 13—12、表 14—7、表 14—8、表 14—12，得：

$$K_\tau = 0.85 \times 0.5 \times 0.85 = 0.28$$

将 $C_{\min}$、$K_{hs}$、$K_\rho$、$K_\tau$ 值代入式（14—7），则可求出：

$$C_h = C_{\min} / (K_{hs} \cdot K_\rho \cdot K_\tau) = 1.32 / (0.69 \times 1.7 \times 0.28) = 3.28$$

当 $C_h = 3.28$，$h_s / l = 10.8/102$，$l > 8h_s$，从图 8—27 中查得 $A_h / A_f = 0.23$，故

$$A_h = 0.23 A_f = 0.23 \times (18 \times 102) = 422 (\mathrm{m}^2)$$

$$h_h = \frac{422}{100} \times \frac{1}{2} = 2.00 (\mathrm{m})$$

选用高 2.1m 的天窗。

# 复习思考题

1. 试说明晴天和全云天天空高度的特征。

2. 试比较天窗和侧窗采光的特点。

3. 在各种形式的天窗中哪一种采光效率最高？

4. 采光效率是否是选择天窗的唯一标准，为什么？

5. 一会议室平面尺寸为 5m×7m，净空高度为 3.6m，试进行采光设计。

# 第十五章

# 建筑照明

　　天然采光固然优点很多，但是它的应用却要受到时间和地点的限制。在建筑物内不仅夜间必须采用人工照明，对于某些场合，白天也要采用人工照明。因此，如何利用人工照明来创造一个优美明亮的光环境，是建筑设计、室内装饰设计以及电气照明设计中，必须认真考虑的问题。

## 第一节　电光源

　　现代照明的电光源可分为两大类：热辐射光源（白炽灯）和气体放电光源。气体放电光源按照它所含的气体压力的高低又可分为低压气体放电光源和高压气体放电光源。下面对常用于建筑物内的几种光源作一些介绍。

### 一、热辐射光源

（一）普通白炽灯

　　普通白炽灯由灯丝、外玻壳、充入气体与灯头等部分组成，如图 15—1 所示。

　　现代白炽灯的灯丝是用熔点高（熔点 3680K）、蒸发速度较慢的钨制造的。当电流通过很细的灯丝时，将灯丝加热到温度为 2300K 以上而发光。灯丝温度越高，灯的光效与色温越高。但是，在高温下灯丝容易气化，从而使灯的寿命降低。为此，在灯泡中充入惰性气体氮和氩，可减缓灯丝的蒸发。此外，在大功率灯泡中，还将灯丝做成螺旋形的绞丝，以减少热量损耗，提高灯的光效。

　　白炽灯的平均光效只有 12lm/W 左右，平均有效寿命约为 1000 小时。白炽灯仍是迄今用量最大的一种光源，因为它可以直接在标准电源上使用，通电即亮，显色性好，便于控光，价格便宜。

　　电源电压的变化对白炽灯的工作性能有比较显著的影响，二者关系如图 15—2 所示。从图中可以看出　电压升高 5%，灯的寿命将减少一半；电压降低 5%，灯的光通量约减少 18%。

（二）卤钨灯

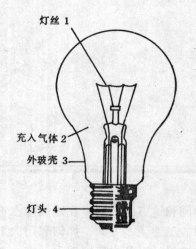

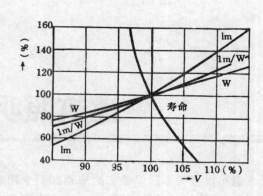

图 15—1　普通白炽灯　　　图 15—2　电压变化对白炽灯性能参数的影响

在高温下普通白炽灯的钨丝会发生气化，气化后的钨粒子附着在灯的外玻壳上，使灯变黑，影响其光效。若将卤族元素如碘、溴等添加在普通灯充入的气体中，它能和游离的钨化合成气态的碘化钨（或溴化钨）。这种化合物很不稳定，当它们靠近高温的钨丝时就要分解，分解出来的钨又重新附着在灯丝上，而卤素又继续进行新的循环。这种卤钨循环作用消除了灯泡的黑化，延缓了灯丝的蒸发，能将灯的光效提高到 20lm/W 以上，从而延长了普通白炽灯的使用寿命。

卤钨循环须在高温下进行，要求灯泡外玻壳保持高温。因此，卤钨灯要比普通灯小得多。碘钨灯呈管状，管壁是用石英玻璃制造的（见图 15—3），使用时灯管必须水平放置，以免卤素在一端积聚。

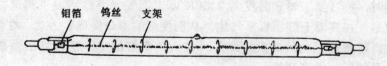

图 15—3　管状碘钨灯

（三）反射型白炽灯

反射型白炽灯在玻壳内表面有一层金属反射镀膜，使灯光射向预定的方向。这种内反射器一般不会受到任何损伤、腐蚀或污染，因此使灯能保持高光输出。同时，采用这种灯还可以简化灯具设计。

反射型白炽灯的结构有两大类：压封玻璃及吹制玻壳（见图15—4）。压封玻璃的反射型白炽灯是以硬质耐热玻璃压制成型的。前面的棱镜玻璃有不同的图样，可获得聚光、泛光等各种光束分布效果，主要用于室内外投光照明。

吹制玻壳的反射型白炽灯的玻壳前部，通常是磨砂玻璃，玻壳后部为旋转抛物面反射器，靠灯丝的位置控制灯的光束宽度，也有聚光、泛光及彩色等不同的品种。这种灯的发光强度比相同功率的压封玻璃反射灯低。但是它的尺寸小、重量轻、价格低，所以在室内照明领域中常作为轻型投光灯及嵌入式暗灯而广泛应用。

近年来，对反射型白炽灯的一项改进是用椭球形的反射面代替抛物面。灯丝置于椭球的一个焦点上，光线经反射聚焦在灯前50mm左右的一点上再发射出来（见图15—5），这样便可以大大减少灯具对光的遮挡，照明灯具效率提高30%以上。

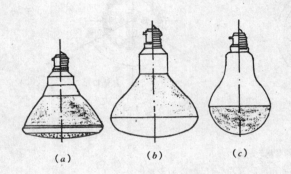

图 15—4　反射型白炽灯

(a) 压封玻璃　(b) 吹制玻壳（抛物面反射器）

(c) 吹制玻壳（半球形反射器）

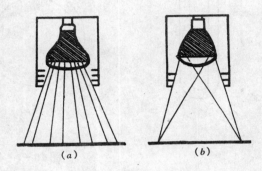

图 15—5　反射型白炽灯

(a) 抛物面反射型白炽灯　(b) 椭球面反射型白炽灯

## 二、气体放电光源

### （一）荧光灯

荧光灯是一种低压汞放电灯。直管型荧光灯的构造，如图15—6所示。灯管两端各有一个密封的电极，管内充有低压汞蒸汽及少量帮助启燃的氩气。灯管内壁涂有一层荧光粉，当灯管两个电极加上电压以后，气体放电产生紫外线，紫外线激发荧光粉发出可见光。

荧光粉的成分决定荧光灯的光效和颜色。使用宽频带卤磷酸盐荧光粉的普通荧光灯，光效平均为60lm/W，比白炽灯高5倍，其色表与显色性也有更多的选择。目前我国规定的荧光灯颜色仅有日光色（9500K）、冷白色（4300K）、暖白色（2900K）三种。国外产品有十几种不同的颜色，高显色型荧光灯的显色指数达90以上。不过，普通宽带荧光灯的显色性和光效是互相牵制的，为得到优良的显色性就要降低光效，高光效灯的颜色质量较低些。

为适应不同的照明用途，除直管形荧光灯以外，还有"U"形荧光灯、环形荧光灯、

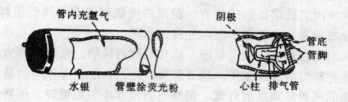

图 15—6　荧光灯的构造

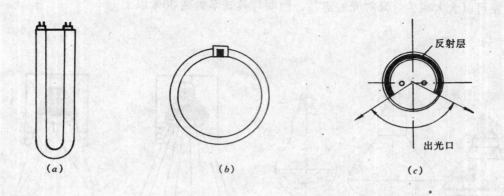

图 15—7　异型荧光灯

(a) "U" 形荧光灯　(b) 圆球形荧光灯　(c) 有反射层的荧光灯

反射型荧光灯等异型产品，如图 15—7 所示。

　荧光灯不能直接接入标准电源，必须在荧光灯电路中串联一个镇流器来限制灯的电流，使灯稳定工作。普通电感镇流器的耗电量约占灯功率的 20% 。同时，还需在灯管电极间并联一个启动器帮助启燃。荧光灯及其附件的标准线路，如图 15—8 所示。

　荧光灯的性能参数受电压变化的影响较小，但是它的光效值随环境温度的变动而波动。在 20℃ 的工作温度下，荧光灯的光输出最高。此外，开关次数对灯的使用寿命也有较大影响。在每隔 3h 开关一次的标准条件下，荧光灯的使用寿命一般为 5000 小时。如果连续点燃，荧光灯的使用寿命可延长 2～3 倍。相反，如果开关频繁，荧光灯将很快被毁坏。

　荧光灯的发光面积大，管壁负荷小。在普通高度的多层厂房、办公楼、学校、医院、商店中广泛应用荧光灯照明。

　20 世纪 80 年代初，有一类节能的小型荧光灯问世（这种灯也称"紧凑型"荧光灯）。它们均采用三基色荧光粉，管径细，光效高，显色性好。它们的另一特点是外形小巧，结构紧凑，色温低（2700～2800K），功率小，光通量在 400～2000lm 之间，是替代 60W～100W 白炽灯的理想光源。

　图 15—9 是两种小型荧光灯。SL 灯将双 U 形灯管及其附件均装在一个外玻壳内，并接在通用的白炽灯头上，这样便可以很方便地将白炽灯换成 SL 灯。若保持原有的光输

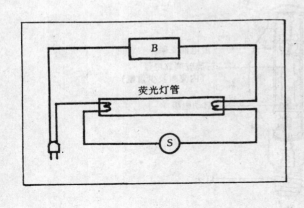
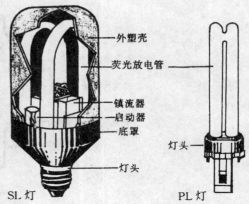

图15—8　荧光灯线路
　　　B—镇流器　S—启动器

图15—9　SL灯和PL灯

出，SL灯能节电75%，寿命为白炽灯的5倍。

PL灯是一种单端的小型荧光灯。两根细窄的灯管（直径13mm，中距14mm）互相平行，中间有一个横向连通管构成"H"形。灯的启动器装在灯座内，外接镇流器。PL灯的光效优于SL灯。PL灯和SL灯的性能见表15—1。

表15—1　SL灯与PL灯的性能参数同相应的白炽灯比较

| 白炽灯型号 | 功率<br>（W） | 流明值 | 型号 | ①功率<br>（W） | ②流明值<br>（100h） | 型号 | 功率<br>（W） | 流明值<br>（100h） |
|---|---|---|---|---|---|---|---|---|
| PZ25 | 25 | 220 | SL9 | 9 | 425 | PL5 | 4.9 | 300 |
| PZ40 | 40 | 350 | SL13 | 3 | 600 | PL7 | 6.9 | 410 |
| PZ60 | 60 | 630 | SL18 | 18 | 900 | PL9 | 8.7 | 570 |
| PZ100 | 100 | 1250 | SL25 | 25 | 1200 | PL11 | 11.4 | 890 |
| 1000小时光通衰减20%<br>色温：约2700K<br>$R_a$：90<br>寿命：1000小时 | | | 每1000小时光通衰减6%<br>相关色温：约2700K<br>$R_a$：80<br>寿命：5000小时 | | | 每1000小时光通衰减4%<br>相关色温：约2700K<br>$R_a$：81<br>寿命：5000小时 | | |

注：①包括镇流器功率在内；②棱镜罩的光输出值，乳白罩为85%。

目前，我国已开始生产各种规格的小型荧光灯，它将逐步替代现在通用的小功率白炽灯，在住宅、旅馆、饭店、博物馆与商店照明领域推广应用。

（二）高压汞灯

高压汞灯的构造如图15—10所示。灯管用石英玻璃制造，内充一定数量的汞和少量氩气。灯管内的压力为2～6Pa。

高压汞灯发出的光呈蓝白色，包括黄、绿、蓝色线状光谱辐射，但缺乏红色，所以一

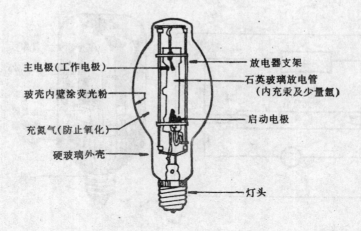

主电极(工作电极)

玻壳内壁涂荧光粉

充氮气(防止氧化)

硬玻璃外壳

放电器支架

石英玻璃放电管
（内充汞及少量氩）

启动电极

灯头

图15—10　荧光高压汞灯的结构

般照明用的高压汞灯均在外玻壳的内壁涂有荧光粉以补充红光，改善灯的显色性。这就是日常用的荧光高压汞灯（GGY）。

荧光高压汞灯的功率范围在 125 ～ 2000W 之间，光效约 50lm/W，寿命为 5000 小时（国产灯）。这种灯主要用于工厂与室外照明。

（三）金属卤化物灯

金属卤化物灯与高压汞灯的结构类似，只是在放电管内又添加了金属碘化物，如碘化钠、碘化铊、碘化铟、碘化钪、碘化镝等。金属卤化物灯与汞灯相比，不但提高了光效，显色性也有很大改进。目前我国生产的钠铊铟灯、钪钠灯、镝灯都属于金属卤化物灯的系列。

（四）高压钠灯

高压钠灯是目前一般照明应用的电光源中光效最高（120lm/W）、寿命最长（20000 小时）的灯。

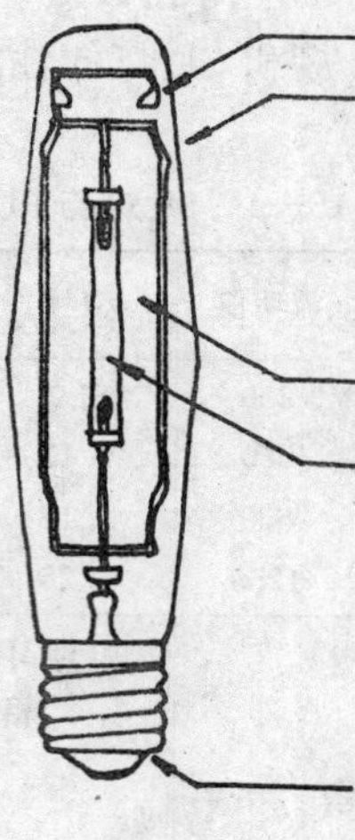

高压钠灯的光效为高压汞灯的 2.5 倍。

大功率的高压钠灯（250W、400W、1000W）主要用于街道、广场、码头的照明。近年在高压钠灯小型化和提高灯的显色性能方面取得很大的进展。现将上述常用照明电光源的主要光电特性列于表15—2中，以资比较。

金属固定支架

硬玻璃外壳

放电管与外玻
壳间抽真空
多晶氧化铝陶瓷
放电管充钠、汞、氙

灯头

图15—11　高压钠灯结构（外触发式）

表 15—2　常用照明电光源的主要特性比较

| 特性项目＼光源名称 | 普通白炽灯 | 卤钨灯 | 荧光灯 | 荧光高压汞灯 | 金属卤化物灯 | 高压钠灯 |
|---|---|---|---|---|---|---|
| 光效（lm/W） | 6.5～19 | 20～21 | 5～60 | 30～50 | 60～80 | 80～100 |
| 色温①（K） | 2800 | 3200 | 6500（日光色） | 6000 | 6000 | 2100 |
| 显色指数②（R） | 100 | 100 | 50～93 | 40～50 | 85～95 | 21 |
| 平均寿命（h 小时） | 1000 | 1500 | 2000～3000 | 2500～5000 | >1000 | >1000 |
| 表面亮度 | 较大 | 大 | 小 | 较大 | 较大 | 较大 |
| 启动及再启动时间 | 瞬时 | 瞬时 | 较短 | 长 | 长 | 长 |
| 受电压波动的影响 | 大 | 大 | 较大 | 较大 | 较大 | 较大 |
| 受环境温度的影响 | 小 | 小 | 大 | 较小 | 较小 | 较小 |
| 耐震性 | 较差 | 差 | 较好 | 好 | 较好 | 较好 |
| 所需附件 | 无 | 无 | 电容器镇流器起动器 | 镇流器 | 镇流器 | 镇流器 |
| 频闪现象 | 无 | 无 | 有 | 有 | 有 | 有 |

①色温：当光源光色与绝对黑体在某绝对温度时发出的光色相近时，称该温度为该光源的光色温度，简称"色温"。

②显色指数：同一颜色的物体，在不同光谱成分组成的光源照射下，显出不同的颜色，这一现象称为"光源的显色性"。以显色指数来表征显色性。标准颜色在标准光源照射下，显色指数定为100。当色标被所试光源照射时，颜色在视觉上的失真程度，就是这种光源的显色指数。显色指数越大，则失真越少，反之，失真越大，显色指数越小。

## 三、灯具

灯具是光源、灯罩及附件的总称，可分为装饰灯具与功能灯具两大类。装饰灯具一般系用装饰部件围绕光源组合而成，它以造型美观和美化室内环境为主，适当照顾效率和眩光等要求。功能灯具是指满足高效率、低眩光的要求而采用一系列投光设备的灯具。这种灯罩的作用是重新分配光源的光通量，以提高光的利用率，避免眩光以保护视觉，并保护光源。在特殊环境里（潮湿、腐蚀、易爆、易燃），特殊灯具的灯罩还起隔离保护作用。功能灯具的灯罩也有一定的装饰效果。

（一）灯具的光特性

1. 配光曲线和空间等照度曲线

灯具的光特性可以用配光曲线和空间等照度曲线描述。任何光源或灯具一旦处于工作状态，就必然向周围空间投射光通。灯具向各方向的发光强度在三度空间里可用矢量表示出来。把矢量的终端连接起来，则构成一封闭的光强体。当光强体被通过轴线的平面截割时，在平面上获得一封闭的交线。此交线以极坐标的形式绘制在平面图上，就是灯具的配光曲线，如图 15—12 所示。

配光曲线上的每一点表示灯具在该方向上的发光强度。因此，知道灯具对计算点的投

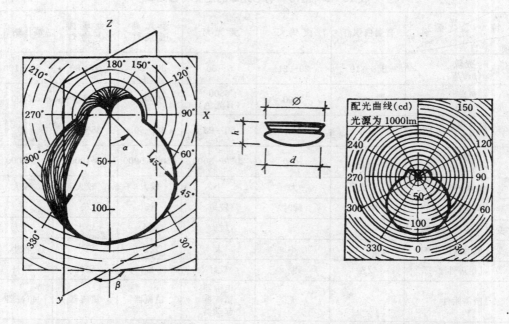

图 15—12　光强体与配光曲线　　　　图 15—13　扁圆天棚灯及其配光曲线

光角 $\alpha$，就可查到相应的发光强度 $I_\alpha$，利用公式（13—9）就可求出点光源在计算点上形成的照度。

为了计算方便，通常配光曲线均按光源发出的光通量为 1000lm 来绘制的。故实际光源发出的光通不是 1000lm 时，查出的发光强度应乘上实际光通与 1000lm 之比。图 15—13 是扁圆天棚灯的配光曲线。

灯具配光情况还可以用空间等照度曲线间接表示出来。把灯具悬挂在空间，测定不同水平面上不同点的照度，并标在 $x$、$y$、$z$ 坐标系上，将照度相等的点连接起来，形成许多封闭的等照度体，用一通过 $z$ 轴线的平面截割，则得一组交线。把这组交线绘在直角坐标上，就是空间等照度曲线。图 15—14 是光源为 1000lm 的扁圆天棚灯空间等照度曲线。只要知道灯的计算高度 $h$ 和计算点离灯具的水平距离 $d$，就可查出照度 $E$。等照度曲线为计算直接光的照度提供了更方便的手段（未考虑反射光）。

以上两种曲线都是指对称配光的灯具。对于非对称配光的灯具，则用平面等照度曲线或两根以上有代表性的配光曲线束表示灯具的配光情况。

【例 15—1】有两个扁圆形天棚灯，距工作面 4m，两灯相距 5m。工作台布置在灯下和两灯之间（见图 15—15），试利用图 15—14 的空间等照度曲线直接查出各点照度。若光源用 1000W 白炽灯，则各点实际照度是多少？

【解】

$P_1$ 点的照度：灯Ⅰ至 $P_1$ 的距离，$h = 4m$，$d = 0$，查图 15—14 得 $E = 9.5$lx；灯Ⅱ至 $P_1$ 的距离，$h = 4m$，$d = 5m$，则 $E = 1.3$lx。故 $P_1$ 的照度为 $9.5 + 1.3 = 10.8$（lx）。

$P_2$ 点的照度：灯Ⅰ、灯Ⅱ至 $P_2$ 的距离 $h = 4m$，$d = 2.5m$，查图 15—14 得 $E = 2 \times$

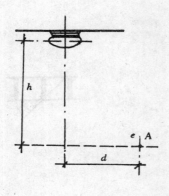

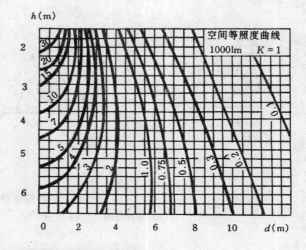

图 15—14　扁圆天棚灯空间等照度曲线

3.5 = 7.0（lx）。

　　空间等照度曲线是按 1000lm 光源光通的灯具绘制的，实际光源光通不是此值，应按实际情况修正。本例中采用的 100W 白炽灯发出 1250lm 的光通，故以上所得照度值应乘以 1250/1000，即乘以 1.25，得 $P_1$ 的照度为 13.5lx，$P_2$ 的照度为 8.75lx。

　　2. 消除眩光

　　保护角光源亮度超过 16sb 时，人眼就不能忍受。为了降低或消除高亮度表面对眼睛造成的眩光，给光源罩上一个不透光材料做的灯罩，可以收到十分显著的效果。

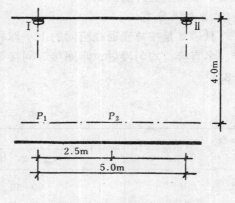

图 15—15　例 15—1 图

　　某一灯具的防止眩光范围，用保护角 $\gamma$ 这一水平夹角来衡量。它是指灯罩边和发光体边沿的连线与水平面所成的夹角，如图 15—16 所示。当人眼平视时，如果灯具与眼睛的连线和水平面的夹角小于保护角，则看不见高亮度的光源。当灯具位置提高，和视线形成的夹角大于保护角时，可看见高亮度的光源，但夹角较大，眩光程度已大大减弱。灯具保护角用下式表示：

$$\operatorname{tg}\gamma = \frac{2h}{D + d} \tag{15—1}$$

　　若灯罩用半透明材料做成，即使有一定的保护角，但由于它本身具有一定的亮度，仍可能成为眩光光源，故应限制其表面亮度值。

　　3. 灯具效率

　　任何材料制成的灯罩，都要吸收部分投射在其表面的光通。光源本身也要吸收少量的反射光（灯罩内表面的反射光），余下的才是灯具向周围空间投射的光通。这一部分的多少表明灯具的效率。灯具发出的光通 $F'$ 与光源光通 $F$ 之比，称为"灯具效率" $\eta$。即：

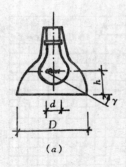  

$(a)$ $(b)$ $(c)$

**图 15—16  灯具的保护角**
$(a)$ 普通灯泡    $(b)$ 乳白灯炮    $(c)$ 挡光格片

$$\eta = \frac{F'}{F} \qquad\qquad (15-2)$$

显然，$\eta$ 是小于 1 的。它取决于灯罩开口的大小和灯罩材料的反光、透光系数。灯具效率值一般用实验方法测出。

（二）灯具分类

灯具通常是按总光通在空间的上半球和下半球的分配比例分类的。灯具一般可以分为直接、半直接、均匀漫射、半间接、间接等五种类型。各种类型灯具的光通量分布，见表 15—3。

表 15—3  灯具分类

| 类　　别 | 光通量的近似分布（％） | |
|---|---|---|
| | 上　半　球 | 下　半　球 |
| 直接 | 0～10 | 90～100 |
| 半直接 | 10～40 | 60～90 |
| 均匀漫射* | 40～60 | 40～60 |
| 半间接 | 60～90 | 10～40 |
| 间接 | 90～100 | 0～10 |

注：＊通过灯具的水平面附近，有少量光线的均匀扩散灯具，亦可称为"直接—间接型"。

1. 直接型灯具

这是用途最广泛的一种灯具。因为 90％ 以上的光通向下照射，所以灯具光通的利用率最高。工作环境照明应当优先采用这类灯具。

直接型灯具的光强分布大体可以分为三类，即窄配光、中配光（或称余弦配光）和宽配光，如图 15—17 所示。高大空间的照明需用窄配光的灯具，这种灯具能将光束控制在狭窄的范围内，以获得很高的轴光强，其光束张角如图 15—18 所示。在这种灯具照射下，水平照度高，阴影浓重。

漫反射材料的反射罩（如白色搪瓷、喷漆）及漫透射材料的透光罩产生中配光的效果。这种灯具不能得到定向的光控制，适于中等高度房间的照明。

光强分布曲线呈蝙蝠翼状的一种宽配光灯具，近年来在室内照明领域很流行，如图15—17（c）所示。这种灯具的最大光强不是在灯下，而是在离灯具下垂线约30°的方向，灯下（0°）出现一个凹峰，同时，在45°以上的方向发光强度锐减。

几种直接型灯具，如图15—19所示。

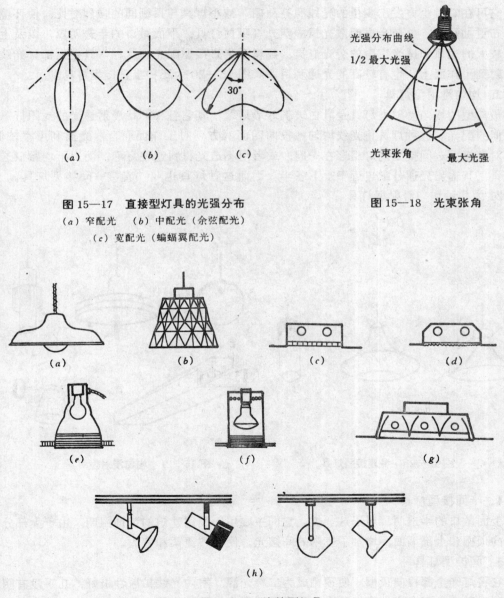

图15—17　直接型灯具的光强分布
（a）窄配光　（b）中配光（余弦配光）
（c）宽配光（蝙蝠翼配光）

图15—18　光束张角

图15—19　直接型灯具
（a）斗笠形搪瓷罩　（b）块板式镜面罩　（c）方形格栅荧光灯具　（d）棱镜透光板荧光灯具
（e）下射灯（普通灯泡）　（f）下射灯（反射型灯）　（g）镜面反射罩，单向格栅荧光灯具
（h）点射灯（装在导轨上）

点射灯和嵌在顶棚内的下射灯也属于直接型灯具。点射灯是一种轻型投光灯具，主要用于重点照明，因此多数是窄光束的配光，并且能自由转动，随意选择投射方向。将点射灯装在内设电源线的光导轨上，灯具可以沿导轨滑动，则灵活性更大，非常适合商店、展览馆的陈列照明。下射暗灯是隐蔽照明方式经常采用的灯具，能创造恬静优雅的环境气氛。这类灯具用途很广，品种也很多。

2. 半直接型灯具

它可在灯具上方发出少量的光线照亮顶棚，减小灯具与顶棚间的强烈对比，使环境亮度分布更加舒适。外包半透明散光罩的荧光灯吸顶灯具，下面敞口的半透明罩，以及上方留有较大的通风和透光空隙的荧光灯具，都属于半直接型配光。这种灯具把大部分光线直接投射到工作面上，也有较高的光通利用率。图 15—20 为三种半直接型灯具。

3. 均匀漫射型灯具

最典型的均匀漫射型灯具是乳白玻璃球形灯罩，其它各种形状漫射透光的封闭灯罩也有类似的配光。这种灯具将光线均匀地投向四面八方，对工作面而言，光通利用率较低。将一对直接型—间接型的灯组合在一起，或者用不透光材料遮住灯泡，而上下均敞口透光的灯具，其输出光通分配也近于上下各半。因而这种灯具也叫"直接—间接型灯具"。图 15—21 为几种均匀漫射型灯具。

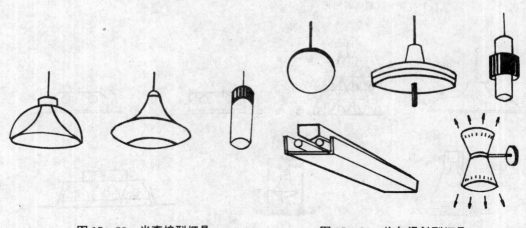

图 15—20　半直接型灯具　　　　　图 15—21　均匀漫射型灯具

4. 半间接型灯具

上面敞口的半透明罩属于这一类。它们主要用于民用建筑的装饰照明。由于大部分灯光投向顶棚和上部墙面，增加了室内的间接光，使光线更柔和宜人。

5. 间接型灯具

它将灯光全部投向顶棚，使顶棚成为二次光源。室内光线扩散性极好，几乎没有阴影和光幕反射，也不会产生直接眩光。如果采用高光效的灯和效率很高的灯具，并且灯位选在合适的位置上，使顶棚充分发挥二次光源的作用，它的节能和经济效益有可能比用普通灯的直接型灯具照明还好。图 15—22 为三种间接型灯具。

上述五类灯具各具特色，难以详述其优劣。只有根据功能要求和环境条件，对每类灯具的实用性和它对光环境的影响进行认真地分析，才能做出正确的选择，从而充分发挥每种灯具的照明效益。

图15—22  间接型灯具

# 第二节  室内工作照明

室内工作照明是指在室内人为地造成光亮环境，以满足人们工作、学习和生活的要求。工作照明可分为两类：一类是以满足视觉工作要求为主的室内工作照明，如工厂车间、学校等场所的照明，它主要是从功能方面考虑；另一种是以室内艺术环境观感为主的照明，如大型门厅、休息厅等处的照明，这类照明除满足照明功能外，还要强调艺术效果，以提供舒适的休息、娱乐场所。

进行室内工作照明设计，要考虑以下几个方面。

## 一、照明方式选择

照明方式可分为一般照明、局部照明、混合照明。

### （一）一般照明

一般照明，是在工作场所内不考虑特殊的局部需要，为照亮整体被照面而设置的照明装置，如图15—23（a）所示。此时灯具均匀分布在被照场所上空，在工作面上形成均匀的照度。这种照明方式适合于对光的投射方向没有特殊要求，在工作面内没有特别需要提高视度的工作点和工作点很密或不固定的场所。当房间高度大，照度要求又高时，不宜单独采用一般照明，否则就会造成灯具过多、功率较大、投资和使用费都很高，这是很不经济的。

### （二）局部照明

局部照明，是在工作点附近专门为照亮工作点而设置的照明装置，如图15—23（b）所示。它常设置在要求照度高或对光线方向性有特殊要求处。但不允许单独使用局部照明，因为这样会造成工作点与周围环境间极大的亮度对比，不利于视觉工作。

### （三）混合照明

混合照明，是在同一工作场所，既设有一般照明解决整个工作面的均匀照明，又有局部照明以满足工作点的高照度和光方向的要求，如图15—23（c）所示。在高照度时，这种照明方式是较经济的，也是目前工业建筑和照度要求较高的民用建筑（如图书馆）中大量采用的照明方式。

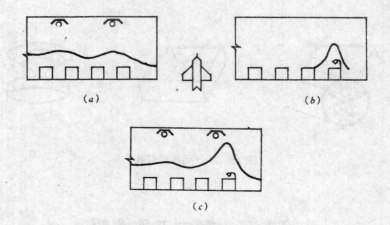

图 15—23　不同照明方式及照度分布
（a）一般照明　（b）局部照明　（c）混合照明

选择照明方式的同时，还必须选择灯具类型，即是采用直接型灯具还是采用间接型灯具；是使用单个灯具，还是采用大面积照明方式。

不同的灯具类型可获得不同的照度值和不同的直射光和反射光比例。如反射光大于直射光，则光的扩散性好，亮度分布理想，有利于消除眩光，适宜于工作面朝向变动大的场所。直射光的比例增加时，效果相反。

不同的灯具类型在工作面上获得的直射光、反射光比例．见表 15—4。

表 15—4　不同灯具类型在工作面上获得的直射光、反射光比例

| 灯具类型 | 直射光比反射光（来自天棚、墙面） | | | |
|---|---|---|---|---|
| | 小的房间 | | 大的房间 | |
| | 浅色 | 深色 | 浅色 | 深色 |
| 直　　接 | 2.0:1 | 15:1 | 20:1 | 150:1 |
| 半 直 接 | 1.5:1 | 5:1 | 4:1 | 12:1 |
| 均匀漫射 | 0.5:1 | 2:1 | 1:1 | 4:1 |
| | 浅色 | 中等 | 浅色 | 中等 |
| 半间接 | 0.2:1 | 0.35:1 | 0.45:1 | 0.65:1 |
| 间　　接 | 无直射光 | 无直射光 | 无直射光 | 无直射光 |

以表 15—4 可看出，室内表面反光系数高低对直射光与反射光的比例也有很大影响，特别是在小房间内利用反射光照明的情况下，影响很大。

**二、照明标准及照度值的选择**

根据工作对象的视觉特征、工作面在房间的分布密度等条件确定照明方式之后，还应

根据识别对象最小尺寸、识别对象与背景亮度对比等特征考虑房间照明、照明标准及照度值的选择。依据国家制定的照明标准，它是从照明数量和质量两方面来考虑的。

（一）照明数量

视度与识别物件尺寸、识别物件与其背景的亮度对比及识别物件本身的亮度等有关。照明标准就是根据识别物件的大小、物件与背景的亮度对比、国民经济的发展情况等因素规定必要的物件亮度。由于亮度的现场测量和计算都较复杂，故标准规定的是工作面上的照度值（国际上也是如此），见表15—5和表15—6。

表15—5　生产车间工作面上照度标准值

| 识别对象最小尺寸 d (mm) | 视觉工作分类 | | 识别对象与背景亮度对比 | 最低照度（lx） | |
|---|---|---|---|---|---|
| | 等 | 级 | | 混合照明② | 单独使用一般照明① |
| $d \leqslant 0.15$ | Ⅰ | 甲<br>乙 | 小<br>大 | 1500<br>1000 | |
| $0.15 < d \leqslant 0.3$ | Ⅱ | 甲<br>乙 | 小<br>大 | 750<br>500 | 200<br>150 |
| $0.3 < d \leqslant 0.6$ | Ⅲ | 甲<br>乙 | 小<br>大 | 500<br>300 | 150<br>100 |
| $0.6 < d \leqslant 1.0$ | Ⅳ | 甲<br>乙 | 小<br>大 | 300<br>200 | 100<br>75 |
| $1 < d \leqslant 2$<br>$2 < d \leqslant 5$<br>$5 < d$<br>一般观察生产过程<br>大件贮存<br>有自行发光材料的车间 | Ⅴ<br>Ⅵ<br>Ⅶ<br>Ⅷ<br>Ⅸ<br>Ⅹ | —<br>—<br>—<br>—<br>—<br>— | —<br>—<br>—<br>—<br>—<br>— | 150<br>—<br>—<br>—<br>—<br>— | 50<br>30<br>20<br>10<br>5<br>30 |

注：①一般照明的最低照度一般是指距墙1m（小面积房间为0.5m）处的工作面的最低照度；
　　②混合照明的最低照度是指实际工作面上（工作点）的总照度最低值。

表15—6　工业企业附属房间的照度标准值

| 序号 | 房间名称 | 单独使用一般照明的最低照度（lx） | 规定照度的平面 |
|---|---|---|---|
| 1 | 设计室 | 100 | 距地0.8m的水平面 |
| 2 | 阅览室 | 75 | 距地0.8m的水平面 |
| 3 | 办公室、会议室、资料室 | 50 | 距地0.8m的水平面 |
| 4 | 医务室 | 50 | 距地0.8m的水平面 |
| 5 | 托儿所、幼儿园 | 30 | 距地0.4~0.5m的水平面 |
| 6 | 食堂 | 30 | 距地0.8m的水平面 |
| 7 | 车间休息室、单身宿舍 | 30 | 距地0.8m的水平面 |
| 8 | 浴室、更衣室、厕所 | 10 | 地面 |
| 9 | 通道、楼梯间 | 5 | 地面 |

采用混合照明方式能较经济地获得高照度。为了达到更高的视度水平，标准中对混合照明方式规定了较高的照度值。在一些要求高照度的场所，单独采用一般照明方式是不经济的，故标准未单独列出一般照明的高照度值（即不推荐这种照明方式）。同理，在低照度下不推荐混合照明方式。

从影响视度的因素来看，在识别尺寸较小时，不同亮度对比对视度影响较大。所以标准规定，在小尺寸时，按对比的大小取不同的照度标准值。当尺寸较大时，其影响较小，故未做规定。

（二）照明质量

视看物件的清楚和舒适与否，除与物件的亮度有关外，在很大程度上还与照明质量有关，照明质量包含以下因素。

1. 照度均匀性

照度的不均匀，影响到视野内亮度不均匀，易导致视力疲劳。最易产生亮度不均匀的是混合照明方式。故标准规定：混合照明中的一般照明的照度为该级总照度的 5% ～ 10%，并不得低于20lx。另外，一般照明的均匀度（指房间内工作面上最低照度与平均照度之比）不宜小于0.7。

2. 限制眩光

首先是对直接眩光的限制。眩光同光源亮度、背景亮度、光源位置等有关。其中前两项系由灯具类型及其布置方式所确定。若此二者还不能满足限制眩光的要求，可以改变灯具的挂高，使之处于眩光危害较小区域，具体值见表15—7。

表 15—7　室内一般照明灯具距地面的最低悬挂高度

| 光源种类 | 灯具型式 | 灯具保护角 | 灯泡功率（W） | 最低悬挂高度（m） |
|---|---|---|---|---|
| 白炽灯 | 带反射罩 | 10°～30° | 100 及以下 | 2.5 |
| | | | 150～200 | 3.0 |
| | | | 300～500 | 3.5 |
| | | | 500 以上 | 4.0 |
| | 乳白玻璃扩散罩 | — | 100 及以下 | 2.0 |
| | | | 150～200 | 2.5 |
| | | | 300～500 | 3.0 |
| | 无罩或无反射罩 | — | — | — |
| 荧光高压汞灯 | 带反射罩 | 10°～30° | 2504 及以下 | 5.0 |
| | | | 400 及以上 | 6.0 |
| 卤钨灯 | 带反射罩 | 30°及以上 | 500 | 6.0 |
| | | | 1000～2000 | 7.0 |
| 荧光灯 | 无罩 | — | 40 及以下 | 2.0 |

3. 照度的稳定性

供电电压的波动使照度不稳定，也影响视觉功能，故应控制灯端电压不低于额定电压值。如果达不到要求时，在条件许可的情况下，应将动力和照明电源分开，甚至在照明电源上增设稳压装置。

4．消除频闪效应

在交流电路中，气体放电灯发出的光通量随电压的变化而波动。这对移动的物体会导致视觉失真。为了减轻这种影响，可将相邻灯管（泡）或灯具分别接到不同相位的线路上。

### 三、光源和灯具的选择

（一）光源的选择

不同光源在光谱特性、发光效率、使用条件和造价上都有各自的特点，应根据不同场所的具体情况确定光源的类型。为了便于比较，将各种光源的适用场所进行归纳排列，见表15—8。

（二）灯具的选择

灯具主要是根据照明场所的空间尺度和照度要求确定的。在公共建筑中，还应考虑到它的艺术效果。

表 15—8　各种光源的适用场所及举例

| 光源名称 | 适用场所 | 举例 |
|---|---|---|
| 白炽灯 | 1．要求照度不高的生产厂房、仓库以及局部照明的光源；<br>2．开关频繁的场所；<br>3．不允许有频闪效应的场所；<br>4．需要避免气体放电灯对无线电设备或测试设备产生干扰的场所；<br>5．需要调光的场所 | 在6m以下的机加工车间、配电所、变电所、办公室、宿舍、厂区次要道路、舞台等 |
| 卤钨灯 | 1．悬挂高度在6m以上，照度要求较高，显色要求较好，并无振动的场所；<br>2．不允许有频闪效应的场所；<br>3．需要调光的场所； | 屋架高度在6m以上的车间、精密机械加工车间等 |
| 荧光灯 | 1．悬挂高度在4m以下，需要较好的视见条件的场所；<br>2．需要正确识别色彩的场所；<br>3．高度在5m以下的无窗厂房 | 表面处理、理化、计算、仪表装配、主控制室，设计室，阅览室，办公室等 |
| 荧光高压汞灯 | 悬挂高度在5m及5m以上，照度要求高，但对光色无特殊要求的场所 | 大、中型机械加工车间，热加工车间，大、中型动力站及厂区主要道路 |
| 金属卤化物灯 | 悬挂高度在6m以上，要求照度高，光色好的场所 | 铸钢、铸铁车间的熔化工部，总装车间等 |
| 高压钠灯 | 1．悬挂高度在7m以上，需要照度高，但对光色无特殊要求的场所；<br>2．透雾性好，适用于多尘车间及街道照明 | 铸钢、铸铁车间的熔化工部，清理工部，露天工作场地，厂区主要道路及街道等 |

根据悬挂高度来选择灯具的原则是：

（1）当悬挂高度为 4~6m 时，宜采用配罩型灯具。

（2）当悬挂高度为 6~12m 时，宜采用搪瓷深罩型灯具。

（3）当悬挂高度为 12~30m 时，宜采用镜面深罩型灯具。

（4）有扩散罩的灯具，仅用于悬挂高度不能满足限制眩光的工作地点以及对光照要求柔和的场所。

（三）灯具的布置

这里是指一般照明的灯具布置。它要求照亮整个工作场地，故希望工作面上照度均匀。这主要从灯具的计算高度（$h_{rc}$）和间距（$l$）的适当比例来获得，即通常所说的距高比 $l/h_{rc}$。它是随灯具的配光不同而异的，具体值见表 15—9。

表 15—9　各类灯具的适当距高比

| 灯具类型 | $l/h_{rc}$ | |
|---|---|---|
| 直接 | 1.0~1.2 | |
| 半直接 | 1.0~1.5 | |
| 均匀漫射 | 1.5~2.0 | |
| | $l/h_e$ | |
| 半间接 | 2.0~3.0 | |
| 间接 | 3.0~5.0 | |

为了使房间四边的照度不致太低，应将靠墙的灯具至墙的距离减少到 0.2~0.3$l$。当采用半间接和间接型灯具时，要求反射面照度均匀，因而在控制距高比中的高度时，不是灯具的计算高 $h_{rc}$，而是灯具至反光表面的距离 $h_{cc}$（如天棚）。表 15—8 中所列数字系指一般型式的灯具。如遇配光狭窄的灯具，则距高比应缩小；反之，则加大。荧光灯灯具 $l/h_{rc}<1.5$。各种灯具的具体距高比，可在有关灯具手册中查到。

在具体布光时，还应考虑照明场所的建筑结构形式、工艺设备、动力管道等情况，以及安全维修等技术要求。

# 第三节　室内外环境照明设计

照明设计除了在功能方面满足人们生产、生活和学习要求外，在建筑物内外还起到一定的装饰作用。在一些艺术要求较高的建筑物内外，还要与建筑物的装修和构造处理有机地结合起来，利用不同的光线分布和构图，营造特有的艺术气氛，以满足建筑物的艺术效果。这种与建筑本身有着密切联系，并突出艺术效果的照明设计称之为"室内外环境照明设计"。

在进行室内外环境照明设计时，要结合建筑物的使用要求、建筑空间尺寸及结构形式等实际条件，对光的分布、光的明暗构图、装修的颜色和质量做出统一规划，使之达到预期的艺术效果，并形成舒适宜人的光环境。

以下分别讨论室内、室外环境照明设计的方法。

**一、室内环境照明设计**

常用的室内环境照明设计处理方法有三种。

（一）以灯具的艺术装饰为主

1. 吊灯

将灯具进行艺术处理，使之满足人们对美的要求。这种灯具式样和布置方式很多，最常见的是吊灯。图15—24就是几种吊灯的形式。多数吊灯是由几个单灯组合而成，又在灯架上加以艺术处理。吊灯适用于高度较大的厅堂。若放在较矮的房间，则显得太大，不适合。故在层高较低的房间里，常采用其它灯具，如暗灯。

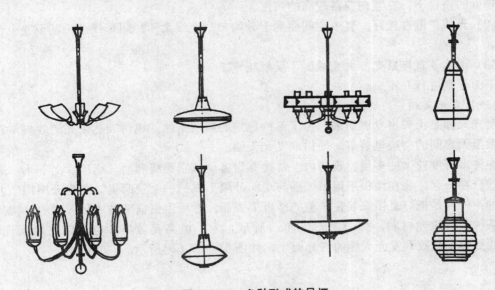

图 15—24　各种形式的吊灯

2. 暗灯和天棚灯

它是将灯具放在天棚里（称暗灯）或紧贴在天棚上加以艺术处理，与灯具相互配合，构成各种图案，可形成装饰性很强的照明环境，并和天棚上的建筑装修结合在一起，形成一个非常美观的整体。

由于暗灯的开口处于天棚平面，直射光无法射到天棚，故天棚较暗。而天棚灯由于突出于天棚，部分光通直接射向它，增加了天棚亮度，减弱了灯和天棚间的亮度差，有利于协调整个房间的亮度对比。

3. 壁灯

它是安装在墙上的灯，用来提高部分墙面亮度。壁灯主要以本身的亮度和灯具附近表面的亮度在墙上形成亮斑，以打破一大片墙的单调气氛，对室内照度的增加所起的作用较小。因此，它常用在一大片平坦的墙面上，也用于镜子的两侧或上面，以照亮人又防止反射眩光。

（二）用灯具排列成图案

虽然某些灯具本身装饰效果较差，但是可以用简单而风格一致的灯具排成图案，并与建筑有机地配合取得装饰效果。用几何图案的布置方式来强调韵律，以获得整体的装饰效果。这种照明方式安装方便，光线直接射出，损失很小，其技术合理性和经济性是很明显的，现已成为公共建筑中常用的一种艺术处理方式，特别是在一些面积小、高度低的空间里，效果更好。

（三）"建筑化"大面积照明的艺术处理

这是将光源隐蔽在建筑构件之中，并和建筑构件（天棚、墙沿、梁、柱等）或家具合成一体的一种照明形式。它可分为两大类：一类是透光的发光天棚、光梁、光带等；另一类是反光的光檐、光龛、反光假梁等。它们的共同特点是：

（1）发光体不再是分散的点光源，而扩大为发光带或发光面。因此能在保持发光表面亮度较低的条件下，在室内获得较高的照度。

（2）光线扩散性极好，整个空间照度十分均匀，光线柔和，阴影浅淡，甚至完全没有阴影。

（3）消除了直接眩光，大大减弱了反射眩光。

下面分别进行介绍。

（一）发光天棚

发光天棚是由天窗发展而来，为了保持稳定的照明条件，模仿天然采光的效果，在玻璃吊顶至天窗间的夹层里装灯，便构成发光天棚。

在许多跨度较大的多层建筑物内，常设有设备层。它是将照明、通风、上下水、通讯等管线合在一起，装在楼板下用吊天棚与房间分隔形成的一个空间里。发光天棚构造方法有两种：一种是把灯直接安装在平整的楼板下表面，然后用钢框架做成吊天棚的骨架，再铺上某种扩散透光材料，如图15—25（a）所示。为了提高光效率，也可以使用反光罩，使光线更集中地投到发光天棚的透光面上，如图15—25（b）所示。

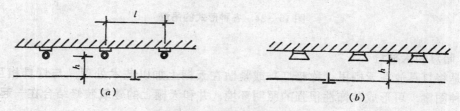

图15—25　发光天棚做法
（a）无灯罩　（b）有灯罩

发光天棚的效率高低取决于透光材料的透光系数和灯具结构。可采取下列措施提高效率：加反光罩，使光通全部投射到透光面上；设备层内表面（包括设备表面）保持高的反光系数，同时还要避免设备管道挡光；降低设备的层高，使灯靠近透光面。发光天棚的效率一般为0.5，高的可达0.8。

发光表面的亮度应均匀。亮度不均匀的发光表面严重影响美观。人眼能觉察出不均匀的亮度比为1:1.4。为了不超过此界限，应使灯的间距 $l$ 和它至天棚表面的距离 $h$ 之比（$l/h$）保持在一定的范围内。适宜的 $l/h$ 比值见表15—10。

表 15—10　各种情况下适宜的 $l/h$ 比

| 灯具类型 | $\dfrac{B_{max}}{B_{min}} = 1.4$ | $\dfrac{B_{max}}{B_{min}} \approx 1.0$ |
|---|---|---|
| 窄配光的镜面灯 | 0.9 | 0.7 |
| 点光源余弦配光灯具 | 1.5 | 1.0 |
| 点光源均匀配光和线光源余弦配光灯具 | 1.8 | 1.2 |
| 线光源均匀配光灯具（荧光灯管） | 2.4 | 1.4 |

（二）光梁和光带

将发光天棚的宽度缩小为带状发光面，就成为"光梁"或"光带"。光带的发光表面与天棚表面平齐，光梁则凸出于天棚表面（见图 15—26）。它们的光学特性与发光天棚相近。

光带的轴线最好与外墙平行布置，并且使第一排光带尽量靠近窗子，这样，灯光照明和天然光线方向一致，可减少出现不利的阴影和不舒适眩光的机会。光带的间距应不超过发光表面到工作面距离的 1.3 倍，以保持照度均匀。至于发光面的亮度均匀度，同发光天棚一样，是由灯的间距（$l$）与灯至玻璃表面的高度（$h$）之比值来确定的。白炽灯泡的 $l/h$ 值约为 2.5；荧光灯管为 2.0。

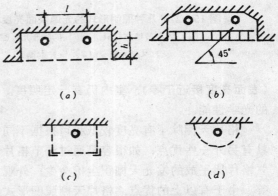

图 15—26　光梁和光带的构造简图
（a）、（b）光带　（c）、（d）光梁

光带的缺点是，由于发光面和天棚处于同一平面，无直射光射到天棚上，使二者的亮度相差较大。为了改善这种状况，把发光面降低，使之突出于天棚，这就形成光梁。光梁有部分直射光射到天棚上，降低了天棚和灯具间的亮度对比。

发光带由于面积小、灯具密，因此表面亮度容易均匀。从提高效率的观点来看，采取缩小光带断面高度、将断面做成平滑曲线、反射面保持高的反光系数以及利用玻璃有较高的透光系数等措施是有利的。

（三）格片式发光天棚

前面所谈的发光天棚、光带、光梁都存在表面亮度较大的问题。随着室内照度值的提高，就要求按比例增加发光面的亮度。虽然在同等照度时与点光源比较，以上几种做法的发光面亮度相对来说还是比较低的（见图 15—27）。但是，如要达到几百勒克斯以上的照度，发光面仍有相当高的亮度，易引起眩光。

为了解决这一矛盾，常采用许多办法，其中最常用的便是格片式发光天棚。这种天棚的构造原理见图 15—28。格片是用金属薄板或塑料板组成的网状结构。它的保护角 $\gamma$ 由格片的高（$h'$）和宽（$b$）形成，常做成 30°～45°。格片上方的光源，把一部分光直射到工作面上，另一部分则经过格片反射（不透光材料）或反射兼透射（扩散透光材料）后进入室内。因此格片天棚除了反射光外，还有一定数量的直射光，这样即使格片表面涂黑

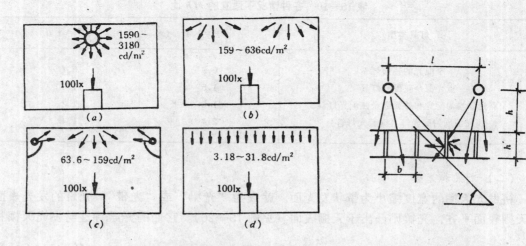

图 15—27　几种照明形式的光源表面亮度比较
(a) 乳白玻璃球灯具　　(b) 扩散透光天棚
(c) 反光光幡　　(d) 格片天棚

图 15—28　格片天棚构造简图

（表面亮度接近于零），室内仍有一定照度。它的光效率取决于保护角 $\gamma$ 和格片所用材料的光学性能。

　　格片天棚除了有亮度较低和可根据不同材料和剖面形式来控制表面亮度的优点外，还具有另外一些优点，如很容易通过调节格片与水平面的倾角，得到指向性的照度分布；直立格片比平放的发光天棚积尘机会少；外观比透光材料做成的发光天棚生动；亮度对比小等。由于有以上的优点，格片天棚照明形式在现代建筑中极为流行。

　　格片天棚表面亮度的均匀性也是由它上表面照度的均匀性决定的。它随灯泡的间距（$l$）和它离格片的高度（$h$）而变。采用裸灯泡（灯管）时，如格片用不透明材料做成，则 $l/h$ 小于或等于格片的保护角；用透明材料做格片时，$l/h$ 小于或等于 2 即可。

　　随着生产技术的发展，室内照度也日益提高，照明系统将散发出更多的热能（据统计白炽灯大约有 90%、荧光灯大约有 80% 的电能转换成热能），这给房间的空调、防火等带来新的问题。因此，要求建筑师对这些问题作综合考虑。这就希望发光天棚是一个具有多功能的方案，把建筑装修、照明、通风、声学、防火等功能都综合在整体结构中。这样的体系不仅满足环境舒适、美观的需要，而且构件最少，节省建造时间，同时也能降低造价和运转费用。

　　（四）反光照明设施

　　这是将光源隐藏在灯槽内，利用天棚或别的表面（如墙面）做成反光表面的一种照明方式。它具有间接型灯具的特点，又是大面积光源。所以光的扩散性极好，可以使室内完全消除阴影和眩光。由于光源的面积大，只要布置方法正确，就可以取得预期的效果。光效率比单个间接型灯具高一些。反光天棚的构造及位置处理原则，如图 15—29 所示。

　　设计反光照明设施时，必须注意灯槽的位置及其断面的选择，反光面应具有很高的反光系数。以上因素，不仅影响反光天棚的光效率，而且还影响它的外观。此外，还应注意光源在灯槽内的位置，应保证站在房间另一端的人看不见光源，如图 15—29 所示。还有光源到墙面的距离（*a*）不能太小，如白炽灯泡或荧光灯管，应不小于 10～15cm。白炽灯泡的间距应小于1.5～1.9*a*，荧光灯管最好首尾相接。

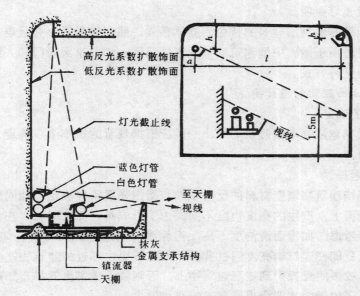

图 15—29　反光天棚的构造及位置

　　为了使反光面亮度均匀，在房间面积较大时，就要求灯槽距天棚较远，这就增加了房间层高。对于层高较低的房间，就很难保证必要的保护角和均匀的亮度，一般是中间部分照度不足。为了弥补这个缺点，可以在中间加吊灯，也可以将天棚划分为若干小格。这样 *l* 变小，*h* 就可小一些，达到降低层高的目的。

　　反光天棚的维修、清扫问题在设计时应引起特别注意。因灯槽口朝上，非常容易积尘。如果不为经常清扫提供方便，它的光效率可能降低到原来的40%以下。

　　这种装置由于光线充分扩散，阴影很少，一些立体形象就显得平淡，故在那些需要辨别物体外形的场合不宜单独使用。

### 二、室外环境照明设计

　　对有重要意义的楼、堂、馆、所，或有代表性的其它建筑，以及风景区、城市街道及工厂前区的建筑及一些高级或大型商场、宾馆和饭店、车站和码头等建筑，常常需要装设供欣赏的外观立面照明。

　　如果建筑外观立面照明处理得当，可以在天黑之后产生各种动人的效果。因此，研究立面照明方案，应首先掌握建筑物的特点，找出从不同角度落光时最动人的特色。设计时还可以根据资料分析、模型试验或对已有建筑物的观察，找出全天太阳位置不断变化所形成的最理想的画面角度，以及背影的对比和光色的陪衬作用等，这样才能设计出较好的方案。

　　（一）建筑立面照明的方法

　　（1）沿建筑轮廓装置彩灯（或称"串灯"）照明。

　　这种方法基本上能突出建筑的轮廓，加上彩灯的华丽，能获得一定的艺术效果。但电功率消耗较大，且不易体现建筑物的立体感，照明效果不太理想。一般适用于做中小型建筑和门厅、门卫建筑等的外观立面照明。我国建筑物的外景照明多采用这种方法。如目前许多工厂、机关等单位的门厅或前区的建筑外观立面照明。

（2）采用投光灯照明。

这种方法能较好地突出建筑的特色，立体感强，照明效果好，并且电功率消耗小，有利于节能。一般适用于做大中型建筑的外观立体照明。如北京天安门和人民大会堂的外景照明采用的就是这种方式。

（二）建筑立面照明的设计要点

1．照明面的确定

建筑物照明究竟从哪个面照射为好，一般应根据观看的机率多少确定，观看机率多的面应定为照明面。

2．照度的选择

照度大小应按建筑物墙壁材料的反射系数和周围亮度条件决定。相同的照度照射到不同反射系数的壁面上，产生的亮度也会不同。为了形成某一亮度对比，在设计时还需对周围环境情况综合考虑。如壁面清洁度不高，污垢多，需适当提高照度；如周围背景较暗，则只需较少的光就能使建筑物亮度超过背景；如与被照物邻近的建筑物室内照明灯晚上是开亮的，则需有较多的光投射到被照建筑物上，否则就无法突出效果；如被照建筑物的背景较亮，则要更多的光线才能获得所要求的对比效果。

3．建筑物或周围环境特点的充分利用

在进行建筑物立面照明设计时，要充分利用建筑物的各种特点（如长方形、正方形、圆形、有垂直线条的立面、有水平线条的立面等）或周围环境的特点（如树木、篱笆、围墙、水池、人工湖等），创造出良好的艺术气氛。例如，将建筑物邻近的一片水（水池、湖泊等）作为一面"黑色镜子"，使被投光的建筑物在水中倒映出来，起到夸张建筑物的艺术气氛。再如，利用环境的障碍物（如树木、围墙、篱笆等），使之成为投光灯设施的装饰性部分，将光源设在障碍物后面，使树木等在亮背下成黑影，这会加强深度感。

# 复习思考题

1．试阐述热辐射、气体放电两类不同光源的发光机理与特点。

2．怎样选择灯具和相应的布置方式？

3．照明标准是基于哪些方面来制定的？

4．一个良好的照明设计应包括哪些因素？

5．灯具的配光曲线有什么用途？

6．一般照明与局部照明各有什么特点？说明它们的适用范围。

7．在照明设计中应如何考虑节能？

8．对建筑室内外环境进行照明设计应注意哪些问题？

# 实验与测量

实验一

## 混响时间测量

混响时间测量是建筑声学中最常用的测量。一方面混响时间是目前用于评价厅堂音质的最重要的和有明确概念的客观参量；另一方面吸声材料和结构的扩散入射吸声系数的测量、围护结构的隔声测量、声源声功率测量等项目都需要进行混响时间测量。

测量混响时间的常规设备如图实1—1所示。

由信号发声器通过放大器驱动扬声器发出声音，传声器把接收到的声能转换为电能输出给放大器和滤波器，然后加到声级记录仪上。在扬声器发出的声音使房间声场激发达到稳态后的某个瞬间，用开关切断信号。在此同时或稍许提前合上记录仪的走纸机构。记录纸以一定速度匀速前进，纸的长度方向表示时间轴，记录笔就画出声压级（dB数）的衰减曲线。图实1—2是衰减曲线的示例。

常用的声源信号有两种：一种是调频的正弦信号，称为"啭音"，调制的频率约10Hz。采用啭音是为了避免单纯正弦信号会出现驻波现象。另一种是用窄带无规噪声。这是在粉红噪声发生器后面加接倍频程或三分之一倍频程滤波器而得到的。

在厅堂混响时间测量时，声源信号也可以采用脉冲声。通常使用的脉冲声源有发令枪、爆竹、汽球爆裂等。

混响时间是从记录仪记录下的衰减曲线得出的。通常用相应于一定的走纸速度和横坐标（dB数）刻度的透明圆盘，使衰减曲线回归成一条直线，根据此直线的斜率 $\Delta L/\Delta t$（dB/s），即可用下式得到混响时间：

$$T = 60 \times \frac{1}{\Delta L/\Delta t}$$

实际上从混响圆盘上可直接读出混响时间，如图实1—2所示。通常是从衰减曲线上

稳态声级的 −5～−35dB 的范围来
决定衰减斜率。

　　新近的一些声学测量仪器已可
以自动测量混响时间, 以数字直接
显示并打印出来, 无需人工去量混
响曲线。但是声级记录仪画出的混
响曲线, 除了可用于量出混响时间
外, 还包含着衰减过程的信息。这
有时还是很需要的。

　　在厅堂音质的混响测量中, 声
源通常是放在自然声源的位置, 如
舞台中央大幕线内 3m, 高度离舞
台面 1.5m 左右。传声器位置选取
有代表性的几个点, 如观众区的池

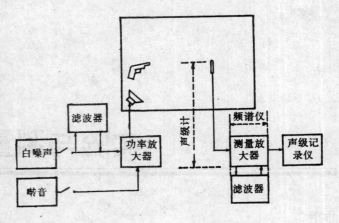

图实 1—1　混响时间测量仪器布置框图

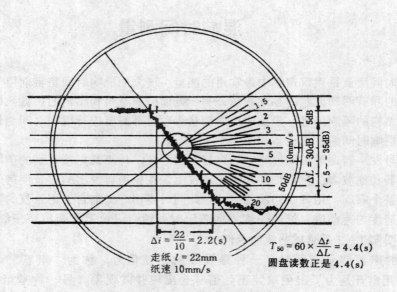

$$\Delta i = \frac{22}{10} = 2.2(s)$$

走纸 $l = 22mm$
纸速 $10mm/s$

$$T_{50} = 60 \times \frac{\Delta t}{\Delta L} = 4.4(s)$$

圆盘读数正是 $4.4(s)$

图实 1—2　混响曲线和混响时间的度量

座前区、中区、楼座、挑台下等（如果平面对称, 则仅布置在一半上即可）。在混响室内
测量时, 声源通常放在室内一角, 传声器位置取 3～5 点, 各点均应离开房间界面 1m 以
上, 并离开声源 1m 以上。

　　对于厅堂音质, 测量的频率通常为 125～4000Hz 倍频程的中心频率; 对于混响室测
量也可以采用 1/3 倍频程的中心频率。每个测点每个频率在低频（500Hz 以下）测取 6 条
混响曲线, 取其平均值。通常是在中、高频各测取 3 条混响曲线平均。

实验二

# 室内照明测量

## 一、照度测量

（一）测量设备

照度计一台（附颜色、余弦校正器），光接收器支架。

（二）测量方法

（1）测点应当是每个工作点，并将测点位置标注在平面图上。在平面图中还应当标明灯具所处位置。如为空房间，则宜采用均匀布点方式，这时测点数与室形指数有关。具体见表实2—1。

（2）测量宜在晚间进行。测量前，应开亮全部灯、待其稳定后（稳定时间分别为白炽灯5分钟、荧光灯15分钟以上）才能开始测量。测量时工作人员不应遮挡光接收器。

（3）在标有灯具与测点位置的平面图上，在测点旁注出各点的照度实测值，或绘出等照度曲线。

表实2—1　测点数与室形指数的关系

| 室形指数 $K_r$ * | 测点最低数 |
|---|---|
| 小于1 | 4 |
| 1～2 | 9 |
| 2～3 | 16 |
| 3和3以上 | 25 |

\*　$K_r = \dfrac{L \times W}{h_r \, (L+W)}$，式中 $L$、$W$ 为房间的长和宽，$h_r$ 为灯具挂高。

## 二、亮度测量

（一）测量设备

亮度计一台。

（二）测量方法

（1）在观测点可以看到的各种表面都应选为测量点。同一表面的测点数，视该表面面积大小、亮度变化程度而定。

（2）测量时间选择在工作期间的正常条件和最不利条件，例如，有直射阳光进入室内，阳光直射窗外浅色建筑物时等。

（3）观测人位置。照明时，亮度计放在房间长度方向，离墙0.5m处，墙中间，高

1.2m（坐姿）或1.5m（立姿）；采光时，面对窗口的内墙中间，离墙0.5m，离地1.2m或1.5m处。

根据测得的各点亮度值填入事先制成的表格中。也可将测量数据标在与亮度计处于同一位置、同一角度拍摄的室内照片，或以此为视点的透视图上，如图实2—1所示。

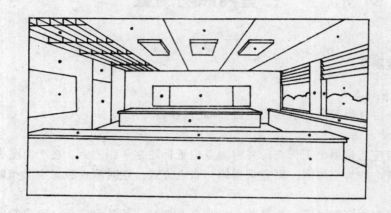

图实 2—1　亮度测量数据图

亮度计是测量物体表面亮度的仪器。从第十三章可知，均匀扩散反射表面的亮度可用该表面照度和其反光系数换算出来（$L = \rho E / \pi$）。以它作为标准件，与待测表面亮度相比较，改变标准件的照度（即改变其亮度），使二者达到一致，通过标准件亮度就可以知道待测件的亮度。另一种方法是根据立体角投影定律。当立体角固定，就可以从表面亮度对某点形成的照度反算出该表面的亮度（遮筒式亮度计）。遮筒式亮度计适于测量面积较大、亮度较高的表面。透镜式亮度计适用于被测面面积较小或距离较远时，亮度计需进行校正。

# 附 录

附录一

## 材料的吸声系数和吸声单位

| 材料及其安装情况 | 吸声系数 $a$ | | | | | |
| --- | --- | --- | --- | --- | --- | --- |
| | 125Hz | 250Hz | 500Hz | 1000Hz | 2000Hz | 4000Hz |
| 清水砖墙 | 0.05 | 0.04 | 0.02 | 0.04 | 0.05 | 0.05 |
| 砖墙上抹灰(光面) | 0.024 | 0.027 | 0.03 | 0.037 | 0.036 | 0.034 |
| 抹灰拉毛,面涂漆 | 0.04 | 0.04 | 0.07 | 0.024 | 0.09 | 0.05 |
| 木板墙(紧贴实墙) | 0.05 | 0.06 | 0.06 | 0.10 | 0.10 | 0.10 |
| 纤维板厚 1.25cm(紧贴实墙) | 0.05 | 0.10 | 0.15 | 0.25 | 0.30 | 0.30 |
| 同上,表面涂漆 | 0.05 | 0.10 | 0.10 | 0.10 | 0.10 | 0.15 |
| 三夹板后空气层为 5cm,龙骨间距 50cm×50cm | 0.206 | 0.737 | 0.214 | 0.104 | 0.082 | 0.117 |
| 同上,空气层中填矿棉(8kg/m²) | 0.367 | 0.571 | 0.279 | 0.118 | 0.093 | 0.116 |
| 三夹板后空气层为 10cm,龙骨间距 50cm×45cm | 0.597 | 0.382 | 0.181 | 0.05 | 0.041 | 0.082 |
| 五夹板后空气层为 10cm,龙骨间距 50cm×45cm,涂三道油 | 0.199 | 0.10 | 0.125 | 0.057 | 0.062 | 0.191 |
| 三夹板穿孔(φ5mm)孔距 4cm,后空气层为 10cm,板背后贴一层龙头细布,板后填矿棉(8kg/m²) | 0.673 | 0.731 | 0.507 | 0.287 | 0.191 | 0.166 |
| 木丝板(厚 3cm),后空 10cm,龙骨间距 45cm×45cm | 0.09 | 0.36 | 0.62 | 0.53 | 0.71 | 0.87 |
| 同上,后空 5cm | 0.05 | 0.30 | 0.81 | 0.63 | 0.70 | 0.91 |
| 聚氨酯泡沫塑料,厚 2cm | 0.055 | 0.067 | 0.16 | 0.51 | 0.84 | 0.65 |
| 同上,厚 4cm | 0.12 | 0.22 | 0.57 | 0.77 | 0.77 | 0.76 |
| 丝绒幕(0.65kg/m²),离墙 10cm | 0.06 | 0.27 | 0.44 | 0.50 | 0.40 | 0.35 |
| 同上,离墙 20cm 悬挂 | 0.08 | 0.29 | 0.44 | 0.50 | 0.40 | 0.35 |
| 玻璃(紧贴实墙) | 0.01 | | 0.01 | | 0.02 | |
| 玻璃窗扇(125cm×35cm),玻璃厚 3mm | 0.35 | 0.25 | 0.18 | 0.12 | 0.07 | 0.04 |
| 同上,玻璃厚 6mm | 0.01 | | 0.04 | | 0.02 | |
| 通风口及类似物、舞台开口 | 0.16 | 0.20 | 0.30 | 0.35 | 0.29 | 0.31 |
| 普通抹灰吊顶(上有大空间) | 0.20 | | 0.10 | | 0.04 | |
| 钢丝网抹灰吊顶(厚 5cm) | 0.08 | 0.06 | 0.05 | 0.04 | 0.04 | 0.04 |
| 加玻璃纤维筋的塑料反射板(厚 1.5mm,吊在空中) | 0.45 | 0.23 | 0.10 | 0.37 | 0.37 | 0.37 |
| 光面混凝土(厚 10cm 以上) | 0.01 | 0.01 | 0.02 | 0.02 | 0.02 | 0.03 |
| 木地板(有龙骨架空) | 0.15 | 0.11 | 0.10 | 0.07 | 0.06 | 0.07 |
| 毛地毯厚 1.1cm,铺在混凝土上 | 0.12 | 0.10 | 0.28 | 0.42 | 0.21 | 0.33 |
| 橡皮地毯厚 5mm,铺在混凝土上 | 0.04 | 0.04 | 0.08 | 0.12 | 0.03 | 0.10 |
| 听众席(包括听众、乐队所占地面,加周边宽 1m 的走道) | 0.52 | 0.68 | 0.85 | 0.97 | 0.93 | 0.85 |
| 空听众席(条件同上,座椅为软垫的) | 0.44 | 0.60 | 0.77 | 0.89 | 0.82 | 0.70 |
| 听众(坐在软垫椅上,按每个人计算) | 0.19 | 0.40 | 0.47 | 0.47 | 0.51 | 0.47 |
| 软垫座椅(每个) | 0.12 | | 0.28 | | 0.32 | 0.37 |
| 乐队队员带着乐器(坐在椅子上,每人) | 0.38 | 0.79 | 1.07 | 1.30 | 1.21 | 1.12 |
| 听众(坐在硬垫椅上,每人) | 0.27 | 0.21 | 0.37 | 0.46 | 0.54 | 0.46 |
| 木板硬座椅(每个) | 0.07 | 0.03 | 0.08 | 0.10 | 0.08 | 0.11 |

# 各种构件的隔声特性(dB)

| 编号 | 1 | 2 | 3 |
|---|---|---|---|
| 名称 | 75厚加气混凝土砌块 | 75+75 加气混凝土砌块 | 90+90 炭化石灰板 |
| 材料及做法 | 250×600 砌块两面抹灰 | 500×600 砌块中空 75.5 厚麻刀抹灰扒钉连接 | 90+90 炭化石灰板中空 60,无饰面 |
| 质量 | 88kg/m² | 120kg/m² | 130kg/m² |
| 100Hz | 32.4 | 38.2 | 37 |
| 125Hz | 29.9 | 35.4 | 38.7 |
| 160Hz | 30.6 | 33.4 | 38.4 |
| 200Hz | 32.3 | 41.7 | 41.7 |
| 250Hz | 30.4 | 38.9 | 41.9 |
| 315Hz | 31.3 | 41.8 | 42.3 |
| 400Hz | 30.7 | 43.3 | 42.5 |
| 500Hz | 30.4 | 46.0 | 43.7 |
| 630Hz | 34.1 | 44.2 | 41.9 |
| 800Hz | 38.2 | 43.2 | 45.1 |
| 1000Hz | 40.2 | 47.0 | 47.5 |
| 1250Hz | 43.1 | 52.8 | 51.3 |
| 1600Hz | 43.3 | 59 | 56.5 |
| 2000Hz | 49.2 | 62.2 | 59.7 |
| 2500Hz | 52.1 | 65.6 | 62.9 |
| 3150Hz | 53.1 | 67.5 | 63.8 |
| 4000Hz | 55.5 | 69.2 | 65.8 |
| 平均值 | 38.8 | 48.8 | 48.3 |
| 隔声指数 | 38.0 | 48.0 | 48.0 |

续 表

| 编 号 | 4 | 5 | 6 |
|---|---|---|---|
| 名 称 | 90 炭化石灰板<br>12 石膏板(内加矿棉) | 12 + 12 石膏板 | 12, 12 + 12, 12 石膏板 |
| 材料及做法 | <br>石膏龙骨用木螺丝<br>固定石骨板、填矿棉 | <br>石膏板固定在木龙骨上<br>勾缝无饰面 | <br>双层石膏板固<br>定在木龙骨上 |
| 质量 | 84kg/m² | 25kg/m² | 45kg/m² |
| 100Hz | 40.5 | 23.7 | 31.5 |
| 125Hz | 42.0 | 26.9 | 35.4 |
| 160Hz | 37.4 | 27.4 | 26.9 |
| 200Hz | 44.6 | 24.3 | 35.6 |
| 250Hz | 45.4 | 29.1 | 34.6 |
| 315Hz | 43.3 | 30.3 | 35.3 |
| 400Hz | 47.5 | 32.3 | 42.1 |
| 500Hz | 47.1 | 34.7 | 42.8 |
| 630Hz | 46.6 | 38.9 | 45.7 |
| 800Hz | 48.6 | 41.2 | 48.1 |
| 1000Hz | 49.7 | 43.4 | 51.4 |
| 1250Hz | 51.6 | 44.8 | 53.7 |
| 1600Hz | 54.2 | 45.9 | 55.5 |
| 2000Hz | 56.1 | 42.0 | 57.5 |
| 2500Hz | 54.0 | 36.2 | 53.2 |
| 3150Hz | 54.3 | 37.7 | 50.0 |
| 4000Hz | 57.3 | 44.3 | 51.4 |
| 平均值 | 48.3 | 35.5 | 44.2 |
| 隔声指数 | 51.0 | 38.0 | 46.0 |

续表

| 编　号 | 7 | 8 | 9 |
|---|---|---|---|
| 名称 | 12+12 石膏板加矿棉 | 有空气层的双层石膏板(错缝) | 有空气层的双层石膏板加矿棉 |
| 材料及做法 | 石膏板固定在木龙骨上,中空80填矿棉 | 石膏板固定在复合石膏板龙骨上 | 石膏板固定在复合石膏板龙骨上,内填沥青矿棉毡 |
| 质量 | 29kg/m² | 35.6kg/m² | 40.0kg/m² |
| 100Hz | 31.1 | 20.6 | 32.6 |
| 125Hz | 33.7 | 30.3 | 34.5 |
| 160Hz | 31.0 | 31.2 | 37.3 |
| 200Hz | 40.6 | 36.1 | 37.1 |
| 250Hz | 40.2 | 37.2 | 40.6 |
| 315Hz | 40.0 | 41.3 | 46.6 |
| 400Hz | 45.3 | 47.1 | 49.8 |
| 500Hz | 47.0 | 44.2 | 50.0 |
| 630Hz | 47.0 | 48.0 | 51.8 |
| 800Hz | 48.7 | 48.1 | 51.1 |
| 1000Hz | 51.2 | 46.4 | 50.1 |
| 1250Hz | 53.5 | 48.9 | 53.2 |
| 1600Hz | 55.5 | 48.7 | 53.2 |
| 2000Hz | 57.0 | 49.3 | 52.6 |
| 2500Hz | 53.3 | 46.8 | 51.6 |
| 3150Hz | 47.1 | 44.0 | 50.1 |
| 4000Hz | 48.7 | 44.4 | 50.7 |
| 平均值 | 45.3 | 42.0 | 46.8 |
| 隔声指数 | 49.0 | 46.0 | 51.0 |

| 编　号 | 10 | 11 | 12 |
|---|---|---|---|
| 名　称 | 有空气层三层<br>石膏板 | 200 焦渣空心砖墙 | 240 砖墙 |
| 材料及做法 | <br><br>石膏板 12 固定在石膏龙骨上 | <br><br>两面各抹 10 砂子灰 | <br><br>两面各抹 20 砂子灰 |
| 质量 | 50.0kg/m² | 270.0kg/m² | 530.0kg/m² |
| 100Hz | 26.5 | 32.4 | 39.2 |
| 125Hz | 29.5 | 32.6 | 42.2 |
| 160Hz | 29.3 | 31.5 | 43.5 |
| 200Hz | 31.0 | 33.1 | 44.2 |
| 250Hz | 38.8 | 37.6 | 43.3 |
| 315Hz | 41.3 | 38.1 | 44.2 |
| 400Hz | 45.9 | 39.1 | 46.9 |
| 500Hz | 45.9 | 41.1 | 49.4 |
| 630Hz | 45.5 | 41.4 | 50.7 |
| 800Hz | 44.7 | 43.5 | 55.3 |
| 1000Hz | 43.3 | 45.7 | 57.3 |
| 1250Hz | 44.1 | 48.8 | 59.5 |
| 1600Hz | 43.8 | 51.3 | 62.2 |
| 2000Hz | 40.6 | 53.2 | 64.1 |
| 2500Hz | 39.5 | 55.1 | 65.0 |
| 3150Hz | 38.3 | 56.1 | 64.7 |
| 4000Hz | 37.1 | 52.0 | 62.3 |
| 平均值 | 38.5 | 43.1 | 52.6 |
| 隔声指数 | 41.5 | 45.0 | 54.0 |

| 编　号 | 13 | 14 | 15 |
|---|---|---|---|
| 名称 | 12,12＋12,12 石膏板加玻璃棉毡 | 12,12＋12,12 石膏板（错缝、粘结） | 圆孔珍珠岩石膏板,双层 |
| 材料及做法 | 石膏板固定在钢龙骨上中空75,填超细玻璃棉 | 石膏板固定在工字形石膏龙骨上,两面脱开无连接 | 双层多孔石膏板,中空50、错缝、勾缝 |
| 100Hz | 27 | 32 | 33 |
| 125Hz | 30 | 31 | 36 |
| 160Hz | 39 | 34 | 33 |
| 200Hz | 41 | 40 | 36 |
| 250Hz | 45 | 43 | 36 |
| 315Hz | 47 | 46 | 35 |
| 400Hz | 50 | 47 | 33 |
| 500Hz | 50 | 49 | 34 |
| 630Hz | 51 | 51 | 37 |
| 800Hz | 52 | 54 | 42 |
| 1000Hz | 55 | 55 | 44 |
| 1250Hz | 57 | 58 | 48 |
| 1600Hz | 59 | 61 | 52 |
| 2000Hz | 58 | 62 | 53 |
| 2500Hz | 56 | 62 | 57 |
| 3150Hz | 56 | 59 | 57 |
| 4000Hz | 60 | 56 | 61 |
| 平均值 | 49 | 49.3 | 40.76 |
| 隔声指数 | 53.0 | 53 | 40.0 |

# 楼板的标准撞击声级

| 楼板序号 | 单位面积质量 (kg/m²) | 各频带的标准撞击声级 $L_N$(dB) | | | | | |
|---|---|---|---|---|---|---|---|
| | | 125 | 250 | 500 | 1000 | 2000 | 4000 |
| ① | 144 | 71 | 77 | 83 | 85 | 80 | 74 |
| ② | 220 | 59 | 73 | 74 | 73 | 59 | 53 |
| ③ | 300 | 69 | 73 | 78 | 81 | 76 | 70 |
| ④ | 410 | 70 | 74 | 77 | 79 | 72 | 64 |
| ⑤ | 322 | 78 | 74 | 73 | 76 | 64 | 58 |
| ⑥ | – | 64 | 70 | 75 | 80 | 77 | 65 |
| ⑦ | 300 | 65 | 71 | 71 | 65 | 48 | 40 |
| ⑧ | 291 | 63 | 70 | 72 | 66 | 54 | 52 |
| ⑨ | 279 | 65 | 72 | 72 | 59 | 43 | 40 |
| ⑩ | – | 70 | 79 | 79 | 70 | 58 | – |
| ⑪ | – | 70 | 73 | 72 | 71 | 66 | – |
| ⑫ | – | 71 | 66 | 60 | 54 | 43 | 37 |
| ⑬ | – | 61 | 59 | 66 | 59 | 52 | 47 |
| ⑭ | 246 | 63 | 65 | 56 | 48 | 42 | 38 |
| ⑮ | 300 | 74 | 77 | 74 | 67 | 55 | 42 |
| ⑯ | – | 58 | 57 | 48 | 40 | 28 | 20 |

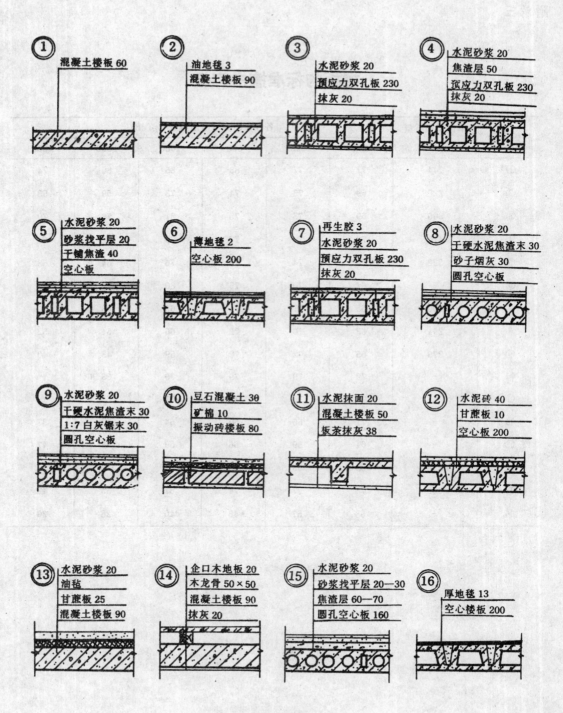

① 混凝土楼板 60

② 油地毯 3
混凝土楼板 90

③ 水泥砂浆 20
预应力双孔板 230
抹灰 20

④ 水泥砂浆 20
焦渣层 50
预应力双孔板 230
抹灰 20

⑤ 水泥砂浆 20
砂浆找平层 20
干铺焦渣 40
空心板

⑥ 薄地毯 2
空心板 200

⑦ 再生胶 3
水泥砂浆 20
预应力双孔板 230
抹灰 20

⑧ 水泥砂浆 20
干硬水泥焦渣末 30
砂子烟灰 30
圆孔空心板

⑨ 水泥砂浆 20
干硬水泥焦渣末 30
1:7 白灰锯末 30
圆孔空心板

⑩ 豆石混凝土 30
矿棉 10
振动砖楼板 80

⑪ 水泥抹面 20
混凝土楼板 50
板茶抹灰 38

⑫ 水泥砖 40
甘蔗板 10
空心板 200

⑬ 水泥砂浆 20
油毡
甘蔗板 25
混凝土楼板 90

⑭ 企口木地板 20
木龙骨 50×50
混凝土楼板 90
抹灰 20

⑮ 水泥砂浆 20
砂浆找平层 20—30
焦渣层 60—70
圆孔空心板 160

⑯ 厚地毯 13
空心楼板 200

附录三附图

# 建筑材料的热工指标

| 材料名称 | 容重<br>$\gamma$<br>[kg/m³] | 导热系数<br>$\lambda$<br>[W/(m·K)] | 蓄热系数<br>$S_{24}$<br>[W/(m²·K)] | 比　热<br>$c$<br>[kJ/(kg·K)] | 蒸汽渗透系数<br>$\mu \times 10^4$<br>[g/(m·h·pa)] |
|---|---|---|---|---|---|
| 一、混凝土 | | | | | |
| 钢筋混凝土 | 2500 | 1.74 | 17.20 | 0.92 | 0.158 |
| 碎石、卵石混凝土 | 2300 | 1.51 | 15.36 | 0.92 | 0.173 |
|  | 2100 | 1.28 | 13.50 | 0.92 | 0.173 |
| 膨胀矿渣珠混凝土 | 2000 | 0.77 | 10.51 | 0.96 | — |
|  | 1800 | 0.63 | 9.05 | 0.96 | 0.975 |
|  | 1600 | 0.53 | 7.87 | 0.96 | 1.05 |
| 自然煤干石、炉渣混凝土 | 1.00 | 1.00 | 11.68 | 1.05 | 0.518 |
|  | 1500 | 0.76 | 9.54 | 1.05 | 0.900 |
|  | 1300 | 0.56 | 7.63 | 1.05 | 1.35 |
| 粉煤灰陶粒混凝土 | 1700 | 0.95 | 11.40 | 1.05 | 0.188 |
|  | 1500 | 0.70 | 9.16 | 1.05 | 0.975 |
|  | 1300 | 0.57 | 7.78 | 1.05 | 1.05 |
|  | 1100 | 0.44 | 6.30 | 1.05 | 1.05 |
| 粘土陶粒混凝土 | 1600 | 0.84 | 10.36 | 1.05 | 0.315 |
|  | 1400 | 0.70 | 8.93 | 1.05 | 0.390 |
|  | 1200 | 0.53 | 7.25 | 1.05 | 0.405 |
| 页岩陶粒混凝土 | 1500 | 0.77 | 9.70 | 1.05 | 0.815 |
|  | 1300 | 0.66 | 8.16 | 1.05 | 0.390 |
|  | 1100 | 0.50 | 6.70 | 1.05 | 0.435 |
| 浮石混凝土 | 1500 | 0.67 | 9.09 | 1.05 | — |
|  | 1300 | 0.53 | 7.54 | 1.05 | 0.188 |
|  | 1100 | 0.42 | 6.13 | 1.05 | 0.353 |
| 加气、泡沫混凝土 | 700 | 0.22 | 3.56 | 1.05 | 1.54 |
|  | 500 | 0.19 | 2.76 | 1.05 | 1.90 |
| 二、砂浆和砌体 | | | | | |
| 水泥砂浆 | 1800 | 0.93 | 11.26 | 1.05 | 0.900 |
| 石灰、水泥复合砂浆 | 1700 | 0.87 | 10.79 | 1.05 | 0.975 |
| 石灰砂浆 | 1600 | 0.81 | 10.12 | 1.05 | 1.20 |
| 石灰、石膏砂浆 | 1500 | 0.76 | 0.44 | 1.05 | — |

续 表

| 材料名称 | 容重 $\gamma$ [kg/m³] | 导热系数 $\lambda$ [W/(m·K)] | 蓄热系数 $S_{24}$ [W/(m²·K)] | 比 热 $c$ [kJ/(kg·K)] | 蒸汽渗透系数 $\mu \times 10^4$ [g/(m·h·pa)] |
|---|---|---|---|---|---|
| 保温砂浆 | 800 | 0.29 | 4.44 | 1.05 | |
| 重砂浆砌筑粘土砖砌体 | 1800 | 0.81 | 10.53 | 1.05 | 1.05 |
| 轻砂浆砌筑粘土砖砌体 | 1700 | 0.76 | 9.86 | 1.05 | 1.20 |
| 灰砂砖砌体 | 1900 | 1.10 | 12.72 | 1.05 | 1.05 |
| 重砂浆砌筑 26、33 及 36 孔粘土空心砖砌体 | 1400 | 0.58 | 7.52 | 1.05 | 1.58 |
| 三、绝热材料 | | | | | |
| 矿棉、岩棉玻璃棉 板 | <150 | 0.064 | 0.93 | 1.22 | 4.88 |
| 板 | 150～300 | 0.07～0.093 | 0.98～1.60 | 1.22 | 4.88 |
| 毡 | ≤150 | 0.058 | 0.94 | 1.34 | 4.88 |
| 松散 | ≤100 | 0.047 | 0.56 | 0.84 | 4.88 |
| 膨胀珍珠岩、蛭石制品： | | | | | |
| 水泥膨胀珍珠岩 | 800 | 0.26 | 4.16 | 1.17 | 0.42 |
| | 600 | 0.21 | 3.26 | 1.17 | 0.90 |
| | 400 | 0.16 | 2.35 | 1.17 | 1.91 |
| 沥青、乳化沥青膨胀珍珠岩 | 400 | 0.12 | 2.28 | 1.55 | 0.293 |
| | 300 | 0.093 | 1.77 | 1.55 | 0.675 |
| 水泥膨胀蛭石 | 350 | 0.14 | 1.92 | 1.05 | — |
| 泡沫材料及多孔聚合物： | | | | | |
| 聚乙烯泡沫塑料 | 100 | 0.047 | 0.69 | 1.38 | — |
| | 30 | 0.042 | 0.35 | 1.38 | 0.144 |
| 聚氨脂硬泡沫塑料 | 50 | 0.037 | 0.43 | 1.38 | 0.148 |
| | 40 | 0.033 | 0.36 | 1.38 | 0.112 |
| 四、建筑板材 | | | | | |
| 胶合板 | 600 | 0.17 | 4.36 | 2.51 | 0.225 |
| 软木板 | 300 | 0.093 | 1.95 | 1.89 | 0.255 |
| | 150 | 0.058 | 1.09 | 1.80 | 0.285 |
| 纤维板 | 600 | 0.23 | 5.04 | 2.51 | 1.13 |
| 石棉水泥板 | 1800 | 0.52 | 8.57 | 1.05 | 0.135 |
| 石棉水泥隔热板 | 500 | 0.16 | 2.48 | 1.05 | 3.9 |
| 石膏板 | 1050 | 0.33 | 5.08 | 1.05 | 0.79 |
| 水泥刨花板 | 1000 | 0.34 | 7.00 | 2.01 | 0.24 |
| | 700 | 0.19 | 4.35 | 2.01 | 1.05 |
| 稻草板 | 300 | 0.105 | 1.95 | 1.68 | 3.00 |
| 木屑板 | 200 | 0.065 | 1.41 | 2.10 | 2.63 |
| 五、松散材料 | | | | | |

| 材料名称 | 容重 $\gamma$ [kg/m³] | 导热系数 $\lambda$ [W/(m·K)] | 蓄热系数 $S_{24}$ [W/(m²·K)] | 比 热 $c$ [kJ/(kg·K)] | 蒸汽渗透系数 $\mu \times 10^4$ [g/(m·h·pa)] |
|---|---|---|---|---|---|
| 无机材料： | | | | | |
| 锅炉渣 | 1000 | 0.29 | 4.40 | 0.92 | 1.93 |
| 高炉炉渣 | 900 | 0.26 | 3.92 | 0.92 | 2.03 |
| 浮石 | 600 | 0.23 | 3.05 | 0.92 | 2.63 |
| 膨胀珍珠岩 | 120 | 0.07 | 0.84 | 1.17 | 1.50 |
| | 80 | 0.058 | 0.63 | 1.17 | 1.50 |
| 有机材料： | | | | | |
| 木屑 | 250 | 0.093 | 1.84 | 2.01 | 2.63 |
| 稻壳 | 120 | 0.06 | 1.02 | 2.01 | — |
| 六、其它材料 | | | | | |
| 沥青油毡、油毡纸 | 600 | 0.17 | 3.33 | 1465 | — |
| 地沥青混凝土 | 2100 | 1.05 | 16.31 | 1680 | 0.075 |
| 石油沥青 | 1400 | 0.27 | 6.73 | 1680 | — |
| | 1050 | 0.17 | 4.17 | 1680 | 0.075 |
| 平板玻璃 | 2500 | 0.76 | 10.69 | 840 | 0 |
| 玻璃钢 | 1800 | 0.52 | 9.25 | 1260 | — |
| 建筑钢材 | 7850 | 58.2 | 126.1 | 480 | 0 |

# 棒影日照图

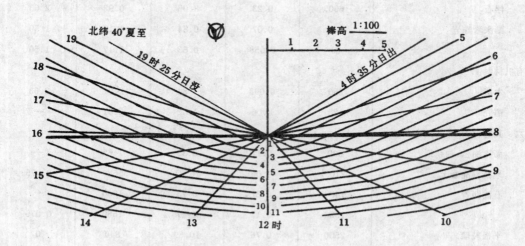

附录五图 1

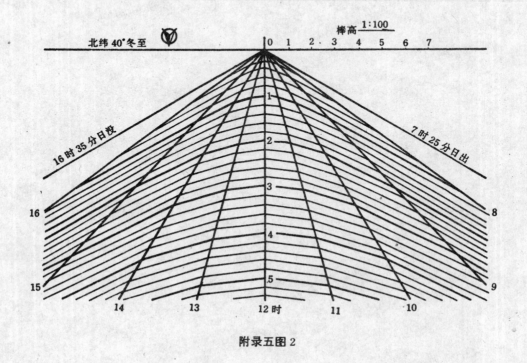

附录五图 2

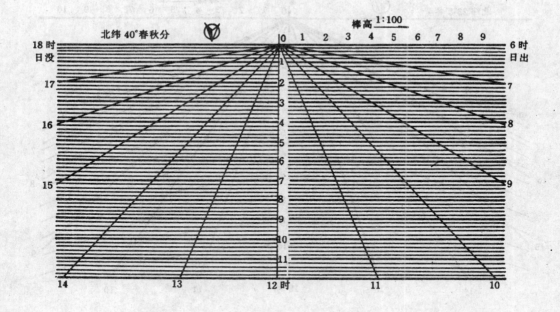

北纬 40°春秋分

棒高 1:100

18时 日没  17  16  15  14  13  12时  11  10  9时  8时  7时  6时 日出

附录五图3

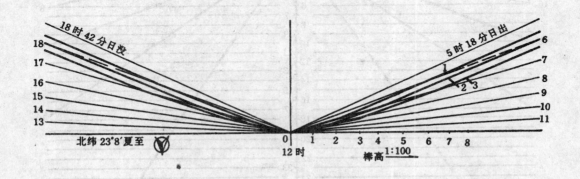

18时 42分日没

北纬 23°8′夏至

5时 18分日出

棒高 1:100

12时

附录五图4

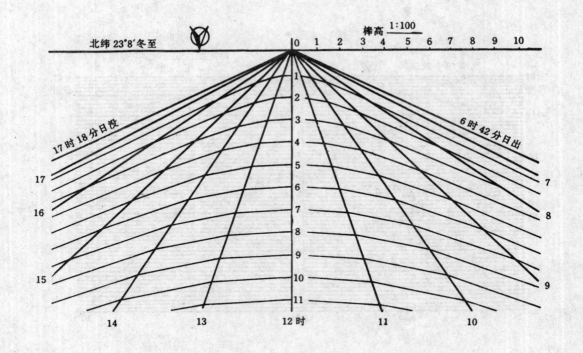

附录五图 5

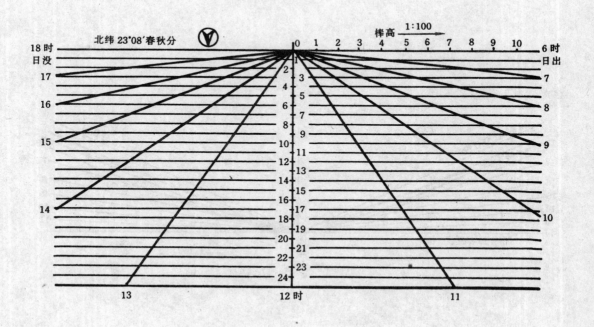

附录五图 6

# 主要参考书目

1. 教材编写组编:《建筑物理》,中国工业出版社,1961年。

2. 西安冶金建筑学院建筑物理实验室编:《建筑热工设计》,中国建筑工业出版社,1977年。

3. 西安冶金建筑学院等四院校合编:《建筑物理》,中国建筑工业出版社,1987年。

4. 戴瑜兴主编:《建筑物理》,中南工业大学出版社,1991年。

5. 华南工学院建筑实验室编:《建筑防热》,中国建筑工业出版社,1978年。

6. 詹庆旋编:《建筑光学》,清华大学出版社,1988年。

7. 清华大学建工系编:《天然采光计算新方法》,《建筑学报》1976年第3期。

8. 清华大学建筑物理实验室编:《建筑声环境》,清华大学出版社,1982年。

9. LL·多勒著,吴伟中、叶恒健译:《建筑环境声学》,中国建筑工业出版社,1981年。

10.《工业企业照明设计标准》TJ33—79,中国建筑工业出版社,1979年。

11.《工业企业照明设计标准》TJ34—79,中国建筑工业出版社,1979年。

12.《住宅隔声标准》GJ11—82,中国建筑工业出版社,1982年。

13.《民用建筑热工设计规程》JGJ24—86,中国建筑工业出版社,1986年。

14.《民用建筑隔声设计规范》GBJ118—88,中国计划出版社,1989年。

15.《建筑隔声评价标准》GBJ121—88,中国计划出版社,1989年。

16.《建筑电气设计技术规程》JGJ16—83,中国建筑工业出版社,1987年。

17. 中国科学研究院建筑物理研究所主编:《建筑声学设计手册》,中国建筑工业出版社,1987年。